"十二五"普通高等教育本科国家级规划教材

国家精品在线开放课程主讲教材
国家精品课程主讲教材

U0155475

Visual Basic
程序设计教程

（第 5 版）

龚沛曾 主编

杨志强 谢守方 陆慰民 编

高等教育出版社·北京

内容提要

本书在第4版的基础上,在面向应用和计算思维能力方面做了进一步的拓展和提升。每章引例以问题驱动方式引出相关知识点,启迪学生建立计算思维的思想。章中精选丰富实例加强计算思维方法的训练。章末增加的自主学习有利于计算能力的培养,拓展学生视野,满足不同层次学生需求。

本书分教学篇和实验篇。教学篇分为三部分:程序设计、可视化界面设计和进阶共11章。 重点在第一部分,对程序设计的基本知识、基本语法、编程方法和常用算法进行较为系统、详尽的介绍。 第二部分可视化界面设计是实际应用中必不可缺的知识,为节约篇幅和适应教学学时安排,将控件介绍以化整为零的方式穿插在相应知识点的章节中。 第三部分进阶主要是数据库、图形应用开发基础、递归及其应用的内容,为后继面向应用课程学习和提升计算思维方法的理解和掌握起到铺垫作用。 实验篇根据教学的布局和知识点的分类,安排对应的11个实验,每个实验包含若干实践题目。

本书可作为 Visual Basic 程序设计课程教材,也可供自学 VB 程序设计的人员参考。

图书在版编目(CIP)数据

Visual Basic 程序设计教程 / 龚沛曾主编;杨志强,谢守方,陆慰民编 . --5 版 . --北京:高等教育出版社,2020.9(2021.12重印)

ISBN 978-7-04-054857-0

Ⅰ. ①V… Ⅱ. ①龚… ②杨… ③谢… ④陆… Ⅲ. ①BASIC 语言-程序设计-高等学校-教材 Ⅳ. ①TP312.8

中国版本图书馆 CIP 数据核字(2020)第 141492 号

Visual Basic Chengxu Sheji Jiaocheng

策划编辑	耿 芳	责任编辑	耿 芳	封面设计	张志奇	版式设计	童 丹
插图绘制	于 博	责任校对	李大鹏	责任印制	朱 琦		

出版发行	高等教育出版社	网 址	http://www.hep.edu.cn
社 址	北京市西城区德外大街 4 号		http://www.hep.com.cn
邮政编码	100120	网上订购	http://www.hepmall.com.cn
印 刷	保定市中画美凯印刷有限公司		http://www.hepmall.com
开 本	850 mm×1168 mm 1/16		http://www.hepmall.cn
印 张	19.75	版 次	2001 年 1 月第 1 版
			2020 年 9 月第 5 版
字 数	420 千字		
购书热线	010-58581118	印 次	2021 年 12 月第 2 次印刷
咨询电话	400-810-0598	定 价	45.00 元

本书如有缺页、倒页、脱页等质量问题,请到所购图书销售部门联系调换

版权所有 侵权必究

物 料 号 54857-00

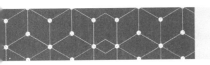

Visual Basic
程序设计教程

（第5版）

龚沛曾　主编

杨志强
谢守方
陆慰民　编

1 计算机访问http://abook.hep.com.cn/1852151，或手机扫描二维码、下载并安装Abook应用。

2 注册并登录，进入"我的课程"。

3 输入封底数字课程账号（20位密码，刮开涂层可见），或通过Abook应用扫描封底数字课程账号二维码，完成课程绑定。

4 单击"进入课程"按钮，开始本数字课程的学习。

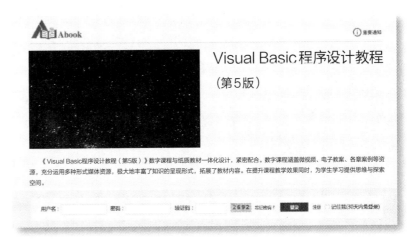

《Visual Basic程序设计教程（第5版）》数字课程与纸质教材一体化设计，紧密配合。数字课程涵盖微视频、电子教案、各章案例等资源，充分运用多种形式媒体资源，极大地丰富了知识的呈现形式，拓展了教材内容。在提升课程教学效果同时，为学生学习提供思维与探索空间。

　　课程绑定后一年为数字课程使用有效期。受硬件限制，部分内容无法在手机端显示，请按提示通过计算机访问学习。

　　如有使用问题，请发邮件至abook@hep.com.cn。

扫描二维码
下载Abook应用

http://abook.hep.com.cn/1852151

第 5 版前言 ▐▐▐▐▌➤

本书为国家精品课程、国家精品在线开放课程"Visual Basic 6.0 程序设计"的主讲教材，被评为"十二五"普通高等教育本科国家级规划教材。本书是根据教育部高等学校大学计算机课程教学指导委员会编制的《大学计算机基础课程教学基本要求》中有关"程序设计基础"课程教学基本要求和以"计算思维为切入点的教学改革"精神进行修订的，适合普通高等院校学生将 Visual Basic 作为第一门程序设计语言课程的学习。

第 5 版除保持"内容全面、条理清晰、实例丰富、夯实基础、提高能力、面向应用"等特色外，又结合多年的教学实践，在以下方面做了修订。

（1）程序设计课程如何更好地体现计算思维的教学改革，很重要的是培养学生提出问题、分析问题、解决问题的能力。本书实施"问题驱动"的编写思路，即将传统"提出概念、解释概念、举例说明"三部曲改革为"提出问题、分析解决问题思路、归纳总结"新三部曲，从而使教学目标更加明确，易于学生了解知识点并努力掌握。

（2）将面向应用方面的知识进一步拓展和提升。其中数据库应用开发通过简单的实例提出数据库应用系统的三层次结构，以及基于 ADO 技术的数据库应用程序常用的查询、维护等功能的应用开发方法。图形应用程序开发介绍了绘制艺术图、函数图、各类统计图和动画的基本方法。

（3）强化递归作为计算机方法的训练和应用。将递归从第 4 版教材的过程章节中独立出来，新增扩展为第 11 章递归及其应用。首先通过递归现象介绍递归的概念，详细分析了递归设计的三部曲"问题分解、抽象出递归模式和自动化"。而后将常用的算法分类举一反三用递归实现，便于大家掌握用递归方法解决问题的思想和方法，起到事半功倍的效果。

（4）丰富实用的线上线下教学资源辅助知识点讲解。本书嵌入了国家精品在线开放课程中精彩的视频片段，提供与教材配套的《Visual Basic 程序设计实验指导与测试（第5 版）》，以及方便教师使用的电子课件、实例代码等。

本书由龚沛曾、杨志强、谢守方、陆慰民编写，朱君波、谢步瀛等制作了数字资源，龚沛曾对全书进行统稿。

对于本书的教学学时，作者建议课程教学 36~54 学时，上机实践 36~54 学时。作者 E-mail：gongpz@ 163. com。

最后，再次感谢各高校专家、教师长期以来对我们工作的支持、关心；也要感谢高等教育出版社计算机分社对 Visual Basic 系列教材的策划、编辑、出版做的许多工作。

　　由于作者水平有限，加之时间紧迫，错误和问题难免，恳请专家和广大读者批评指正。

主　编

2020 年 2 月于同济大学

目 录 ▐▐▐▐▶

教　学　篇

实 验 篇

教 学 篇

第 1 章
Visual Basic 程序设计入门

电子教案

微视频：
VB 导言

　　本章通过一个"模拟打字机效果"的引例，简述 Visual Basic（以下简称 VB）的主要特点、面向对象的概念、集成开发环境，并通过创建一个简单的应用程序，了解应用程序创建的过程、文件的组成、程序结构和编码规则。自主学习部分则简述 VB 的发展和学习 VB 的方法。通过本章的学习，读者对 VB 有个大致的了解，也能编写一个简单的应用程序。

1.1　引例和 VB 特点

1.1.1　引例——模拟打字机效果

例 1.1　在窗体背景图上，以打字机效果循环动态显示"Hello，World!"，如图 1.1.1 所示。

分析：通常程序设计语言的第一个程序是 Hello，World 程序，即在屏幕上显示一句问候语。用 VB 来实现这个任务不但简单，而且可视化效果很好，即添加背景图片和实现模拟打字机效果。要显示文字利用 Label 标签控件，要模拟打字机效果利用 Timer 定时器控件，要控制开始和停止运行利用 Command 命令按钮。

① 设计用户界面并设置控件属性。利用工具箱（如图 1.1.2 所示）中的 Label、Command 和 Timer 等控件，在中间的窗体上建立控件对象。然后进行有关的属性设置，即窗体的

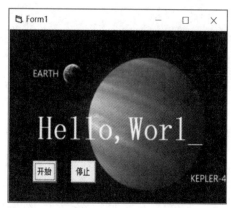

图 1.1.1　程序运行效果

微视频：
模拟打字机

Picture 属性为下载的开普勒 452b 图片；Label1 的 Font 属性设置所需的字体、字号，BackStyle 属性值为 0（不遮挡背景图）；Command1 和 Command2 的 Caption 属性分别为"开始"和"停止"。

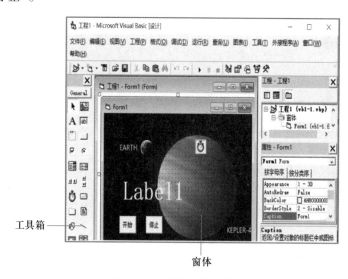

工具箱

窗体

图 1.1.2　可视化界面设计

② 编写事件过程。在代码窗口编写如图 1.1.3 所示的程序代码。

程序运行后，当单击"开始"按钮，就可以看到在有背景的窗体上，以打字机效果循环动态显示"Hello，World!"的效果；当单击"停止"按钮定时器停止工作，即停止文字动态显示。

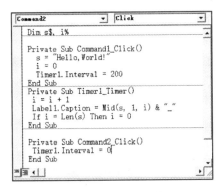

图 1.1.3　事件过程代码

1.1.2　Visual Basic 的特点

通过引例 1.1，可以归纳出 VB 的一些基本特点。

1. 具有基于对象的可视化设计工具

在 VB 中，程序设计是基于对象的。对象是一个抽象概念，是将程序和数据封装起来的一个软件部件，是经过调试可以直接使用的程序单位。许多对象都是可视的。程序设计人员只需利用现有开发环境提供的工具，根据设计要求，直接在屏幕上"画"出窗口、菜单等不同类型的对象（例题中的窗体上有标签和定时器），并为每个对象设置相关的属性值，以使界面个性化。这种"所见即所得"的方式极大地方便了界面设计。

2. 事件驱动的编程机制

事件驱动是非常适合图形用户界面的编程方式。传统的编程方式是一种面向过程，按程序事先设计的流程运行的。但在图形用户界面的应用程序中，用户的动作即事件控制着程序的运行流向。如例题中可单击"开始"按钮，执行 Command1_Click() 事件过程，同时以定时器的每 0.2 s 间隔触发 Timer1_Timer 事件，动态显示文字；单击"停止"按钮，执行 Command2_Click() 事件过程，定时器停止工作，即停止文字动态显示。每个事件都能驱动一段程序的运行，程序员只要编写响应用户动作的代码，各个动作之间不一定有联系。这样的应用程序代码较短，使得程序既易于编写又易于维护，极大地提高了程序设计效率。

3. 提供易学易用的应用程序集成开发环境

在 VB 集成开发环境中，用户可设计界面、编辑代码、调试程序，直接运行获得结果；也可以把应用程序制作成安装盘，以便能够在脱离 VB 系统的 Windows 环境中运行，为用户提供了友好的开发环境。

4. 具有结构化的程序设计语言

Visual Basic 是在 BASIC 语言的基础上发展起来的，具有高级程序设计语言的优点，即丰富的数据类型、众多的内部函数、多种控制结构、模块化的程序结构，结构清晰，简单易学。

5. 强大的网络、数据库、多媒体功能

利用 VB 系统提供的各类可视化控件和 ActiveX 技术，它使开发人员摆脱了特定语言的束缚，方便地使用其他应用程序提供的功能。使用 VB 能够开发集多媒体技术、网络技术、数据库技术于一体的应用程序。

6. 完备的 Help 联机帮助功能

与 Windows 环境下的其他软件一样，在 VB 中，利用帮助菜单和 F1 功能键，用户可随时得到所需的帮助信息。VB 帮助窗口中显示了有关的示例代码，通过复制、粘贴操作可获取示例代码，为用户的学习和使用提供捷径。

1.2　Visual Basic 集成开发环境

Visual Basic 集成开发环境（IDE）是一组软件工具，集应用程序的设计、编辑、运行、调试等多种功能于一体的环境，为程序设计的开发带来方便。

微视频：
VB 集成开发
环境

1.2.1　进入 VB 集成开发环境

当启动 VB 6.0 时可看到如图 1.1.4 所示的窗口。窗口列出了 VB 6.0 能够建立的应用程序类型，对初学者只要选择默认"标准 EXE"。在该窗口中有以下 3 个选项卡：

- 新建：建立新工程。
- 现存：选择和打开现有的工程。
- 最新：列出最近使用过的工程。

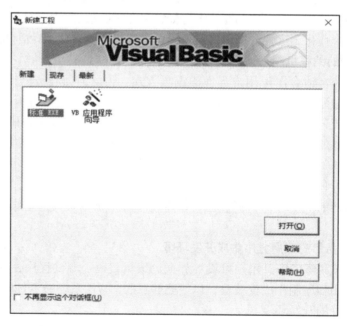

图 1.1.4　启动 VB 6.0

在单击"新建"选项卡后，就可创建该类型的应用程序，进入如图 1.1.5 所示的 VB 6.0 应用程序集成开发环境。

VB 6.0 集成开发环境除了微软应用软件常规的主窗口外，还包括 VB 6.0 几个独立的窗口。

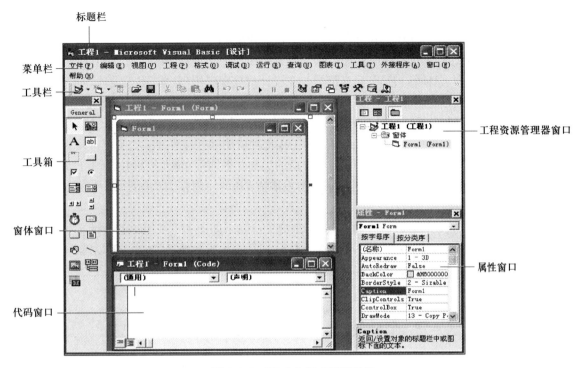

图 1.1.5　VB 6.0 集成开发环境

1.2.2　主窗口

1. 标题栏

标题栏中的标题为"工程 1-Microsoft Visual Basic［设计］"，说明此时集成开发环境处于设计模式，在进入其他状态时，方括号中的文字将作相应的变化。VB 有以下 3 种工作模式。

● 设计模式：可进行用户界面的设计和代码的编制，来完成应用程序的开发。

● 运行模式：运行应用程序，这时不可编辑代码，也不可编辑界面。

● 中断模式：应用程序运行暂时中断，这时可以编辑代码，但不可编辑界面。按 F5 键或单击"继续"按钮程序继续运行；单击"结束"按钮停止程序的运行。在此模式中会弹出"立即"窗口，在窗口内可输入简短的命令，并立即执行。

同 Windows 界面一样，标题栏的最左端是窗口控制菜单框；标题栏的右端是最大化按钮、最小化按钮与关闭按钮。

2. 菜单栏

VB 6.0 菜单栏中包括 13 个下拉菜单，这是程序开发过程中需要的命令。

● 文件（File）：用于创建、打开、保存、显示最近的工程以及生成可执行文件的命令。

● 编辑（Edit）：用于程序源代码的编辑。

● 视图（View）：用于集成开发环境下程序源代码、控件的查看。

● 工程（Project）：用于控件、模块和窗体等对象的处理。

- 格式（Format）：用于窗体控件的对齐等格式化处理。
- 调试（Debug）：用于程序调试、查错处理。
- 运行（Run）：用于程序启动、设置中断和停止等程序的运行。
- 查询（Query）：VB 6.0 新增，在设计数据库应用程序时用于设计 SQL 属性。
- 图表（Diagram）：VB 6.0 新增，在设计数据库应用程序时编辑数据库的命令。
- 工具（Tools）：用于集成开发环境下工具的扩展。
- 外接程序（Add-Ins）：用于为工程增加或删除外接程序。
- 窗口（Windows）：用于屏幕窗口的层叠、平铺等布局以及列出所有打开文档窗口。
- 帮助（Help）：帮助用户系统学习掌握 VB 的使用方法及程序设计方法。

3. 工具栏

工具栏可以迅速地访问常用的菜单命令。除了如图 1.1.6 所示的标准工具栏外，还有编辑、窗体编辑器、调试等专用的工具栏。要显示或隐藏工具栏，可以选择"视图"菜单的"工具栏"命令或鼠标在标准工具栏处单击右键（简称右击）进行所需工具栏的选取。

图 1.1.6　标准工具栏

1.2.3　窗体设计/代码设计窗口

完成一个应用程序开发的大部分工作都是在窗体设计/代码设计窗口中进行的。

1. 窗体设计窗口

窗体设计窗口（又简称为窗体窗口）如图 1.1.7 所示。在设计应用程序时，用户在窗体上建立 VB 应用程序的界面；运行时，窗体就是用户看到的正在运行的窗口，用户通过与窗体上的控件交互可得到结果。一个应用程序可以有多个窗体，可通过"工程|添加窗体"命令增加新窗体。

在设计状态的窗体由网格点构成，方便用户对控件的定位，网格点间距可以通过"工具|选项"命令，在其对话框的"通用"选项卡的"窗体网格设置"中进行设置，默认高和宽均为 120 twip（1 twip = 1/1 440 英寸）。

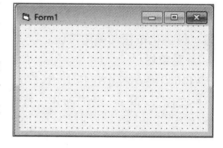

图 1.1.7　窗体窗口

2. 代码设计窗口

代码设计窗口（又简称为代码窗口），专门用来进行代码设计的窗口，各种事件过程、用户自定义过程等程序源代码的编写和修改均在此窗口进行，如图 1.1.8 所示。打开代码窗口最简单的方式是，双击窗体、控件或单击工程资源管理器窗口的"查看代码"按钮。

图 1.1.8　代码窗口

代码窗口有如下主要内容。

① 对象列表框：显示所选对象的名称。可以单击右边的下拉按钮来显示此窗体中的对象名。

② 过程列表框：列出所有对应对象列表框中对象的事件过程名称和用户自定义过程的过程名称。

在对象列表框中选择对象名，在过程列表框中选择事件过程名，即可构成选中对象的事件过程模板，用户可在该模板内输入代码。

1.2.4　属性窗口

属性窗口如图 1.1.9 所示，它用于显示和设置所选定的窗体和控件等对象的属性。窗体和控件称为对象，每个对象都由一组属性来描述其外部特征，如颜色、字体、大小等，在应用程序设计时，这可以通过属性窗口来设置或修改对象的属性。属性窗口由以下四部分组成。

图 1.1.9　属性窗口

① 对象列表框：单击其右侧的下拉按钮，显示该窗体的对象。

② 属性排列方式：有"按字母序"和"按分类序"两个按钮。

③ 属性列表框：列出所选对象在设计模式下可更改的属性及默认值。属性列表分为左右两部分，左边列出的是各种属性；右边列出的则是相应的属性值。用户可以选定某

一个属性，然后对该属性值进行设置或修改。

④ 属性含义说明：当在属性列表框选取某一个属性时，在该区显示所选属性的含义。

1.2.5 工程资源管理器窗口

工程资源管理器窗口如图 1.1.10 所示。它保存一个应用程序所有属性以及组成这个应用程序所有的文件。工程文件的扩展名为 vbp，工程文件名显示在工程文件窗口的标题框内。VB 6.0 改用层次化管理方式显示各类文件，而且也允许同时打开多个工程，这时以工程组的形式显示，对工程组，本书不作讨论。

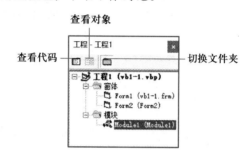

图 1.1.10   工程资源管理器窗口

工程资源管理器窗口下面有以下 3 个按钮。

① "查看代码"按钮：切换到代码窗口，显示和编辑代码。

② "查看对象"按钮：切换到窗体窗口，显示和编辑对象。

③ "切换文件夹"按钮：切换文件夹显示的方式。

工程资源管理器下面的列表窗口，以层次列表形式列出组成这个工程的所有文件。它包含以下两种类型的文件。

① 窗体文件（. frm 文件）：该文件存储窗体上使用的所有控件对象和有关的属性、对象相应的事件过程、程序代码。一个应用程序至少包含一个窗体文件。

② 标准模块文件（. bas 文件）：所有模块级变量和用户自定义的通用过程，可选。

注意：对于图 1.1.10 显示的如工程 1（vb1−1. vbp）、Form1（vb1−1. frm）、Form2（Form2）、Module1（Module1）等，括号左边的部分表示此工程、窗体、标准模块的名称（即 Name，在程序代码中使用）；括号内表示此工程、窗体、标准模块等保存在磁盘上的文件名，有扩展名的已保存过，无扩展名则表示当前文件还未保存过。

1.2.6 工具箱窗口

工具箱窗口如图 1.1.11 所示。刚安装 VB 6.0 时，它由 21 个被绘制成按钮形式的图标所构成，显示了各种控件的制作工具，利用这些工具，用户可以在窗体上设计各种控件。其中 20 个控件称为标准控件（注意，指针不是控件，仅用于移动窗体和控件，以及调整它们的大小），用户也可通过"工程"菜单的"部件"命令来装入 Windows 中注册过的其他控件到工具箱中。

在设计状态时，工具箱总是出现的。若要不显示工具箱，可以关闭工具箱窗口；若要再显示，选择"视图"菜单的"工具箱"命令。在运行状态下，工具箱自动隐去。

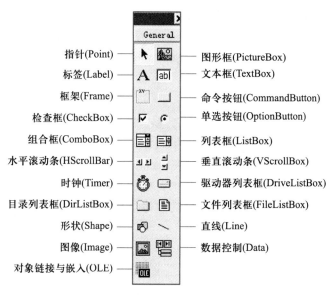

图 1.1.11 工具箱窗口

1.2.7 其他窗口

VB 除了上述几种常用的窗口外，在集成环境中还有其他一些窗口，包括窗体布局窗口、立即窗口、对象浏览、监视器窗口等，这可通过"视图"菜单中有关的命令打开。其他窗口在以后的有关章节中介绍。

1.3 简单应用程序的建立

1.3.1 创建应用程序的过程

前面简单介绍了 VB 的集成开发环境及其各个窗口的作用，下面通过一个简单的实例来说明完整 VB 应用程序的建立过程。建立一个应用程序一般分为以下几步：

微视频：
创建应用程序的过程

① 分析问题，明确目标；
② 新建工程；
③ 建立用户界面的对象和设置对象属性；
④ 添加对象事件过程及编程；
⑤ 运行和调试程序；
⑥ 保存文件。

例 1.2　编写一个人民币与美元相互兑换的程序，运行界面如图 1.1.12 所示。

1. 分析问题，明确目标

要建立应用程序，首先要明确这个应用程序解决什么问题，已知数据有哪些，进行什么处理（如计算公式等），求得结果是什么……

在本例中，已知人民币或美元的数额以及汇率，显示兑换后的结果。相应的计算公式比较简单，人民币兑换美元，与汇率相除，反之相乘。

2. 新建工程

在集成开发环境中，选择"文件"菜单"新建工程"命令，在打开的对话框中选择"标准 EXE"选项。

3. 建立用户界面的对象

在窗体上进行用户界面的设计，主要考虑已知数据、计算结果、提示信息等的显示和控件的选择，以及对控件进行操作发生的事件等。

本例中共涉及 8 个控件对象：1 个标签（Label）、3 个文本框（TextBox）、4 个命令按钮（CommandButton）。标签用来显示信息；文本框用来输入数据和显示信息；命令按钮用来执行有关操作；窗体是上述控件对象的载体，新建项目时自动创建。建立的控件对象如图 1.1.13 所示。

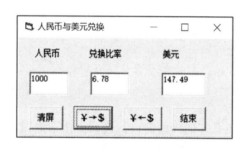

图 1.1.12　例 1.2 运行界面

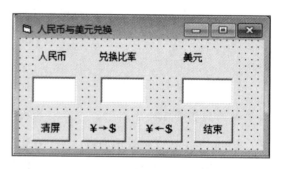

图 1.1.13　例 1.2 设计界面

4. 设置对象属性

对象建立好后，就要为其设置属性值。属性是对象特征的表示，各类对象中都有默认的属性值，设置对象的属性是为了使对象符合应用程序的需要。

① 单击待设置属性的对象（可以是窗体或控件），出现一个属性窗口。

② 在该窗口选中要修改的属性，在属性值栏中输入或选择所需的属性值（如图 1.1.14 所示）。本例中各控件对象的有关属性设置见表 1.1.1，设置后用户界面如图 1.1.13 所示。

图 1.1.14　属性窗口

控件名（Name）	相关属性
Form1	Caption：人民币与美元兑换
Label1	Caption：人民币　　兑换比率　　美元
Text1	Text：空白
Text2	Text：空白
Text3	Text：空白
Command1	Caption：清屏
Command2	Caption：¥ → $
Command3	Caption：¥ ← $
Command4	Caption：结束

◀表 1. 1. 1
对象属性
设置

注意：

① 要建立多个相同性质的控件，不要通过复制的方式，应逐一建立。

② 若窗体上各控件的字号等属性要设置相同的值，不必逐个设置，只要在建立控件前，将窗体的字号等属性进行设置，以后建立的控件就都具有该默认属性值。

③ 属性表中 Text 的"空白"表示无内容。"¥→$"等特殊字符，可通过软键盘来输入，方法是在智能 ABC 输入方式下，用鼠标右键单击（以下简称右击）软键盘图标 █标准✐··██ ，选择快捷菜单中的"特殊符号"命令后，就可选择所需的"→""←"等符号；"¥"和"$"字符则利用"单位符号"命令获得。

5. 添加对象事件过程及编程

建立了用户界面并为每个对象设置属性后，就要考虑用什么事件来激发对象执行所需的操作。这涉及选择对象的事件和编写事件过程代码。编程总是在代码窗口进行的。

代码窗口的左边对象列表框列出了该窗体的所有对象（包括窗体），右边的过程列表框列出了与选中对象相关的所有事件。

现以 ¥→$ Command2 命令按钮为例，说明事件过程的编程。双击 ¥→$ 命令按钮，打开代码窗口，显示该事件的模板，在该模板的过程体的光标处加入如下代码：

```
Private Sub Command2_Click( )
    Text3. Text = Val( Text1. Text)/Val( Text2. Text)
                    ' Val( )函数表示将括号内的数字字符转换成数值型
End Sub
```

用上述同样的步骤对其他 3 个事件编程，如图 1. 1. 15 所示。

6. 运行和调试程序

现在，一个完整的应用程序已设计好了，可以利用工具栏的 ▶ 启动按钮或按 F5 键运行程序。

VB 程序先编译，检查有无语法错误。当有语法错误时，就会显示错误信息，提示用户修改；若没有语法错误，执行程序，用户可以在窗体的文本框输入数据、单击命令按

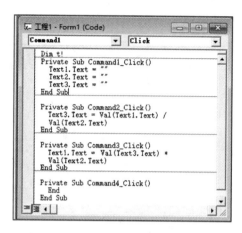

图 1.1.15   代码窗口和输入的程序代码

钮执行相应的事件过程。

对于初学者，程序运行时出现错误是很正常的，问题是要学会发现错误、改正错误。编译系统是一个绝对严格的检验师，任何细小的错误都不会放过。调试程序要有耐心和毅力，失败是成功之母，是经验和教训的积累。有关调试程序的方法请看第 3 章。

7. 保存程序和生成可执行文件

至此，已完成了一个简单的 VB 应用程序的建立过程，但这些程序都在内存中，必须保存在磁盘上。

在运行程序前，必须先保存程序，可以避免由于程序不正确造成死机时程序的丢失。程序运行结束后，还要将经过修改的有关文件保存到磁盘上。

在 VB 中，一个应用程序是以工程文件的形式保存在磁盘上的。一个工程中涉及多种文件类型，例如，窗体文件、标准模块文件等，见下节介绍。

本例仅涉及一个窗体，因此，只要保存一个窗体文件和工程文件。保存文件的步骤如下：

① 保存窗体文件。选择"文件 | Form1 另存为"命令，在"文件另存为"对话框中选择保存的文件夹，输入保存的文件名（本例为 vb1-2，自动添加扩展名 frm），如图 1.1.16 所示。

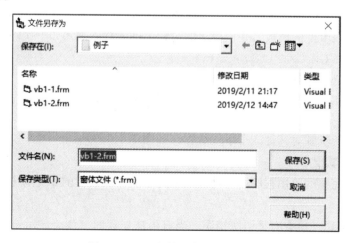

图 1.1.16   "文件另存为"对话框

② 保存工程文件。选择"文件|工程另存为"命令，在"工程另存为"对话框中，提示用户输入工程名，操作同上。本例工程文件名为 vb1-2.vbp。

至此，一个完整的应用程序编制完成。若用户要再次修改或运行该文件，只需选择双击工程文件名，就可把文件调入内存进行操作。

1.3.2 VB 程序结构和编码规则

任何一种程序设计语言都有自己的语法格式和编码规则，编写程序如同写文章，有它的书写规则，初学者应严格遵循；否则程序会出现编译错误。对于语法格式将在后面几章中逐一介绍。

1. 程序结构

以目前仅涉及的一个 Form 窗体文件为例，简述简单程序的结构。

在代码窗口中，最上面的是通用声明段，主要书写对模块级以上的变量声明、Option 选项的设置等，不能写控制结构等语句。

VB 程序代码是块结构，也就是构成程序的主体是事件过程或自定义过程，块的先后次序与程序执行的先后次序无关。

VB 程序结构如图 1.1.17 所示。

图 1.1.17　VB 程序结构

2. 编码规则

（1）VB 代码不区分字母的大小写

为提高程序的可读性，VB 对用户程序代码进行自动转换，规则如下：

① 对于 VB 中的关键字，首字母总被转换成大写，其余字母被转换成小写，如 If。

② 若关键字由多个英文单词组成，它会将每个单词首字母转换成大写，如 ElseIf。

③ 对于用户自定义的变量、过程名，VB 以第一次定义的为准，以后输入的自动向首次定义转换。

（2）语句书写自由

① 同一行上可以书写多条语句，语句间用冒号":"分隔，一行最多可达 255 个字符。例如例 1.2，如要对 3 个文本框清空，可以在一行上书写 3 条语句：

```
Text1.Text = "" :  Text2.Text = "" :  Text3.Text = ""
```

② 单行语句可分为若干行书写，在本行后加入续行符"　_"（空格和下画线），例如

```
Text3.Text = Val(Text1.Text) / _
            Val(Text2.Text)
```

等价于：

Text3. Text = Val(Text1. Text) / Val(Text2. Text)

③ 为便于阅读，一般一行写一条语句，一条语句在一行上书写。

（3）增加注释有利于程序的阅读、维护和调试

① 注释内容一般用撇号"'"引导，用撇号引导的注释可以直接出现在语句后面。

② 注释可以使用"文本编辑器"工具栏的"注释"按钮 、"取消对选定行的注释"按钮 ，使选中的若干行语句增加注释或取消注释，十分方便。

1.4 自主学习——VB 概述和如何学习 VB

本节内容可以作为学生自主学习内容，这节内容一部分属于科普性，比较简单；另一部分属于拓展性，学习后还不一定马上理解，可在以后的使用中逐步体会。

1.4.1 Visual Basic 的发展

Visual Basic 是在 BASIC 语言基础上发展而成的。

BASIC 语言是 20 世纪 60 年代美国 Dartmouth 大学的 John G. Kemeny 和 Thomas E. Kurtz 两位教授共同设计的计算机程序设计语言，全称为 Beginners All-purpose Symbolic Instruction Code，其含义是"初学者通用的符号指令代码"。它由十几条语句组成，简单易学、人机对话方便、程序运行调试容易，很快得到广泛的应用。最初个人计算机系统内置固化了 BASIC。

20 世纪 80 年代，随着结构化程序设计的需要，新版本的 BASIC 语言功能有了较大扩充，增加了数据类型和程序控制结构，其中较有影响的有 True BASIC、Quick BASIC 和 Turbo BASIC 等。

1988 年，Microsoft 公司推出 Windows 操作系统，以其为代表的图形用户界面（GUI）在微型计算机上引发了一场革命。在图形用户界面中，用户只要通过鼠标的单击和拖动来形象地完成各种操作，不必输入复杂的命令，深受用户的欢迎。但对程序员来说，开发一个基于 Windows 环境的应用程序工作量非常浩繁。可视化程序设计语言正是在这种背景下应运而生。可视化程序设计语言除了提供常规的编程功能外，还提供一套可视化的设计工具，便于程序员建立图形对象，巧妙地把 Windows 编程的复杂性"封装"起来。

1991 年，Microsoft 公司推出的 Visual Basic 是以可视化工具为界面设计，以结构化 BASIC 语言为基础，以事件驱动为运行机制的。它的诞生标志着软件设计和开发的一个新时代的开始。在以后的十多年时间里，VB 经历了从 1991 年的 Visual Basic 1.0 至 1998 年的 Visual Basic 6.0 的多次版本升级，其主要差别是，提供了更多、功能更强的用户控件；增强了多媒体、数据库、网络等功能，使得应用面更广。使用 Visual Basic 既可以开发个人或小组使用的小型工具，又可以开发多媒体软件、数据库应用程序、网络应用程序等大型软件。它的诞生标志着软件设计和开发的一个新时代的开始，Microsoft 公司又对 Visual Basic 进行了功能扩展，即在 Office 中使用宏语言 VBA（Visual Basic Application），在动态网页设计中使用 VBScript 和 ASP。

随着 Internet 技术的成熟和广泛应用，Internet 逐渐成为编程领域的中心，为适应这种

新局面的变化，2000 年，Microsoft 公司提出了"任何人从任何地方、在任何时间、使用任何设备存取互联网上的服务"的战略，并推出了 Microsoft. NET 开发平台。在这个开发平台中，Visual Basic 是最早推出的一个编程语言，成为数据库应用程序设计开发中一款非常优秀的工具。

本书以 Visual Basic 6.0（简称 VB）为蓝本。

1.4.2 使用帮助系统

学会使用 VB 帮助系统，是学习 VB 很重要的组成部分。从 Visual Studio 6.0 开始，所有的帮助文件都采用全新的 MSDN（Microsoft Developer Network）文档的帮助方式。MSDN Library 中包含了约 1 GB 的内容，存放在两张 CD 盘上。涉及内容包括上百个示例代码、文档、技术文章、Microsoft 开发人员知识库等。用户可以通过运行第一张盘上的 setup. exe 程序，通过"用户安装"选项将 MSDN Library 安装到自己的计算机上。

除了使用 MSDN Library 帮助方式外，用户还可以 VB 联机方式访问 Internet 上的相关网点获得更多、更新的信息。

1. 使用 MSDN 帮助系统

MSDN 帮助系统实际上是一本集程序设计指南、用户使用手册以及库函数等内容于一体的电子书库。MSDN 启动后，显示如图 1.1.18 所示的界面；也可在 VB 6.0 中，选择"帮助"菜单的"内容"或"索引"命令启动 MSDN。

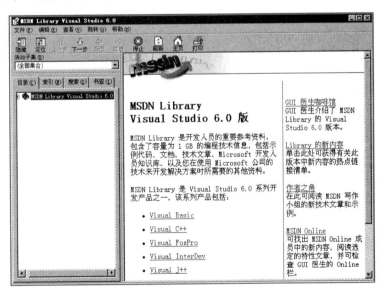

图 1.1.18 进入 MSDN Library 查阅器

在图 1.1.18 中，左边窗口以树形列表显示了 Visual Studio 6.0 产品的所有帮助信息，用户可以双击左边窗口的"MSDN Library Visual Studio 6.0"或在右边窗口中单击"Visual Basic"打开"Visual Basic 文档"，查阅 VB 帮助。

一般可以通过以下方法定位获得帮助信息。

① "目录"选项卡：列出一个完整的主题的分级列表，通过目录树查找信息。

② "索引"选项卡：以索引方式通过索引表查找信息。

③"搜索"选项卡：通过全文搜索查找信息。

注意：MSDN Library 包含了 Visual Studio 6.0 全部帮助的目录集合，若用户对某些主题感兴趣，可以使用 MSDN Library 子集。在选定子集后，所有的帮助信息就局限在该主题的内容中。例如，仅需 VB 帮助，则可在左边窗口"活动子集"下拉列表框中选择"Visual Basic 文档"即可。

2. 使用上下文相关的帮助

在 VB 的集成开发环境中，使用上下文相关的帮助是明智的，它可以根据当前活动窗口或选定的内容来直接定位帮助的内容。

使用的方法是选定要帮助的内容，然后按 F1 功能键，这时系统打开 MSDN Library 查阅器，直接显示与选定内容有关的帮助信息。

活动窗口或选定的内容如下：

① Visual Basic 中的每个窗口；

② 工具箱中的控件；

③ 窗体或文档内的对象；

④ 属性窗口中的属性；

⑤ Visual Basic 关键词（例如，声明、函数、属性、方法、事件和特殊对象）；

⑥ 错误信息。

实践证明，用上下文相关方法获得帮助是 VB 最直接、最好的获得帮助信息的方法，因此读者应该切实掌握它。

当对某些内容的帮助要加深理解时，可单击该帮助处的"示例"超链接，显示有关的示例代码，也可以将这些代码复制、粘贴到自己的代码窗口中。

1.4.3　如何学习 Visual Basic

从例 1.1 大家可以体会到 VB 的特点，看到了 VB 所见即所得的友好界面展示，对学习 VB 产生了极大的兴趣。但要真正掌握 VB 并非如此简单。如何学习 VB，首先要分析 VB 程序的组成，程序分成以下两部分。

1. Visual 可视化界面设计

Visual 的含义是程序在运行时在计算机屏幕上展示的界面。其作用是与用户交互，接收或显示数据。这部分由 VB 提供的窗体、菜单、对话框、按钮、文本框等控件集成起来，用户只要像"搭积木"一样根据需要"拿来"使用，然后设置相关的属性就可获得自己所需的界面。

2. BASIC 程序设计

这个部分主要是对获得的数据进行处理，是程序的主体，实质所在，涉及程序设计方法、算法设计、代码编写。虽然 BASIC 语言具有简单易学的特点，但这只是语言的表示形式。不同语言算法设计是共同的，也是语言学习中的难点。而且计算机编译系统对代码的正确书写规则要求非常苛刻，任何微小的差错是不能容忍的。

对以上这两部分，前者界面设计直观、简单，容易掌握；后者涉及解题思路分析、算法设计、代码编写等多个环节，难度较大，相对而言会枯燥些。对于简单程序，前者占的比重大，学习起来相对较简单；对于复杂程序，则主要精力在后者。由于这两部分的特点，造成了初学者觉得 VB 学习"进门容易，入道难"的感觉。实际上，不论哪种程序设计语言，主体还是在后者，是程序功能的实质所在。学习程序设计是一个不断学习、实践、积累和掌握的过程，没有任何捷径好走。程序设计的目的就是培养分析问题的能力、逻辑思维的方式、解决实际问题的能力。

习　题

1. 简述 VB 6.0 的主要特点。
2. 当正常安装好 Visual Basic 6.0 后，误把 Windows 子目录删除。当重新安装 Windows 后，是否要再安装 Visual Basic 6.0？
3. Visual Basic 6.0 有学习版、专业版和企业版，如何知道所安装的是哪个版本？
4. Visual Basic 6.0 有多种类型的窗口，若想在设计时看到代码窗口，怎样操作？
5. 叙述建立一个完整的应用程序的过程。
6. 当建立好一个简单的应用程序后，假定该工程仅有一个窗体模块，则该工程涉及多少个文件要保存？若要保存该工程中的所有文件，正确的操作应先保存什么文件？再保存什么文件？若不这样做，系统会出现什么信息？
7. 保存文件时，若不改变目录名，则系统默认的目录是什么？
8. 安装 VB 6.0 系统后，帮助系统是否也安装好了？
9. 如何使用帮助系统？

第 2 章
面向对象的可视化编程基础

　　本章首先介绍面向对象的可视化编程中涉及的一些概念，然后介绍几个基本控件的使用。通过本章的学习，读者可对面向对象的可视化界面设计有个基本的了解，并能编写相应的简单程序。

2.1　基本概念

人们想用计算机解决一个问题，必须事先设计好计算机处理信息的步骤，把这些步骤用计算机语言描述出来，计算机才能按照人的意图完成指定的工作。人们把计算机能执行的指令序列称为程序，而编写程序的过程称为程序设计。

2.1.1　程序设计方法的发展

微视频:
程序设计方
法的发展

程序设计是伴随着计算机的产生和发展而发展起来的。程序设计发展大体分为 3 个不同的时期。

1.　初期程序设计

在计算机刚出现的早期，由于硬件条件的限制，运算速度与存储空间都迫使程序员追求高效率，编写程序成为一种技巧与艺术，典型的特征是大量使用 GoTo 语句，形成 BS（a Bowl of Spaghetti，一碗面条式的）程序，如图 1.2.1 所示，造成程序的可读性和可维护性很差，通用性更差。

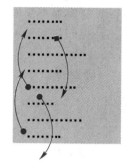

图 1.2.1　初期程序设计

2.　结构化程序设计

结构化程序设计是 20 世纪 70 年代 E. W. Dijkstra 提出的。规定了程序的结构由顺序、选择、循环 3 种基本结构组成，每种结构都是单入口和单出口的，限制使用 GoTo 语句，整个程序如一串珠子一样依次串连而成，如图 1.2.2 所示；提出了自顶向下、逐步求精、模块化等程序设计原则。程序简明性、可读性、可维护性成为评价程序质量的首要条件。

结构化程序设计技术虽然得到了广泛应用，但也有不足之处：该方法实现中将数据和对数据处理过程分离为相互独立的实体，当程序复杂时，容易出错，难以维护；其次存在与人的思维不协调的地方，难以自然、准确地反映真实世界。随着软件开发规模的扩大，仅使用结构化程序设计方法已经不能满足软件开发的需求。

3.　面向对象程序设计

面向对象程序设计是 20 世纪 80 年代初提出的，起源于 Smalltalk 语言，以降低程序的复杂性，提高软件的开发效率为目标。

面向对象程序设计方法是一种以对象为基础，以事件或消息来驱动对象执行相应处理的程序设计方法。它将数据及对数据的操作封装在一起，作为一个相互依存、不可分离的整体——对象；它采用数据抽象和信息隐蔽技术，将这个整体抽象成一种新的数据类型——类。面向对象程序设计以数据为中心，而不是以功能为中心来描述系统，因而非常适合大型应用程序与系统程序的开发。

从第 1 章的两个例子看到，用 VB 开发应用程序的过程，实际就是在对这些控件对象进行交互的过程，就如同"搭积木"的拼装过程，如图 1.2.3 所示。这种面向对象、可视化程序设计的风格简化了程序设计。

因此，正确地理解和掌握对象的概念，是学习 VB 程序设计的基础。本节从使用的角度简述类和对象，属性、方法和事件对象三要素的有关概念。

图 1.2.2　结构化程序设计　　　　　　图 1.2.3　面向对象程序设计

2.1.2　类和对象

1. 对象（Object）

对象是面向对象程序设计的核心，是构成应用程序的基本元素。在现实生活中，任何一个实体都可以看作一个对象，如一个人、一辆汽车、一台计算机等都是一个个对象；一份报表、一份账单也是一个个对象。任何对象都具有各自的特征、行为。人具有身高、体重、视力、听力等特征；也具有起立、行走、说话等行为。对象把反映事物的特征和行为封装在一起，作为一个独立的实体来处理。

2. 类（Class）

类是对同种对象的抽象描述，是创建对象的模板。在一个类中，每个对象都是这个类的一个实例。例如，人类是人的抽象，一个个不同的人是人类的实例。每个人具有不同的身高、体重等特征值和不同的起立、行走等行为。类包含所创建对象的特征描述，用数据表示，称为属性；对象的行为用代码来实现，称为对象的方法。

在 VB 中，工具箱上的可视图标是 VB 系统设计好的标准控件类，例如，命令按钮类、文本框类等。通过将控件类实例化，可以得到真正的控件对象，也就是当在窗体上添加一个控件时，就将类实例化为对象，即创建了一个控件对象，简称为控件。

例如，图 1.2.4 所示，工具箱上的 TextBox 控件是类的图形化表示，它确定了 TextBox 的属性、方法和事件。窗体上显示的是两个 TextBox 对象：Text1 和 Text2，是类的实例化，它们继承了 TextBox 类的特征，也可以根据需要修改各自的属性。例如，文本框的大小、

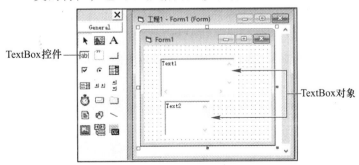

图 1.2.4　类与对象

滚动条的形式等；具有移动、光标定位到文本框等方法，还具有通过快捷键对文本内容进行复制、删除和移动等功能。

在 VB 的应用程序中，对象为程序员提供了现成的代码，提高了编程的效率。例如，图 1.2.4 中的 TextBox 对象本身具有对文本输入、编辑、删除的功能，用户可不必再编写相应的程序。

除了通过利用控件类产生控件对象外，VB 还提供了系统对象，例如，打印机（Printer）、剪贴板（Clipboard）、屏幕（Screen）、应用程序（App）等。

窗体是个特例，它既是类也是对象。当向一个工程添加一个新窗体时，实质就由窗体类创建了一个窗体对象。

2.1.3　对象的属性、方法和事件

属性、方法和事件构成了对象的三要素。属性可用来描述同一类事物的特征；方法可描述一类事物可做的操作；事件是对象的响应，决定了对象之间的联系。

1. 属性（Property）

对象中的数据保存在属性中。VB 程序中的对象都有许多属性，它们是用来描述和反映对象特征的参数。例如，控件名称（Name）、标题（Caption）、文本（Text）、颜色（Color）、字体（FontName）、可见性（Visible）等属性决定了对象展现给用户的界面具有什么样的外观及功能。不同的对象具有各自不同的属性，用户可查阅帮助系统。

可以通过以下两种方法设置对象的属性：

① 在设计阶段利用如图 1.1.9 所示的属性窗口直接设置对象的属性值。

② 在程序运行阶段即在程序中通过赋值语句实现，其格式为

对象.属性名＝属性值

例如，给一个对象名为 Command1 的命令按钮的 Caption 属性赋值为字符串"确定"，即按钮显示为 确定 ，其在程序中的赋值语句为

Command1.Caption＝"确定"

大部分属性既可在设计阶段，也可在程序运行阶段设置，这种属性称为可读写属性；也有一些属性只能在设计阶段通过属性窗口设置，在程序运行阶段不可改变，称为只读属性。

2. 方法（Method）

方法是附属于对象的行为和动作，即可以理解为指使对象动作的命令。面向对象的程序设计语言为程序设计人员提供了一种特殊的过程，称为方法，供用户直接调用，这给用户的编程带来了很大方便。因为方法是面向对象的，所以在调用时一定要用对象。对象方法的调用格式为

对象.方法［参数名表］

例如

Text1.SetFocus

此语句使 Text1 控件获得焦点，就是在本文框中有闪烁的插入点光标，表示在该文本框可输入信息。VB 提供了大量的方法，将在以后控件对象的使用中介绍。

3. 事件（Event）

（1）事件

对于对象而言，事件就是发生在该对象上的事情。同一事件，作用于不同的对象，就会引发不同的反应，产生不同的结果。例如，在学校里，教学楼的铃声是一个事件，教师听到铃声就要准备开始讲课，向学生传授知识；学生听到铃声，就要准备听教师上课，接受知识；行政人员不受影响，就可不响应。

在 VB 中，系统为每个对象预先定义好了一系列的事件。例如，单击（Click）、双击（DblClick）、装载（Load）、获取焦点（GotFocus）、按下键（KeyPress）事件等。

（2）事件过程

当在对象上发生了某个事件后，应用程序就要处理这个事件过程。例如上述铃响事件，对于教师对象就要编写授课的事件过程，描述如图 1.2.5 左侧所示；对学生对象编写听课的事件过程，描述如图 1.2.5 中部代码所示；对行政人员对象，铃响无反应，则不必编写事件过程，如图 1.2.5 右侧所示。

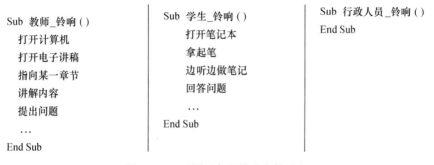

图 1.2.5　不同对象的铃响事件过程

VB 事件过程的形式如下：

Private Sub　对象名_事件名(［参数列表］)

　　…　　'事件过程代码

End Sub

其中

① 对象名：对象的 Name 属性。对初学者一般用控件的默认名称。

② 事件名：VB 预先定义好的赋予该对象的事件，并能被该对象识别。

③ 参数列表：一般无，有些事件带有参数，例如 KeyPress 事件。

④ 事件过程代码：用来指定处理该事件的程序。

下面是一个命令按钮的事件过程，作用是将文本框的字号改为 20 磅：

```
Private Sub Command1_Click( )
    Text1. FontSize = 20
End Sub
```

（3）事件驱动程序设计

在传统的面向过程的应用程序中，应用程序自身控制了执行哪一部分代码和按何种顺序执行代码，即代码的执行是从第一行开始的，随着程序流执行代码的不同部分。程序执行的先后次序由设计人员编写的代码决定，用户无法改变程序的执行流程。

执行 VB 应用程序时，系统装载和显示窗体后，系统等待某个事件的发生，然后去执行该事件过程，事件执行完后，又处于等待状态，这就是事件驱动程序设计方式。用户对这些事件驱动的顺序决定了代码执行的顺序，因此，应用程序每次运行时所经过的代码的路径可能都是不同的。例如在例 1.2 中，用户可以输入人民币和汇率，兑换美元；也可以输入美元和汇率，兑换人民币。

2.2　窗体和基本控件

为后面编程方便，本节通过一个"模拟小车行驶"的示例来简要介绍控件的基本属性、窗体和最基本控件的使用，其他控件在以后几章陆续介绍。

2.2.1　引例——模拟小车行驶

微视频：
模拟小车行驶

例 2.1　模拟小车在交通灯控制下的行驶过程，如图 1.2.6 所示。功能要求如下：

① 城市交通背景图案的显示：红绿信号灯、控制信号灯按钮、小车图片；

② 用户通过单击"控制信号灯"按钮来手动切换红绿信号灯，小车在信号灯的控制下，自右向左行驶，当行驶出窗口左边后重新从右边进入。

界面设计如图 1.2.7 所示，对象属性设置如表 1.2.1 所示。

功能实现分析：

① 红绿灯的控制。红绿灯通过标签的背景色来表示；每单击"控制信号灯"按钮一次红绿灯切换，两种颜色互相切换，红变绿、绿变红。

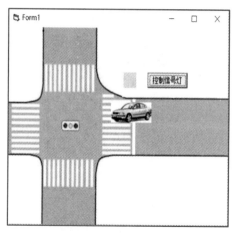

图 1.2.6　运行界面

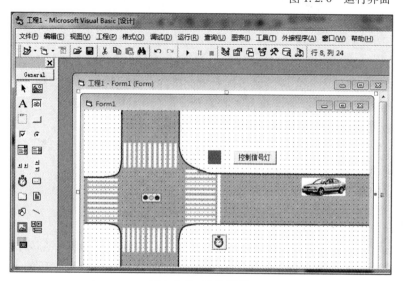

图 1.2.7　设计界面

控件名（Name）	作　　用	相 关 属 性
Form1	小车行驶场地	Picture：场地.jpg
Label1	红绿灯	BackColor：&H000000FF&　'红色
Command1	手动控制红绿灯切换	Caption：控制信号灯
Picture1	显示小车	Picture：车.jpg
Timer1	控制小车行驶	Interval＝200　　'每秒触发（行驶）5次

◀表1.2.1
对象属性设置

② 小车自右向左行驶。小车的位置属性改变，即 Picture1.Left ＝ Picture1.Left－50，在定时器事件过程中实现小车行驶效果。

③ 判断小车超出窗口左边位置和相应操作如下：

若 Picture1.Left ＋ Picture1.Width ＜ 0，则 Picture1.Left ＝ Form1.Width

④ 小车在以下3种情况时都可行驶：

绿灯：Label1.BackColor＝RGB(0,255,0)

小车车头未到红灯处：Picture1.Left ＞ Label1.Left＋Label1.Width

小车车身已过红灯处：Picture1.Left ＋ Picture1.Width ＜ Label1.Left

程序代码如图1.2.8所示。

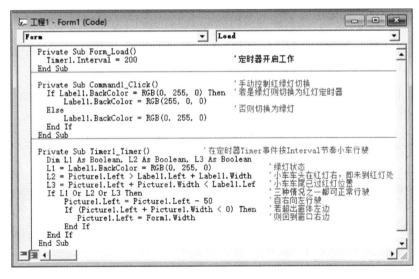

图1.2.8　程序代码窗口

2.2.2　控件的基本属性

通过例2.1，了解到每个控件的外观是由一系列属性来决定的。例如控件的大小、颜色、位置、名称等，不同的控件有不同的属性，也有相同的属性。基本属性表示大部分控件具有的属性。

系统为每个属性提供了默认的属性值。在属性窗口中可以看到所选对象的属性设置。属性设置有以下两种方式：

① 在设计时通过属性窗口设置；

微视频：
控件的基本属性

② 在代码设计窗口通过代码来设置。

此处仅列出最常见的基本属性。

① Name：所创建对象的名称，这是所有的对象都具有的属性。所有的控件在创建时由 VB 自动提供一个默认名称，例如 Text1、Text2、Command1 等，也可根据需要更改对象名称。在应用程序中，对象名称是作为对象的标识在程序中引用的，不会显示在窗体上。

② Caption：决定了控件上显示的文本内容。

③ Height、Width、Top 和 Left：决定了控件大小和位置，单位为 twip。其中 Top 表示控件到窗体顶部的距离，Left 表示控件到窗体左边框的距离。对于窗体，Top、Left 表示窗体到屏幕顶部、左边的距离。

例如，在窗体上建立了一个命令按钮控件，在属性窗口进行如图 1.2.9（a）设置，效果如图 1.2.9（b）所示。

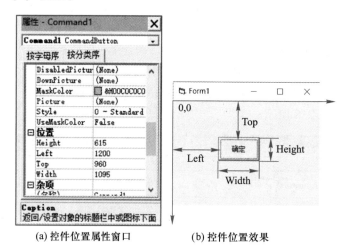

(a) 控件位置属性窗口　　　　(b) 控件位置效果

图 1.2.9　控件位置属性设置与效果

④ Font：改变文本的外观，其属性对话框如图 1.2.10（a）所示。其中

● FontName（字体）属性是字符型。

● FontSize（字体大小）属性是整型。

● 逻辑型的属性，当属性为 True 时，FontBold 表示粗体、FontItalic 表示斜体、Font-Strikethru 表示加删除线、FontUnderline 表示带下画线。

⑤ Enabled、Visible：决定控件的有效性和可见性，均为逻辑类型。

● Enabled：当值为 True 时，允许用户进行操作；当值为 False 时，则禁止用户进行操作，呈灰色。

● Visible：当值为 False 时，程序运行时控件不可见，但控件本身存在；反之则可见。

⑥ ForeColor、BackColor：颜色属性。ForeColor 为前景颜色（即正文颜色）；BackColor 为正文以外的显示区域的颜色。其值是一个十六进制常数，用户可以在调色板中直接选择所需颜色。

⑦ MousePointer、MouseIcon：前者表示鼠标指针的类型设置值的范围为 0～15，值若为 99 则是用户自定义图标；后者为当设置自定义的鼠标图标时显示的图标。

⑧ TabIndex：决定了按 Tab 键时，焦点在各个控件移动的顺序。焦点（Focus）是接

收用户键盘或鼠标的能力,窗体上有多个控件,运行时焦点只有一个。当建立控件时,系统按先后顺序自动给出每个控件的顺序号。

例2.2 在窗体上建立两个命令按钮(名称)分别为 Command1 和 Command2。Command2 按钮的 Font 属性设置如图 1.2.10(a)所示,设计界面效果如图 1.2.9(b)所示,其余各项属性设置用代码实现如下:

```
Private Sub Form_Click( )
    Command1. Caption = "显示"
    Command1. FontName = "黑体"
    Command1. FontSize = 20
    Command1. FontBold = True
    Command1. FontItalic = True
    Command1. FontUnderline = True        ' 带下画线
    Command1. Enabled = False             ' 呈暗淡色
    Command2. Enabled = True
    Command2. Caption = "取消"
End Sub
```

运行效果如图 1.2.10(c)所示。

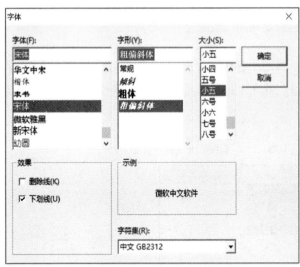

(a)"字体"对话框

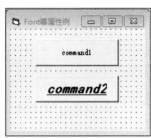

(b)设计界面效果

(c)运行效果

图 1.2.10 Font 属性设置、设计界面和运行效果

⑨ 控件默认属性：VB 中把反映某个控件最重要的属性称为该控件属性的值或默认属性。所谓默认属性是程序运行时，可以改变某控件的值，而不必指定该控件的属性。表 1.2.2 列出部分控件及它们的值。注意：控件的值不是指 Value 属性。

▶ 表 1.2.2
　部 分 控 件
默认属性

控 　 件	值	控 　 件	值
文本框	Text	标签	Caption
命令按钮	Default	图形、图像框	Picture
单选按钮	Value	复选框	Value

例如，有某个文本框 Name 属性为 Text1，其 Text 属性值为 Text1，若要改变 Text 的属性值为 "Visual Basic"，下面两条语句是等价的：

```
Text1. Text = "Visual Basic"
Text1  = "Visual Basic"
```

以上介绍了最常用的、具有共性的属性，还有大量的属性通过以后的控件再介绍，读者也可通过"帮助"菜单查阅。

2.2.3　窗体

微视频：
窗体

用 VB 创建一个应用程序的第一步就是创建用户界面。窗体是一块"画布"，是所有控件的容器，用户可以根据自己的需要利用工具箱上的控件在"画布"上画界面。

1. 主要属性

窗体属性决定了窗体的外观和操作，窗体外观如图 1.2.11 所示。对大部分窗体属性，既可以通过属性窗口设置，也可以在程序中设置，而只有少量属性只能在设计状态设置，或只能在窗体运行期间设置。

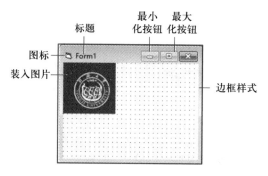

图 1.2.11　窗体外观

窗体属性说明如下。

① Caption：窗体标题栏显示的内容。

② MaxButton、MinButton：最大化、最小化按钮属性。当值为 True 时，窗体右上角有最大化（或最小化）按钮；否则无最大化（或最小化）按钮。

③ Icon：设置窗体图标。

在属性窗口中，可以单击 Icon 设置框右边的"…"（省略号）按钮，打开一个"加载图标"对话框，用户可以选择一个图标文件装入。当窗体最小化时以该图标显示；否则以默认的图标显示。

④ Picture：设置窗体中要显示的图片，在其"加载图片"对话框中选择需要的图片文件。

⑤ BorderStyle：边框样式属性，范围为 0~5，默认为 2。

0 —— None：窗体无边框，无法移动及改变大小。

1 —— Fixed Single：窗体为单线边框，可移动，不可以改变大小。

2 —— Sizable：窗体为双线边框，可移动并可以改变大小。

3 —— Fixed Dialog：窗体为固定边框，不可改变大小。

4—— Fixed ToolWindow：窗体外观与工具条相似，有关闭按钮，不能改变大小。

5—— Sizable ToolWindow：窗体外观与工具条相似，有关闭按钮，能改变大小。

BorderStyle 属性在运行时只读。当 BorderStyle 设置为除 2 以外的值时，系统自动将 MinButton 和 MaxButton 设置为 False。

⑥ AutoRedraw：设置窗体内容是否会自动重画，默认是 False。

注意：当在 Form_Load( )事件过程中用 Print 方法显示文字时，若 AutoRedraw 没有设置为 True，则 Print 方法显示文字不起作用。

2. 事件

窗体的事件较多，最常用的事件有 Click、DblClick、Load、Activated 和 Resize 等。

① Click：当鼠标单击窗体时，触发该事件。

② DblClick：当鼠标双击窗体时，触发该事件。

③ Load：当应用程序启动时，对于启动窗体，自动触发该事件。所以该事件通常用来在启动应用程序时对属性和变量进行初始化。

④ Activated：当单击一个窗体，使其变成活动窗体时，就会触发该事件。

⑤ Resize：当改变窗体的大小时，就会触发该事件。

3. 方法

窗体上常用的方法有 Print、Cls 和 Move 等。在多重窗体时使用 Show、Hide、ShowDialog 等方法，将在第 7 章介绍。

① Print 方法显示文本内容，格式为

［对象 .］Print 表达式

更详细介绍见 4.1.4 节。

② Cls 方法是清除窗体上或图片框在运行时由 Print 方法显示的文本或用画图方法显示的图形，格式为

［对象 .］Cls

省略对象默认为当前窗体。

③ Move 方法是移动窗体或控件对象的位置，也可改变对象的大小，格式为

［对象 .］ Move 左边距离［,上边距离［,宽度［,高度］］］

一般也可由 Left 和 Top 属性方便地实现移动的效果，但不能同时改变控件的大小。

例 2.3 编写 4 个事件过程，显示"春夏秋冬"四季背景图片，并配有相应文字和颜色。目的是体验窗体事件作用、字体、字颜色、Print 方法的使用。

分析：窗体有多个事件过程，但当程序运行时都触发 Load、Activated、Resize，因此

除了 Click、DblClick 事件外，还要用到命令按钮增加一个事件。4 个事件和属性设置如表 1.2.3 所示，窗体的字体、字号为"隶书、20"。

▶ 表 1.2.3
事件和属性设置

事　　件	Caption	ForeColor	Print 方法
Form_Load	装入窗体	RGB(0,255,0)绿色	万紫千红总是春
Form_Click	单击窗体	RGB(255,0,0)红色	绿树荫浓夏日长
Form_DblClick	双击窗体	RGB(0,0,255)蓝色	秋风萧瑟天气凉
Command1_Click	单击命令按钮	RGB(0,0,0)黑色	千里冰封万里雪飘

程序运行界面如图 1.2.12 所示。

(a) Load 事件运行效果　　　(b) Click 事件运行效果

(c) DblClick 事件运行效果

图 1.2.12　例 2.3 运行界面

程序如图 1.2.13 所示代码窗口。

注意：图片的装入有以下两种方法。

① 方法 1：通过属性窗口的 Picture 属性，在其对话框中选择装入的图片文件，这时系统自动产生扩展名为 frx 的二进制文件，这种方式是固定的，但只能装入一个，并且在设计时就能看到。

② 方法 2：通过代码 LoadPicture( ) 函数装入，当程序运行到该事件时才可看到效果，这种方式灵活可随时改变。App. Path 表示装入的图片文件与应用程序在同一文件夹中，若运行时无该文件，系统会显示"文件未找到"的信息，用户可通过查找文件的方法，将所需文件复制到与应用程序同一文件夹中。

图 1.2.13 例 2.3 代码窗口

2.2.4 标签

标签主要是用来显示（输出）文本信息，但是不能作为输入信息的界面。也就是标签控件的内容只能用 Caption 属性来设置或修改，不能直接编辑。

1. 主要属性

标签主要的属性有 Caption、Font、Left、Top、BorderStyle、BackStyle、Alignment、AutoSize、WordWarp 等。

① Alignment：控件标题（Caption）的对齐方式。0（Left Justify）表示左对齐；1（Right Justify）表示右对齐；2（Center）表示居中。

② AutoSize：决定是否自动调整控件大小。True 为自动调整大小；False 为保持原设计时的大小，正文若太长自动裁剪掉。

③ BackStyle：背景样式。0（Transparent）表示透明显示，若控件后面有其他控件均可透明显示出来。

④ BorderStyle：边框样式。0（None）为控件周围没有边框；1（Fixed Single）为控件带有单边框。

2. 事件

标签经常接收的事件有单击（Click）、双击（DblClick）和改变（Change）等。但实际上，标签仅起到在窗体上显示文字的作用，因此，一般不需编写事件过程。

例 2.4 编写选择配色方案的程序。窗体上放置 13 个标签，Label1～Label3 分别显示"配色方案选择""前景""背景"文字；Label4～Label8 为前景色；Label9～Label13 为背景色。当鼠标单击前景或背景色标签时，Label1 标签对应属性颜色跟着变。主要的程序代码如图 1.2.14（a）所示，相似的其他控件代码请读者自己完成。程序运行效果如图 1.2.14（b）所示。

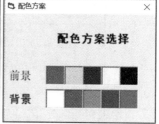

(a) 程序代码   (b) 运行效果

图 1.2.14   例 2.4

提示：Label4～Label13 控件有相同的大小和边框属性，可以建立一个控件后通过按 Ctrl+C 键一次复制、按 Ctrl+V 键多次粘贴来简化实现。但在弹出的"已有一个控件为 'Label4'。要创建控件数组吗?"对话框时，千万不要选择"Y"，应选择"N"。

2.2.5   文本框

文本框是一个文本编辑区域，用户可以在该区域输入、编辑、修改和显示正文内容，即用户可以创建一个简单的文本编辑器。

1. 主要属性

文本框除了具有 2.2.1 节列出的大部分基本属性外，其主要属性如表 1.2.4 所示。

微视频：
文本框

▶表 1.2.4
文本框主
要属性

属　　性	类　　型	意　　义
Text	字符串	键盘输入和编辑正文
Maxlength	整型	设置文本框中能输入的字符数，默认值为 0，表示任意长度；在 VB 中，西文字符和中文字符都作为一个字符处理
MultiLine	逻辑型	设置文本多行属性，默认值为 False 时仅显示一行
ScrollBars	整型	当 MultiLine 属性为 True 时，ScrollBars 属性才有效。有 4 种样式： 0-None；1-Horizontal；2-Vertical；3-Both
PassWordChar	字符型	设置显示文本框中的替代符，一般以"＊"显示
Locked	逻辑型	默认值为 False，表示可编辑；若为 True 时，只可显示，作用同标签
SelStart	整型	选定的正文的开始位置，第一个字符的位置是 0
SelLength	整型	选定的正文长度
SelText	字符串	选定的正文内容

例 2.5   利用文本选中 SelStart、SelLength 和 SelText 属性，将 Text1 中指定的内容复制到 Text2 中，如图 1.2.15 所示。要求实现 3 种复制方式：

① 程序启动自动复制。当程序运行时，自动将 Text1 的前 8 个字符复制到 Text2 中。

② 选定内容复制。在 Text1 中选定要复制的文本内容，单击"复制"按钮，将内容复制到 Text2 中。

③ 指定位置复制。在"起始"（Text3）和"长度"（Text4）文本框中输入数值后，在"长度"文本框中按 Enter 键后将指定位置的内容复制到 Text2 中。

窗体上建立两个多行文本框、两个单行文本框、1 个命令按钮和 1 个标签。

事件过程代码如图 1.2.16 所示。

图 1.2.15　文本复制

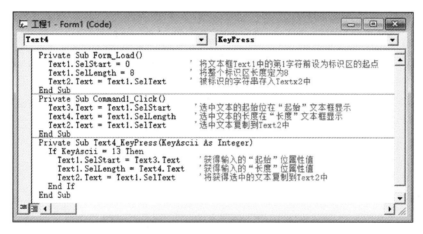

图 1.2.16　事件过程代码

2. 事件

在文本框所能响应的事件中，Change、KeyPress、LostFocus 和 GotFocus 是最重要的事件。

（1）Change 事件

当用户输入新内容或当程序将 Text 属性设置为新值，从而改变文本框的 Text 属性时，引发该事件。当用户输入一个字符时，就会引发一次 Change 事件。例如，用户输入 Hello 一词时，会引发 5 次 Change 事件。

（2）KeyPress 事件

当用户按下并且释放键盘上的某个键时，就会引发焦点所在控件的 KeyPress 事件，此事件会返回一个 KeyAscii 参数到该事件过程中。例如，当用户输入字符"a"，返回 KeyAscii 的值为 96，通过 Chr（KeyAscii）可以将 ASCII 码转换为字符"a"。

同 Change 事件一样，每输入一个字符就会引发一次该事件；事件中最常用的是对输入的是否为回车符（KeyAscii 的值为 13）的判断，表示文本输入结束。

一般常用的是 KeyPress 事件，而 Change 事件是默认事件，很少使用。

（3）LostFocus 事件

此事件是在一个对象失去焦点时发生，焦点的丢失一般是按了 Tab 键或鼠标单击了另一个对象操作的结果。LostFocus 事件过程常用于对文本框输入的内容进行有效性检查。

（4）GotFocus 事件

GotFocus 事件与 LostFocus 事件相反，当一个对象获得焦点时发生。

3. 方法

文本框最有用的方法是 SetFocus，该方法是把光标移到指定的对象中。其使用形式如下：

［对象 . ］SetFocus

4. 文本框的应用

例2.6　利用文本框实现简单两整数的加法运算。要求对输入的被加数和加数具有数据合法性检验功能。

分析：

① 对输入的数据合法性检验，使用 IsNumeric( ) 函数判断。

② 表示输入数据结束，可通过按 Enter 键或 Tab 键两种方式，当然引发的事件不同。按 Enter 键，焦点没有离开，通过 KeyPress 事件来判断；按 Tab 键，焦点离开该控件，通过 LostFocus 事件来判断。本例分别利用 LostFocus、KeyPress 两个不同的事件过程实现。

本例有 3 个文本框，存放两个加数和结果；两个标签，放 "+" 和 "="，运行界面如图 1.2.17 所示。

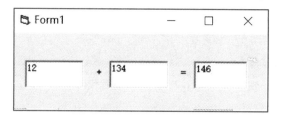

图 1.2.17　例 2.6 运行界面

事件过程代码如图 1.2.18 所示。

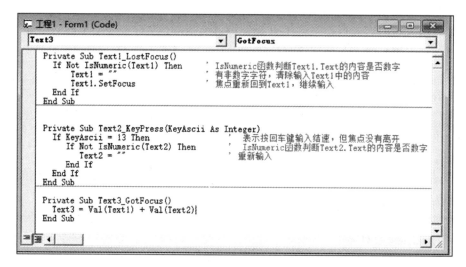

图 1.2.18　事件过程代码

当程序运行后，读者会发现，当在 Text1 中输入非法数据时，焦点永远离不开 Text1，直到输入合法数据为止。

2.2.6　命令按钮

在应用程序中，命令按钮的应用十分广泛。在程序执行期间，当用户选择某个命令按钮就会执行相应的事件过程。

1. 主要属性

（1）Caption：按钮上显示的文字。如果某个字母前加"&"，则程序运行时标题中的该字母带有下画线，该带有下画线的字母就成为快捷键，当用户按下 Alt+快捷键，便可激活该按钮的事件过程。例如，在对某个按钮设置其 Caption 属性时输入"&Ok"，程序运行时就会显示"Ok"，当用户按下 Alt+O 快捷键，便可执行"Ok"按钮事件过程。

（2）Style：设置按钮的样式，有以下两种。

0 —— Standard：（默认）标准的，按钮上不能显示图形。

1 —— Graphical：图形的，按钮上可以显示图形的样式，也能显示文字。

注意：若在 Picture 图形属性中选择了图片文件，而此处的属性值为 0，则图形仍不能显示。

（3）Picture：按钮装入图形文件（bmp 和 ico），但 Style 必须为 1。

（4）ToolTipText：工具提示信息。若按钮设置图形样式显示，给按钮设置文字提示（当运行时指向该按钮显示提示信息）。

2. 事件

命令按钮接收 Click 事件。

例 2.7　建立一个类似记事本的应用程序，程序运行效果如图 1.2.19 所示。该程序主要提供以下两类操作。

微视频：
例 2.7

图 1.2.19　例 2.7 运行效果

① 编辑操作：剪切、复制和粘贴。

② 格式设置：字体和字号。

分析：

① 根据题目要求，建立控件，属性设置见表 1.2.5。

② 要实现剪切、复制和粘贴的编辑操作，只要利用文本框的 SelText 属性；要实现格式设置，则利用 Font 属性，这里仅列举"字体和字号"的设置。

默认控件名	标题（Caption）	图片（Picture）	ToolTipText
Command1	空白	cut. bmp	剪切
Command2	空白	copy. bmp	复制
Command3	空白	paste. bmp	粘贴
Command4	黑体		
Command5	20 磅		
Command6	结束		
Text1	MultiLine＝True；ScrollBars＝3 'Both		

◀表 1.2.5
控件的属性设置

程序代码如下：

```
Dim st As String                        ' 为复制、剪切和粘贴操作所需的模块级变量
Private Sub Command1_Click( )
    st = Text1. SelText                  ' 将选中的内容存放到 st 变量中
    Text1. SelText = " "                 ' 将选中的内容清除,实现了剪切
End Sub
Private Sub Command2_Click( )
    st = Text1. SelText                  ' 将选中的内容存放到 st 变量中
End Sub
Private Sub Command3_Click( )
    ' 将 st 变量中的内容插入到光标所在的位置,实现了粘贴
    Text1. SelText = st
End Sub
Private Sub Command4_Click( )
    Text1. FontName = "黑体"
End Sub
Private Sub Command5_Click( )
    Text1. FontSize = 20
End Sub
Private Sub Command6_Click( )
    End
End Sub
```

注意：

① 由于文本框本身具有编辑功能，所以不必编写任何程序代码，就可以用 Ctrl+X、Ctrl+C 和 Ctrl+V 进行剪切、复制和粘贴正文。但是，为了解释命令按钮及其属性的使用，也通过编程来实现。

② st 变量要在多个事件中共享，所以必须在本模块的所有过程前声明该变量，该变量可作用于所有过程，称为模块级变量；在过程内声明的变量为过程级变量，仅对该过程有效。变量声明和作用域可查阅第 3 章和第 6 章。

2.2.7　图片框和图像控件

微视频：
图片框和图像

若要在应用程序中显示图片效果，可以使用图片框（PictureBox）和图像（Image）控件，它们都可以显示扩展名为 bmp、ico、wmf、gif、jpeg 的图形文件。

两者不同的是，图片框还可以作为容器放置其他控件，以及通过 Print、Pset、Line、Circle 等方法在其中输出文本和画图；图像控件没有上述功能，但可利用 Stretch 属性对装入的图形进行缩放。

图片框和图像控件的主要属性如下。

（1）Picture：显示的图形文件，其值可以通过下列两种途径获得。

① 在设计状态下通过 Picture 属性直接选择图形文件设置。

② 在代码中使用 LoadPicture( ) 函数装入图形，使用形式为

图片框或图像对象 . Picture = LoadPicture("图形文件名")

例如，要在 PictureBox1 中显示"D：\VB5"文件夹下的"tongji. bmp"图形，则语句为：

Picture1. Picture = LoadPicture("D：\VB5\tongji. bmp")

一般使用相对路径装入图形文件，即用 App. Path & "\文件名"的方式。App 是一个对象，指应用程序本身，App. Path 是系统内的一个变量值，返回程序所在的路径。

（2）AutoSize：该属性仅作用于图片框对象。当 AutoSize 属性设置为 True 时，图片框随加载的图形大小而变；将 AutoSize 属性设置为 False 时，则图片框大小不变，若加载的图形比图片框大，则超过的部分将被剪裁。

（3）Stretch：该属性仅作用于图像控件，用于伸展图像。当 Stretch 属性为 True 时，加载的图形随图像控件的大小而变，此选项可控制图像控件大小，实现对图形的放大与缩小；当 Stretch 属性为 False 时，与图片框的 AutoSize 属性为 True 的功能相同，即图像控件的大小随着加载的图形大小而变。

例 2.8 图片框的 AutoSize 属性和图像控件的 Stretch 属性设置效果。在窗体上建立大小相同的两个图片框和两个图像控件，如图 1.2.20 上部；分别设置各自的属性后装入相同的图形文件，效果如图 1.2.20 下部。

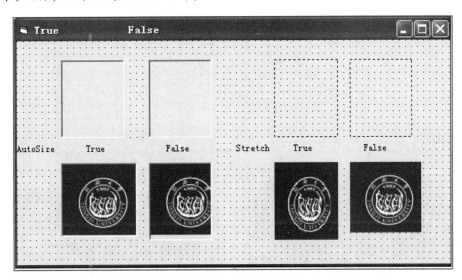

图 1.2.20　图片框的 AutoSize 和图像的 Stretch 属性效果

2.3　综合应用

本章介绍了 VB 概念、事件驱动运行机制；建立简单应用程序的过程；最常用的窗体、标签、文本框和命令按钮等，读者应该对 VB 的控件和可视化编程有较全面的了解，利用这些知识可以编写简单的、界面友好的小程序。当然，通过本章的学习学习者可能会感到 VB 概念较多，大量的属性记不住。不要紧，只要抓住控件的主要属性、事件、方法，通过上机调试、验证，就会一目了然，感觉会很好，并能进一步驱使大家去探索 VB 的奥妙！当然，事件中使用的语句还要在第 3、4 章中介绍，目前只可模仿。

下面通过一个模拟"神七发射"综合应用的例子，将本章的知识进行归纳。

例2.9　利用标签、按钮、定时器和图片框，编写一个模拟倒计时火箭发射程序。

分析：模拟发射按以下4个步骤完成。

① 准备：窗体背景为发射场，上面有图片为火箭，标签显示倒计时为6 s，相关属性见表1.2.6，表示准备发射的初态，界面设计如图1.2.21所示。

② 开始：当单击"准备"按钮，按钮显示为"开始"，定时器工作，触发了 Timer1_Timer 事件；倒计时静态变量 i（意义见第6章）按定时器 Interval 的设置值进行减1。

③ 发射：当 i 到了0，火箭发射，按钮显示为"发射"，如图1.2.22所示。

④ 停止：当火箭飞出窗体，定时器停止工作，按钮显示为"停止"。

这4个步骤使用一个命令按钮 Command1，根据倒计时 i 的秒数和火箭的位置进行改变。

▶表 1.2.6
属性设置

对象名	属　性	设　　置
Form1	Picture Caption	发射场 . jpg 火箭发射
Timer1	Interval Enabled	200 False
PictureBox1	Picture	火箭 . gif
Label1	Caption	6
	BorderStyle	Fixed Single
	BackStyle	0−Transparent
Command1	Caption	准备

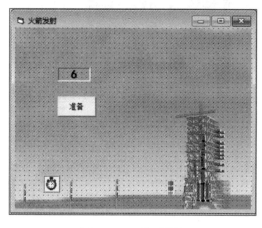

图 1.2.21　界面设计

图 1.2.22　运行效果

程序代码如下：

```
Dim i As Integer                ' 倒计时计数器
Private Sub Form_Load( )
    i = 6                       ' 倒计时初值
```

```
        End Sub
        Private Sub Command1_Click( )
            Timer1. Enabled = True              ' 单击此按钮,定时器工作,按钮控件由"准备"改为"开始"
            Command1. Caption = "开始"
        End Sub

        Private Sub Timer1_Timer( )
            Label1. Caption = i                  ' 显示倒计时
            If i > 0 Then
                i = i - 1                        ' 减少1,实现倒计时
            Else
                Command1. Caption = "发射"      ' 到了发射时间,按钮控件由"开始"改为"发射"
                Label1. AutoSize = True
                Label1. Caption = "正在发射..."
                Image1. Top = Image1. Top - 150                  ' 火箭向天空飞
                If Image1. Top < -Image1. Height Then
                    Command1. Caption = "停止"            ' 火箭飞出窗体,定时器停止工作
                    Label1. Caption = "祝贺神七发射成功!"
                    Timer1. Enabled = False
                End If
            End If
        End Sub
```

2.4 自主学习

2.4.1 ActiveX 控件

控件是设计用户界面的基础。利用控件创建用户界面非常容易,程序设计人员只需简单地拖动所需的控件到窗体中,然后对控件设置属性和编写事件过程,就可以完成烦琐的用户界面设计工作。

在 VB 中,控件大致分为三类:标准控件、ActiveX 控件和可插入对象。

1. 标准控件

标准控件又称内部控件,在工具箱中默认显示,是除指针外的 20 个控件。

2. ActiveX 控件

对于复杂的应用程序,仅仅使用标准控件是不够的,应该利用 VB 以及第三方开发商提供的大量 ActiveX 控件。这些控件可以添加到工具箱上,然后像标准控件一样使用。

ActiveX 控件是一种 ActiveX 部件,ActiveX 部件共有 4 种:ActiveX 控件、ActiveX. EXE、ActiveX. DLL 和 ActiveX 文档。ActiveX 部件是可以重复使用的编程代码和数据,是由用 ActiveX 技术创建的一个或多个对象组成的。ActiveX 部件是扩展名为 ocx 的独立文件,通常存放在 Windows 的 SYSTEM 目录中。例如,通用对话框就是一种 ActiveX 控件,它对应

的部件文件名是 Comdlg32. ocx。表 1.2.7 列出了本书涉及的 ActiveX 控件及其所在的部件和文件名。

ActiveX 控件	ActiveX 部件	文 件 名
RichTextBox	Microsoft RichText Control 6.0	richtx32. ocx
CommonDialog	Microsoft Common Dialog Control 6.0	comdlg32. ocx
ProgressBar	Microsoft Windows Common Control 6.0	mscomctl. ocx
Adodc	Microsoft ADO Data Control 6.0	msadodc. ocx
DataGrid	Microsoft DataGrid Control 6.0	msdatgrd. ocx
DataList DataCombo	Microsoft DataList Control 6.0	msdatlst. ocx

用户在使用 ActiveX 控件之前,需通过"工具│部件"命令将它们加载到工具箱中,添加过程见 2.4.2 节 RichTextBox 控件操作。

除了 ActiveX 控件之外,ActiveX 部件中还有被称为代码部件的 ActiveX. DLL 和 ActiveX. EXE,其特点是没有可视界面。当需要引用时通过"工程│引用"命令加入向用户提供对象形式的库。现在,越来越多的软件,例如 Microsoft Office 应用程序,都提供了极其庞大的对象库。在程序设计时,通过对其他应用程序对象库的引用,可以极大地扩展应用程序的功能。

对于初学者来说,ActiveX 控件和 ActiveX. DLL/EXE 部件的明显区别是:ActiveX 控件有可视的界面,当用"工程"菜单中的"部件"命令加载后,在工具箱上有相应的图标显示;ActiveX. DLL/EXE 部件是代码部件,没有可视界面,当用"工程"菜单中的"引用"命令设置对象库的引用后,用"对象浏览器"查看其中的对象、属性、方法和事件。

3. 可插入对象

可插入对象是其他应用程序创建的对象,如"Microsoft Excel 工作表"等,也可以通过"工程│部件"命令在其对话框中选择"可插入对象"选项卡,在列表框选择所需的对象添加到工具箱就可使用。

2.4.2   RichTextBox 控件

RichTextBox 控件 ![图标] RichTextBox 又称富文本框。该控件除了具有 TextBox 控件相同的输入、显示和编辑文本等功能外,还可以插入图片,提供比 TextBox 控件更高级的格式特性,常用于开发自己的图文并茂的字处理软件。

1. 添加 RichTextBox 控件

该控件是包含在"Microsoft RichText Control 6.0"部件中,使用时必须通过"工程│部件"命令,在其对话框选中对应的部件选项,如图 1.2.23 所示。这时 RichTextBox 控件就添加到工具箱中了,如图 1.2.24 所示。

2. 文件操作

利用 SaveFile 和 LoadFile 方法可方便地为 RichTextBox 控件保存和加载文件。

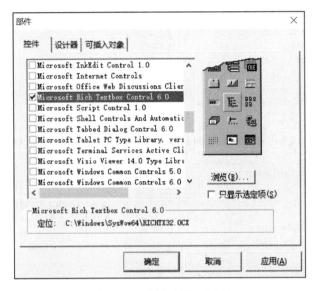

图 1.2.23 添加部件对话框

（1）SaveFile 方法

能够将控件中的文档保存为 RTF 文件或文本文件，其格式为

对象 . SaveFile 文件标识符［,文件类型］

其中文件类型取 0 为 RTF 文件（默认），取 1 为文本文件。

说明：RTF 文件是能被一般文字处理软件（如 Word）识别的。

例如，将 RichTextBox1 控件的文档保存在 C 盘根目录，文件名为 MyRtf. rtf，语句为

RichTextBox1. SaveFile "C:\MyRtf. rtf", 0

（2）LoadFile 方法

能够将 RTF 文件或文本文件装入控件，其格式为

对象 . LoadFile 文件标识符［,文件类型］

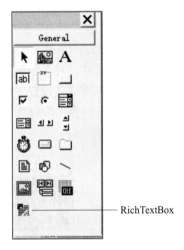

图 1.2.24 工具箱显示

其中文件类型取 0 为 RTF 文件（默认），取 1 为文本文件。

3. 插入图形文件

RichTextBox 控件中可以插入图形文件，其格式为

对象 . OLEObjects. ADD［索引］,［关键字］,文件标识符

其中 . OLEObjects 是集合，包含一组添加到 RichTextBox 控件的对象；"索引""关键字"表示添加到集合的元素标号和标识，可省，但逗号占位符不能省。

4. 常用格式化属性

利用 RichTextBox 控件具有的一些格式化属性，可对该控件中任何选中部分的文本设置格式；除了常规的属性外，RichTextBox 还有设置上下标、段落缩排等属性。表 1.2.8 列出了常用格式化属性（均作用于选中的文本）。

▶ 表 1.2.8
常用格式
化属性

分　　类	属　　性	属性类型	说　　明
选中文本	SelText SelStart SelLength	字符 整型 整型	同 TextBox 控件
字体、字号	SelFontName、SelFontSize	字符、整型	字体、字号格式
字型	SelBold、SelItalic SelUnderline、SelStrikethru	逻辑型	粗体、斜体 下画线、删除线
上标、下标	SelCharOffset	整型	>0 上标、<0 下标；单位以窗体的 ScalMode 属性值决定，默认为 twip
颜色	SelColor	整型	可以用 QBColor(n) 函数，n 为 0~ 15 整数 也可用 RGB(n,n,n) 函数，n 为 0~255 整数
对齐	SelAlignment	整型	0 左、1 右、2 中
缩排	SelIndent SelRightIndent SelHangingIndent	整型	缩排单位同上标、下标属性设置 的单位

例 2.10　利用 RichTextBox 控件，对文档进行字体、字号、颜色、下画线等格式设置，也可插入图片，对文档进行保存和从磁盘将文件装入。运行效果如图 1.2.25 所示。

分析：为方便格式设置，字体、字号和颜色分别放在 ComboBox 组合框中；其余使用命令按钮；更好的界面设计如菜单、对话框设置见第 7 章界面设计。该例主要介绍 RichTextBox 控件的作用。

图 1.2.25　运行效果

程序代码如下：

```
Private Sub Combo1_Click( )
    RichTextBox1. SelFontName = Combo1. Text
End Sub
Private Sub Combo2_Click( )
    RichTextBox1. SelFontSize = Combo2. Text
End Sub
Private Sub Combo3_Click( )
    Select Case Trim( Combo3. Text)
```

```
        Case "红色"
            RichTextBox1. SelColor = RGB(255, 0, 0)
        Case "绿色"
            RichTextBox1. SelColor = RGB(0, 255, 0)
        Case "蓝色"
            RichTextBox1. SelColor = RGB(0, 0, 255)
        Case "黑色"
            RichTextBox1. SelColor = RGB(0, 0, 0)
        Case "白色"
            RichTextBox1. SelColor = RGB(255, 255, 255)
        End Select
    End Sub
    Private Sub Command1_Click( )
        Dim Filename $
        Filename = "tongji. bmp"
        RichTextBox1. OLEObjects. Add , , App. Path & "/" & Filename
    End Sub
    Private Sub Command2_Click( )
        RichTextBox1. SelUnderline = Not RichTextBox1. SelUnderline
    End Sub
    Private Sub Command3_Click( )
        RichTextBox1. SaveFile "D:\MyFile. rtf", 0
    End Sub
    Private Sub Command4_Click( )
        RichTextBox1. Text = ""
        RichTextBox1. LoadFile "D:\MyFile. rtf", 0
    End Sub
```

习 题

1. 什么是类？什么是对象？什么是事件过程？
2. 属性和方法的区别是什么？
3. 当标签框的大小由 Caption 属性的值进行扩展或缩小时，应对该控件的什么属性进行何种设置？
4. 在 VB 6.0 中，命令按钮的显示形式可以有标准的和图形的两种选择，这通过什么属性来设置？若选择图形的，则通过什么属性来装入图形？若已在规定的属性里装入了某个图形文件，但该命令按钮还是不能显示该图形，而显示的是 Caption 属性设置的文字，怎样改正？
5. 文本框要显示多行文字，可对什么属性设置为何值？
6. 标签和文本框的区别是什么？

7. 文本框获得焦点的方法是什么？

8. 简述文本框的 Change 与 KeyPress 事件的区别。

9. 当某文本框输入数据后（按了 Enter 键），进行判断认为数据输入错误，怎样删除原来文本框的数据？

10. 运行程序前，对某些控件设置属性值，除了在窗体中直接设置外，还可以通过代码设置，这些代码一般放在什么事件中？例如，程序要将命令按钮定位在窗体的中央，请写出事件过程。

11. VB 6.0 提供的大量图形文件在哪个目录下？若计算机上没有安装，则怎样安装这些图形文件？

12. 简述 PictureBox 控件的 AutoSize 属性与 Image 控件的 Stretch 属性的异同。为实现对装入图片的缩放，应使用哪个控件方便？

第 3 章
VB 程序设计基础

前两章已介绍了最简单的 VB 编程以及基本控件的使用，使读者对 Visual Basic 的 "Visual" 有了概要的了解，可利用控件快速地编写简单的小程序。但要编写真正有用的程序，离不开 BASIC 程序设计语言。与任何程序设计语言一样，VB 规定了可编程的数据类型、表达式、基本语句、函数和过程等。本章主要介绍 VB 的数据类型、表达式和函数等语言基础知识。

3.1 数据类型

3.1.1 引例——圆柱体积和表面积计算

例 3.1 利用计算机来解决初等数学问题。已知圆半径 r 和圆柱高 h，计算圆柱体积 t 和表面积 s，保留 3 位小数。

分析：解该题的数学公式是很容易的：$t = \pi r^2 h$；$s = 2\pi rh + 2\pi r^2$。

程序代码如下：

```
Private Sub Command1_Click()
    Const PI = 3.14159                              ' PI 为符号常量
    Dim r As Integer, h As Integer                  ' r, h 为整型变量,存放圆柱半径 r 和高 h
    Dim t As Integer, s As Integer                  ' t, s 为整型变量,存放体积 t 和表面积 s
    r = Val(Text1.Text)                             ' r 从文本框获得输入的半径值
    h = Val(Text2.Text)                             ' h 从文本框获得输入的圆柱高的值
    t = PI * r * r * h                              ' 已知 r、h,计算圆柱体积
    s = 2 * PI * r * h +2 * PI * r * r              ' 已知 r、h,计算圆柱表面积
    Label3.Caption = "体  积 t=" & Format(t, "0.000")   ' 显示体积,保留 3 位小数
    Label4.Caption = "表面积 s=" & Format(s, "0.000")   ' 显示表面积,保留 3 位小数
End Sub
```

当程序运行后，输入半径 r 和高 h，显示体积和表面积如图 1.3.1（a）所示。结果明显是错误的，是什么原因？问题是对存放计算结果的体积 t 和表面积 s 的变量类型声明为整型，即

```
Dim t As Integer, s As Integer
```

只能存放整数，所以计算结果不正确；将变量类型声明为单精度型，即

```
Dim t As Single, s As Single
```

运行结果正确，如图 1.3.1（b）所示。

(a) 当变量t、s为整型   **(b) 当变量t、s为单精度型**

图 1.3.1   求圆柱体积和表面积

因为在程序设计语言中，对要处理的数据规定了存放的形式、取值的范围和所能进

行的运算。

3.1.2 数据类型

微视频：
数据类型

1. 数据

在程序设计中，数据是程序设计的必要组成部分，是程序处理的对象。在 VB 中用于存放数据有以下两类。

（1）控件对象的属性

前两章已经在应用程序中用到的数据大多是控件对象的属性，如文本框的 Text、Left、Top 等存放特定含义的数据，它们都有系统规定的属性名称和类型。一旦建立了控件，就可以利用该控件的属性表示。

（2）变量

用户根据需要声明变量，例 3.1 中圆柱的半径、高度、体积和表面积分别用 r、h、t、s 来命名。VB 根据声明变量的类型，在内存分配存放相应数据的空间。本节主要介绍此类数据。

不同的数据在计算机内的存储方式和分配的空间不同。例如 r、h 是整型，只能存放整数，在计算机内分别用两个字节来存储；t、s 是实数，分别用 4 字节的单精度浮点数来存储。不同的数据类型参与的运算不同，数值可以进行四则运算，字符数据只能进行连接运算，日期类型数据可以相减以表示两个日期的间隔，但不能相加及乘除，日期类型数据可以加上整型数得到日期类型数据。

2. 数据类型

VB 提供的数据类型如图 1.3.2 所示，本章仅介绍基本数据类型，自定义类型将在第 5 章介绍。

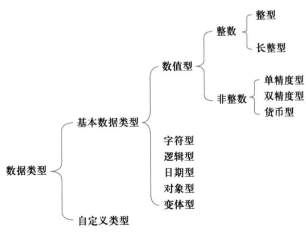

图 1.3.2　VB 的数据类型

3. 基本数据类型

基本数据类型是由系统提供的，用户可以直接使用。表 1.3.1 列出了基本的数据类型、占用空间和表示范围等。

数据类型	关键字	类型符	占字节数	范 围
字节型	Byte		1	$0 \sim 2^8 - 1 (0 \sim 255)$
逻辑型	*Boolean		2	True 或 False
整型	*Integer	%	2	$-2^{15} \sim 2^{15} - 1\ (-32\ 768 \sim 32\ 767)$
长整型	Long	&	4	$-2^{31} \sim 2^{31} - 1$
单精度型	*Single	!	4	负数：$-3.402\ 823E38 \sim -1.401\ 298E-45$ 正数：$1.401\ 298E-45 \sim 3.402\ 823E38$
双精度型	Double	#	8	负数：$-1.797\ 693\ 134\ 862\ 32E308 \sim -4.940\ 656\ 458\ 412\ 47E-324$ 正数：$4.940\ 656\ 458\ 412\ 47E-324 \sim 1.797\ 693\ 134\ 862\ 32E308$
货币型	Currency	@	8	$-922\ 337\ 302\ 685\ 477.508\ 8 \sim 922\ 337\ 302\ 685\ 477.508\ 8$
日期型	*Date		8	$1/1/100 \sim 12/31/9999$
字符串型	*String	$	字符串长度	$0 \sim 65\ 535$ 个 Unicode 字符
对象型	Object		4	任何对象的引用
变体型	Variant		按需分配	

► 表 1.3.1
VB 的基本
数据类型

说明：

① 整型运算速度快、精确，但表示数的范围小；单精度和双精度用于保存浮点数，两者区别是精度和数的范围大小不同；货币型（Currency）是定点实数或整数，最多保留小数点右边 4 位小数和左边 15 位，用于货币计算；字节型（Byte）存放无符号二进制数；变体型（Variant）是默认类型（即变量未声明类型），其类型由获取的数据决定，为使程序健壮，尽量少用。

② 对初学者不必掌握全部数据类型，开始只要掌握最基本的数据类型（数据类型前有"＊"）就可，其余在以后使用过程中会自然掌握的。在编程时可按照下面的方法决定何时使用哪种数据类型：数据用于计算，使用数值型（整型或单精度型）；如果数据不可计算，使用字符串型。例如学号、姓名使用字符串型，成绩使用整型，助学金、工资使用货币型或单精度型。

3.2　常量与变量

在程序执行期间，变量用来存储可能变化的数据，而常量则表示固定不变的数据。

例 3.1 中已知圆半径 r、高 h，求圆柱体积 t 的公式为

　　　t = 3.14159 ＊ r ＊ r ＊ h

其中 r、t、h 是变量，3.14159 是常量（例 3.1 中用 PI 符号常量表示）。假如当 r 的值为 1、h 为 2 时，t 获得的结果为 6.283 18。

3.2.1　标识符

在程序设计语言中，用标识符来给用户处理的对象起个名字，例如，例 3.1 中圆半径 r、高度 h 等。在 VB 中，标识符用来命名常量、变量、函数、过程、各种控件名等。标

微视频：
常量与变量

识符的命名要求遵循以下规则：

① 由字母开头，后面可跟下画线、数字等字符；可以使用汉字、希腊字母，但一般不常用。

② 不能使用 VB 程序设计语言中的关键字。例如 Dim、If、For 等。

③ 一般不要使用 VB 中的具有特定意义的标识符，如属性和方法名等，以便混淆。

④ VB 中不区分变量名的大小写。例如，XYZ、xyz、xYz 等都认为是一个相同的变量名。为便于区分，一般变量首字母用大写字母，其余用小写字母表示；常量全部用大写字母表示。

下例是错误或使用不当的标识符：

```
3xy              ' 数字开头
y - z            ' 不允许出现减号运算符
Wang   Ping      ' 不允许出现空格
Dim              ' VB 的关键字
```

3.2.2　常量

常量是在程序运行中不变的量，在 VB 中有 3 种常量：直接常量、用户声明的符号常量、系统提供的常量。

1. 直接常量

直接常量就是常数值直接反映了其类型，所以称为直接常量，又称为文字常量。每种不同的数据类型规定了不同的常量表示形式，见表 1.3.2。

数据类型	表 示 形 式	说　明	举　例
字节型	n	n 为 0~9 数字	0、99、255
整型	① 十进制：±n ② 八进制：&O n ③ 十六进制：&H n	n 为 0~9 数字 &O 为八进制标记，n 为 0~7 数字 &H 为十六进制标记，n 为 0~9 数字、A~F 字母（大小写均可）	94 &O136 &H5E、&H5e 以上都是等值的不同进制整数
长整型	同整型，仅在数值后加 &		94&、&O136&、&H5E&
单精度型	① 小数形式：±n.n ② 指数形式：±n[.n]E±m	n，m 为 0~9 数字，E 表示指数符号	12 345.678 0.123 457E+5（即 0.123 457× 10^5）
双精度型	同单精度型，仅在数值后加#	#表示双精度常量	123.45#、-0.123 45E+3#
日期型	#m/d/yyyy［h:m:s AM｜PM]#	一对#括起，以月/日/年表示，可以加时间的日期常量	#1/12/2019# #1/12/2019 11:30:00 PM#
字符串	"一串字符"	一对双引号之间的一串字符	"12345"或"程序设计"
逻辑型	True、False	仅这两个	True、False

◀表 1.3.2 最基本的直接常量表示形式

说明:""表示空字符串,而" "表示有一个空格的字符。若字符串中有双引号,例如,要表示字符串 123"abc,则用连续两个双引号表示,即 "123""abc"。

2. 符号常量

符号常量是由用户定义的,一个标识符代表一个常数值。

形式如下:

Const 符号常量名［As 类型］= 表达式

其中

① 符号常量名:命名规则依据标识符,为便于与一般变量名区别,符号常量名一般用大写字母。

② As 类型:说明该常量的数据类型,省略该选项,数据类型由表达式决定。用户也可在常量后加类型符。

③ 表达式:可以是数值常数、字符串常数以及由运算符组成的表达式。

例如:

```
Const PI = 3.14159              '声明了常量 PI,代表 3.14159,单精度型
Const MAX As Integer= 144       '声明了常量 MAX,代表 144,整型
Const COUNTS# =45.67            '声明了常量 COUNTS,代表 45.67,双精度型
```

使用符号常量的好处是提高程序的可读性。另外,如果需要进行常数值的调整,只需在定义的地方一次性修改就可。

注意:常量一旦声明,在其后的代码中只能引用,其值不能改变,即只能出现在赋值号的右边,不能出现在赋值号的左边。

3. 系统提供的常量

VB 提供许多系统预先定义的、具有不同用途的常量。它们包含了各种属性值常量、字符编码常量等,用 vb 为前缀。

例如

```
Form1.WindowsState=vbMaximized        '窗体的最大化
```

最常用的是 vbCrLf,表示回车换行组合符,也可以用 Chr(13)+Chr(10)表示。

3.2.3　变量

1. 变量及特点

变量是在程序运行过程中其值可以变化的量。任何变量有以下特点。

① 变量名:它是变量的标识符,如同宾馆的房间号。

② 数据类型:指明变量存放的数据类型。可以是数值、字符或日期等数据类型。不同类型,占用空间不同,存放的数据不同,进行的运算规则也不同。如同宾馆的房间有单人间、双人间、套房等。

③ 变量值:每个变量都占有一定的内存空间,用来存放对应数据类型的数据。如同宾馆房间住的人。

例如

```
Dim x As Integer        '声明变量名为 x,类型为整型,占有两个字节
x = 10                  '变量值为 10
```

该两条语句以及变量 x 的 3 个特点见示意图 1.3.3。

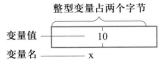

图 1.3.3　变量示意图

2. 变量的声明

变量的声明也称为变量的定义，声明变量的作用就是为变量指定变量名称和类型，系统根据声明分配相应的存储空间。在 VB 中可用以下两种方法声明。

（1）显式声明

声明语句形式如下：

Dim 变量名［As 类型］

其中

● 变量名：符合标识符命名规则。

● As 类型：方括号部分表示该部分可以默认，默认类型为变体型（Variant）；"类型"可使用表 1.3.1 中所列出的关键字。

注意：

① 为方便定义，可在变量名后加类型符来代替"As 类型"。此时变量名与类型符之间不能有空格。类型符参见表 1.3.2 所示。

如果没有给变量赋值，默认初值如表 1.3.3 所示。

变 量 类 型	默 认 初 值
数值类型	0
String	""（空）
Boolean	False
Object	Nothing
Date	0/0/0

◀表 1.3.3
变量的默认初值

② 一条 Dim 语句可以同时声明多个变量，但每个变量的类型要逐一列出；否则类型为变体型。

例如

  Dim m As Integer, j As Integer, x As Single, k

等价于

  Dim m%, j%, x!, k　　　　　' k 为 Variant 类型

若

  Dim m, j As Integer, x, y As Single, k

则

  m, x, k 为 Variant 类型

③ 在 VB 中对于字符串变量类型，根据其存放的字符串长度固定与否，有以下两种方法声明：

Dim 字符串变量名 As String　　　　　　　　' 长度不固定
Dim 字符串变量名 As String * 字符数　　　　' 长度固定

在 VB 中，一个汉字和西文字符同样作为长度为 1 的一个字符存储。

④ 除了用 Dim 语句声明变量外，在过程外部还可以用 Static、Public、Private 等关键字声明变量，这些将在 6.3.4 节讨论。

（2）隐式声明

在 VB 中，允许对变量未加声明而直接使用，这种方法称为隐式声明。所有隐式声明的变量都是变体型。

对于初学者最好对变量加显式声明，这样有助于程序的查错。例如如下事件过程：

```
Private Sub Command1_Click( )
    Dim n As Integer, y As Single
    n = 100              ' 变量名 n 的值为 100
    y = 500/m            ' m 是没有声明的变量,默认初值为 0
    Text1. Text = y  ' 文本框显示"除数为零"
End Sub
```

运行时显示"除数为零"的运行时错误。原因是变量名 n 值为 100，当程序运行到"y = 500/m"语句中，遇到新变量名 m，系统认为它就是隐式声明，对该变量初始化为 0，实际上是因为变量名书写错误而引起的错误。

对于初学者，为避免这些不必要出现的错误和调试程序的方便，建议对使用的变量都进行显式声明；也可在通用声明段使用 Option Explicit 语句来强制显式声明所有使用的变量。

3.3　运算符和表达式

微视频：
运算符和表
达式引例

要进行各种复杂的运算，就需要各种运算的符号，通过运算符和操作数组合成表达式，实现程序编制中所需的大量操作。

3.3.1　运算符

运算符是表示实现某种运算的符号。VB 中的运算符可分为算术运算符、字符串连接符、关系运算符和逻辑运算符四类。

1. 算术运算符

表 1.3.4 列出了 VB 中使用的算术运算符，其中"–"运算符在单目运算（单个操作数）中作取负号运算，在双目运算（两个操作数）中作算术减运算，其余都是双目运算符。运算优先级表示当表达式中含有多个操作符时，先执行哪个操作符。表 1.3.4 以优先级为序列出各运算符的运算结果。

假设表 1.3.4 中已有变量声明和赋值语句：

Dim ia As Integer :ia = 3

运　算　符	含　义	优　先　级	实　例	结　果
^	幂运算	1	27^（1/3）	3
−	负号	2	−ia	−3
*	乘	3	ia*ia*ia	27
/	除	3	10/ia	3.333 333 333 333 33
\	整除	4	10 \ ia	3
Mod	取余数	5	10 Mod ia	1
+	加	6	10+ia	13
−	减	6	ia−10	−7

◀表1.3.4
算术运算
符

注意：算术运算符两边的操作数应是数值型，若是数字字符或逻辑型，则自动转换成数值类型后再运算。

例如

```
30−True              ' 结果是 31,逻辑量 True 转为数值−1,False 转为数值 0
False +10+ "4"       ' 结果是 14
```

例3.2　在文本框中输入秒数，以小时、分、秒形式显示。程序运行界面如图1.3.4所示。

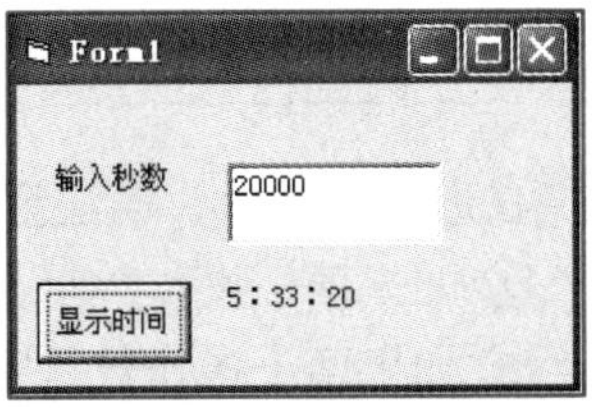

微视频：
算术与字符
运算符

```
Private Sub Command1_Click( )
    Dim h%, m%, s%, x%
    x = Val( Text1. Text)
    s = x Mod 60                 ' 求得秒
    m = ( x \ 60) Mod 60         ' 求得分钟
    h = x \ 3600                 ' 求得小时
    Label2. Caption = h & ":" & m & ":" & s   ' & 为字符串连接符
End Sub
```

图1.3.4　例3.2运行界面

分析：可利用 Mod、\ 运算符方便地解决。

思考：如何将一个三位数倒置，例如 n = 345，倒置后为 543。

2. 字符串连接符

字符串连接符有两个："&""+"，它们的作用是将两个字符串连接起来。例如

```
"计算机" + "与程序设计"          ' 结果为 "计算机与程序设计"
"This is " & " Visual Basic"    ' 结果为 "This is Visual Basic"
```

"&"与"+"的区别如下。

①"&"：连接符两旁的操作数不论是字符型还是数值型，进行连接操作前，系统先将操作数转换成字符型，然后再连接。

②"+"：它有两个作用，即可当算术运算的加法运算，也可作为字符串连接。当"+"两旁操作数为字符串，作为连接运算；当"+"两旁为数值类型，作为算术运算；当"+"两旁一个为数字字符型，另一个为数值型，则自动将数字字符转换为数值，然后进行算术加；当"+"两旁一个为非数字字符型，另一个为数值型，则出错。

例如

"12000" + 12345	' "12000" 自动转换为数值 12 000,再进行加法运算,结果为 24 345
"12000" +"12345"	' 两个字符串连接,结果为 "1200012345"
"abcdef" + 12345	' 非数字字符与数值不能运算,出错
"abcdef" & 12345	' 12345 自动转换为字符串,再连接运算,结果为 "abcdef12345"
12000+"123" & 100	' 先进行算术加为 12 123,然后进行连接,结果为 "12123100"

3. 关系运算符

关系运算符作用是将两个操作数进行大小比较,结果为逻辑值 True 或 False。操作数可以是数值型、字符型。如果是数值型,按其数值大小比较;如果是字符型,则按字符的 ASCII 码值比较。表 1.3.5 列出 VB 中的关系运算符,关系运算符的优先级相同。

▶表 1.3.5
关系运算符

运　算　符	含　　义	实　　例	结　果
=	等于	"ABCDE" = "ABR"	False
>	大于	"ABCDE" > "ABR"	False
>=	大于等于	"BC">="bc"	False
<	小于	23<3	False
<=	小于等于	"23"<="3"	True
<>	不等于	"abc"<>"ABC"	True
Like	字符串匹配	"ABCDEFG" Like "*DE*"	True

在进行比较时,需注意以下规则:

① 如果两个操作数是数值型,则按其大小进行比较。

② 如果两个操作数是字符型,则按字符的 ASCII 码值从左到右逐一进行比较,即首先比较两个字符串中的第 1 个字符,其 ASCII 码值大的字符串为大;如果第 1 个字符相同,则比较第 2 个字符,依此类推,直到出现不同的字符时为止。汉字以机内码为序。

③ 关系运算符的优先级相同。

④ 在 VB 中,"Like" 运算符用于字符串匹配比较,可使用通配符?、*、#、[ ]、[!] 等,常用于数据库的 SQL 命令中的模糊查询。

4. 逻辑运算符

逻辑运算符(又称布尔运算符)用于对操作数进行逻辑运算,结果是 True 或 False 逻辑值。操作数可以是关系表达式、逻辑类型常量或变量。除 Not 是单目运算符外,其余都是双目运算符。表 1.3.6 列出 VB 中的逻辑运算符、运算优先级等(在表中假定 T 表示 True,F 表示 False)。

▶表 1.3.6
逻辑运算符

运算符	说　明	优先级	说　　明	实　　例	结　　果
Not	取反	1	当表达式的值为 False 时,结果为 True	Not F Not T	T F
And	与	2	两个表达式的值均为 True 时,结果才为 True	T And T F And F T And F F And T	T F F F

续表

运算符	说　明	优先级	说　　明	实　例	结　果
Or	或	3	两个操作数中有一个为 True 时，结果为 True	T Or T T Or F F Or T F Or F	T T T F
Xor	异或	3	两个操作数不相同，即一个 True 一个 False 时，结果才为 True；否则为 False	T Xor F T Xor T	T F

说明：

① And、Or 的使用请区分清楚，它们用于将多个关系表达式进行逻辑判断。若有多个条件，And（也称逻辑乘）必须条件全部为真才为真；Or（也称逻辑加）只要有一个条件为真就为真。

例如，某单位要选拔年轻干部，必须同时满足下列 3 个条件的为选拔对象：

年龄小于等于 35 岁、职称为高级工程师、党派为中共党员

逻辑表达式为

年龄 <=35　And　职称="高级工程师"　And　党派="中共党员"

若改用 Or 连接 3 个条件，则表达式为

年龄 <=35　Or　职称="高级工程师"　Or　党派="中共党员"

则选拔年轻干部的条件变成只要满足 3 个条件之一。

② 其他逻辑运算符还有异或等价（Eqv）、蕴含（Imp），由于本书不使用也就不作介绍，有关规则请查阅帮助。

3.3.2　表达式

1. 表达式的组成

表达式是由变量、常量、运算符、函数和圆括号按一定的规则组成的。表达式通过运算后有一个结果，运算结果的类型由数据和运算符共同决定。

2. 表达式的书写规则

① 乘号不能省略。例如，x 乘以 y 应写成：x*y。

② 括号必须成对出现，均使用圆括号；可以出现多个圆括号，但要配对。

③ 表达式从左到右在同一基准上书写，无高低、大小区分。

例如：已知数学表达式 $\dfrac{\sqrt{(3x+y)/z}}{(xy)^4}$，写成 VB 表达式为

Sqr((3*x+y)/z)/(x*y)^4 或((3*x+y)/z)^(1/2)/(x*y)^4

说明：Sqr( )是求平方根函数，在下节介绍。

对程序设计语言的初学者而言，要熟练掌握将数学表达式写成正确的 VB 表达式。

3. 运算符的优先级

前面已在运算符中介绍，算术运算符、逻辑运算符都有不同的优先级，关系运算符优先级相同。当一个表达式中出现了多种不同类型的运算符时，不同类型的运算符优先

级如下：

算术运算符>连接运算符>关系运算符>逻辑运算符

注意：对于多种运算符并存的表达式，可增加圆括号，改变优先级或使表达式更清晰。

例如，若选拔优秀生的条件为：年龄（Age）小于19岁，三门课总分（Total）高于285分且其中有一门为100分，如果其表达式写为

Age<19 And Total >285 And Mark1 = 100 Or Mark2 = 100 Or Mark3 = 100

有何问题？应如何改正，请读者考虑。

4. 不同数据类型的转换

在算术运算中，如果操作数具有不同的数据精度，则使用隐式或显式进行类型转换。为保证转换的正确性，即不丢失数据，应从低精度数据类型向高精度数据类型转换。数据类型精度由低到高的排列次序为

Byte<Integer<Long<Currency<Single<Double

当要判断某变量的数据类型时，可使用 VarType( )函数。该函数返回一个整数，整数值表示所对应的数据类型，部分数据类型对应关系见表1.3.7。

▶表1.3.7
VarType( )
数据类型函
数返回值

类型	Integer	Long	Single	Double	Date	String	Object	Boolean	Variant	Array
值	2	3	4	5	7	8	9	11	12	8 192

3.4 常用的内部函数

VB 中的函数概念与数学中的函数概念相似。在 VB 中包括内部函数（也称为标准函数）和用户自定义函数两大类。内部函数是 VB 系统为实现一些常用特定功能而设置的内部程序；自定义函数是用户根据需要定义的函数（将在第6章介绍）。编程时使用函数可以提高编程效率。

函数调用的一般形式为

函数名[（参数1,参数2,…）]

其中

① 参数又称为自变量，参数个数依函数的不同而不同；参数的类型也有多种；[ ]表示参数可省。

② 函数调用后，一般都有一个确定的值，即函数返回值；返回值也有多种类型。

要调用函数必须注意上述两个问题：函数名和类型、函数参数个数与类型。

在 VB 中，内部函数按其功能可分为数学函数、转换函数、字符串函数、日期函数和其他实用函数等。限于篇幅，以下仅以表格形式简述函数形式和调用，详细使用方法可以通过帮助菜单（必须安装了 MSDN 帮助系统）获得。

对初学者可能觉得涉及内容较多，只要学会查表调用所需的函数就可。以后各章学习后，再回过头看看，就很清楚了。

3.4.1 数学函数

例3.3 编写一个类似计算器的程序。通过两个按钮"标准型"和"科学型"来决

定计算器的功能。程序运行界面如图 1.3.5 所示。

微视频：
计算器引例

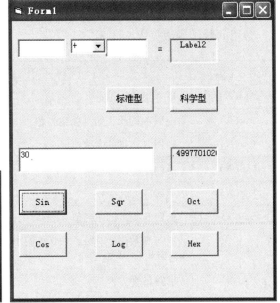

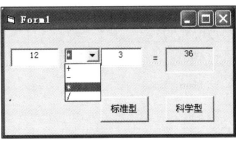

(a) "标准型"运行界面   (b) "科学型"运行界面

图 1.3.5　程序运行界面

程序代码如下：

```
Private Sub Command1_Click( )
    Form1. Height = 3000          ' "标准型"窗口
End Sub
Private Sub Command2_Click( )
    Form1. Height = 6000          ' "科学型"窗口
End Sub
Private Sub Label1_Click( )       ' 单击"="标签,进行四则运算
    Dim c As String * 1
    c = Trim(Combo1. Text)        ' 根据组合框的运算符,进行相应的运算
    Select Case c
        Case "+"
            Label2. Caption = Val(Text1. Text) + Val(Text2. Text)
        Case "-"
            Label2. Caption = Val(Text1. Text) - Val(Text2. Text)
        Case " * "
            Label2. Caption = Val(Text1. Text) * Val(Text2. Text)
        Case "/"
            Label2. Caption = Val(Text1. Text) / Val(Text2. Text)
    End Select
End Sub
' 单击"Sin"按钮,调用 Sin 函数,其他函数类似
```

```
Private Sub Command3_Click( )
    Label3. Caption = Sin( Val( Text3. Text) *3. 1416/180)
End Sub
```

常用的数学函数见表 1. 3. 8。

▶ 表 1.3.8
常用的数学函数

函　　数	说　　明	实　　例	结　　果
Abs(N)	取 N 的绝对值	Abs(−3. 5)	3. 5
Atn(N)	返回 N 的反正切（弧度）值	Atn(1)	0. 785
Cos(N)	返回 N 弧度的余弦值	Cos(0)	1
Exp(N)	返回以 e 为底的幂，即 e^N	Exp(3)	20. 086
Log(N)	返回自然对数	Log(10)	2. 3
Sin(N)	返回 N 弧度的正弦值	Sin(0)	0
Sign(N)	返回 N 数值的符号：N>0 返回 1，N=0 返回 0，N<0 返回−1	Sign(−3. 5)	−1
Sqr(N)	求 N 的平方根	Sqr(9)	3
Tan(N)	返回 N 弧度的正切	Tan(0)	0

说明：

① 为便于表示函数中参数的个数和类，约定以 N 表示数值表达式、C 表示字符串表达式、D 表示日期表达式，以下各节叙述中，遵循该约定。

② 用户可以通过帮助菜单获得所有函数的使用方法。在三角函数中，以弧度来计算。

例如，将数学表达式 $x^2+|y|+e^3+\sin30°-\sqrt{xy}$ 写成 VB 表达式如下：

```
x*x+Abs( y) + Exp( 3) + Sin( 30*3. 14159/180) − Sqr( x*y)
```

3.4.2　转换函数

VB 提供不同类型之间的转换函数：数值与非数值类型转换、取整、数制转换、大小写字母转换等，常用的转换函数见表 1. 3. 9。

▶ 表 1.3.9
常用的转换函数

函　　数	说　　明	实　　例	结　　果
Asc(C)	字符转换成 ASCII 码值	Asc("A")	65
Chr(N)	ASCII 码值转换成字符	Chr (65)	"A"
CStr (N)	类型转换函数，数值转换为字符串	CStr(123. 45)	"123. 45"
Fix(N)	舍弃 N 的小数部分，返回整数部分	Fix(−3. 5) Fix(3. 5)	−3 3
Int(N)	返回不大于 N 的最大整数	Int(−3. 5) Int(3. 5)	−4 3
Round(N1[,N2])	对 N1 保留小数点后 N2 位，并四舍五入取整；默认 N2 为 0	Round (3. 5) Round (123. 4567,2)	4 123. 46

续表

函　数	说　明	实　例	结　果
Hex（N）	十进制转换成十六进制	Hex(100)	64
Oct（N）	十进制转换成八进制	Oct(100)	144
LCase（C）	大写字母转为小写字母	LCase("ABC")	"abc"
UCase（C）	小写字母转为大写字母	UCase("abc")	"ABC"
Str（N）	数值转换为字符串	Str(123.45)	"□123.45"
Val（C）	数字字符串转换为数值	Val("123AB")	123

说明：

① Chr( )和 Asc( )函数互为反函数，即 Chr(Asc(C))、Asc(Chr(N))的结果为原来各自自变量的值。例如表达式 Asc(Chr(122))的结果还是 122；而 Chr(Asc("B"))的结果还是"B"。

② Str( )函数将非负数值转换成字符类型后，会在转换后的字符串左边增加空格即数值的符号位。例如表达式 Str(123)的结果为"□123"，不是"123"；Str(-123)的结果为"-123"；CStr(123)的结果为"123"。

③ Val( )函数将数字字符串转换为数值类型，当字符串中出现数值类型规定的字符外的字符时，则停止转换，函数返回的是停止转换前的结果。例如表达式 Val("-123.45ty3")结果为-123.45；同样表达式 Val("-123.45E3")结果为-123450，E 为指数符号。

3.4.3　字符串函数

从前面的 String 字符串类型的说明中知道，VB 中字符串长度是以字（习惯称字符）为单位，也就是每个西文字符和每个汉字都作为一个字，占两个字节。这是因为 VB 采用 Unicode（国际标准化组织 ISO 字符标准）来存储和操作字符串。

表 1.3.10 列出常用的字符串函数。

函　数	说　明	实　例	结　果
InStr（C1,C2）	在 C1 中找 C2，找不到为 0	InStr("AEFABCDEFG","EF")	2
Left（C,N）	取出字符串 C 中左边 N 个字符	Left("ABCDEFG",3)	"ABC"
Len（C）	字符串长度	Len("AB 高等教育")	6
Mid（C,N1［,N2］）	取字符子串，在 C 中从 N1 位开始向右取 N2 个字符，默认 N2 到结束	Mid("ABCDEFG",2,3) Mid("ABCD 中国 EFG",5)	"BCD" "中国 EFG"
Replace（C,C1,C2）	在 C 字符串中将 C2 替代 C1	Replace("ABCDABCD","CD","2")	"AB2AB2"
Right（C,N）	取出字符串 C 中右边 N 个字符	Right("AB 高等教育",4)	"高等教育"
Space（N）	产生 N 个空格的字符串	Space(3)	"□□□"
String（N,C）	产生 N 个 C 字符组成的字符串	String(5,"A")	"AAAAA"
Trim（C）	去掉字符串两边的空格	Trim("□□□ABCD□□□")	"ABCD"

◂表 1.3.10 常用的字符串函数

注意：

① 上述函数中，InStr( )、Len( )函数返回的是整型值，其他为字符串类型。

② 使用 Mid( )函数可以替代 Left( )与 Right( )函数；使用 String( )函数可以替代 Space( )函数。

③ 字符串还常用 Join( )、Split( )函数，涉及数组的使用，其用法见第 5 章例 5.16。

3.4.4 日期函数

VB 中常用的日期函数见表 1.3.11。

▶表 1.3.11
常用的日
期函数

函　　数	说　　明	实　　例	结　　果
Date	返回系统日期	Date	2020-1-10
Now	返回系统日期和时间	Now	2020-1-10 11:41:02
Time	返回系统时间	Time	11:41:02
Year(D)	返回年份 4 位整数	Year(Now)	2020
WeekDay(D)	返回星期代号（1~7）星期日为 1，星期一为 2……	WeekDay(Now)	3，即星期二

注意：

① 除了 Year( )函数获得年份函数外，还有 Month、Day、Hour、Minute 和 Second 函数，分别返回月、日、小时、分钟和秒。

② 除了上述日期函数外，还有两个函数比较有用，由于其参数形式必须加以说明，故在此专门介绍。

● DateAdd( )增减日期函数

形式：DateAdd（增减日期的形式，增减量，增减日期的变量）

作用：对增减的日期变量按日期形式进行增减。增减的日期形式见表 1.3.12。

例如：DateAdd("ww",2,#1/10/2020#)

表示在指定的日期上加 2 周，所以函数的结果为#1/24/2020#。

● DateDiff 函数

形式：DateDiff（间隔日期的形式，日期 1，日期 2）

作用：两个指定的日期按日期形式求相差的日期。间隔的日期形式见表 1.3.12。

▶表 1.3.12
日期形式

日期形式	yyyy	q	m	y	d	w	ww	h	n	s
说明	年	季	月	天数	天数	天数/周数	周数	时	分	秒

注意：y、d、w 在 DateAdd( )函数中作用相同，都是天数；w、ww 在 DateDiff( )函数中作用相同，都是周数。例如，计算从现在开始到自己毕业（假定 2022 年 6 月 30 日）还有多少天？表达式为

DateDiff("d", Now, #6/30/2022#)　　　　　　' 当前日期为:#2/15/2019#

结果为 1 231 天。

3.4.5 其他实用函数

1. Rnd( )随机函数

Rnd( )函数的形式如下：

Rnd[( )]或 Rnd(N)

功能：产生一个范围为 [0,1)，即小于 1 但大于或等于 0 的双精度随机数。N>0 或默认时，生成随机数，N≤0 生成与上次相同的随机数。

如果要产生某范围的整数值，其通用表达式为

Int(Rnd*(上界−下界+1)+下界)

例如，要产生一个 1~100 的分数，表达式为

Int(Rnd*100+1)

VB 用于产生随机数的公式取决于称为种子（seed）的初始值。在默认的情况下，每次运行一个应用程序，VB 提供相同的种子，即 Rnd 产生相同序列的随机数。

为保证每次运行时产生不同序列的随机数，可执行 Randomize 语句，其作用就是初始化随机数生成器，其形式如下：

Randomize

例 3.4 随机产生 10 个大写字母，运行界面如图 1.3.6 所示。

图 1.3.6　例 3.4 运行界面

程序代码如下：

```
Private Sub Command1_Click( )
    Dim i As Integer, c As String * 1
    Randomize
    Label1. Caption = " "
    For i = 1 To 10                    ' 利用循环语句产生 10 个大写字母
        Label1. Caption = Label1. Caption & Chr(Int(Rnd( )*26 + 65)) & " "
    Next
End Sub
```

2. IsNumeric( )函数

IsNumeric( )函数形式如下：

IsNumeric(表达式)

作用：判断表达式是否是数字，若是数字字符（包括正负号、小数点），返回 True；

否则返回 False。该函数对输入的数值数据进行合法性检查很有用。

例如

        IsNumeric(123a)   ' 结果 Fasle
        IsNumeric(-123.4)   ' 结果 True

3. Shell( )函数

在 VB 中，不但提供了可调用的内部函数，还可以调用各种应用程序，也就是凡是能在 DOS 下或 Windows 下运行的可执行程序，也可以在 VB 中调用，这是通过 Shell( )函数来实现的。

Shell( )函数的格式如下：

Shell(命令字符串[,窗口类型])

其中

① 命令字符串：要执行的应用程序名，包括路径，它必须是可执行文件（扩展名为com、exe、bat）。

② 窗口类型：表示执行应用程序的窗口大小，0~4，6 的整型数值，一般取 1，表示正常窗口状态。

函数成功调用的返回值为一个任务标识 ID，用于测试判断应用程序是否正常运行。

例如，当程序在运行时要执行画图程序，则调用 Shell( )函数如下：

        i=Shell("C:\Windows\System32\mspaint.exe",1)

运行结果如图 1.3.7 所示。

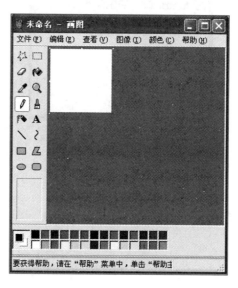

图 1.3.7   画图界面

3.5   综合应用

本章对 VB 语言基本知识做了介绍，包括数据类型、变量的声明、常量的表示、运算符和表达式的意义和表示、VB 提供的常用内部函数。这些内容都是后面几章学习所必需的基础。初学者要记住，每种程序设计语言都有它的语法规定，必须按照它的规定书写；否则编译通不过。VB 丰富的数据类型、运算符和常用的内部函数，不可能一下全部理解和使用，需要在使用中逐渐掌握，学会使用按 F1 键请求 VB 帮助不失是一个好办法。

例3.5 字符串替换和标题栏字幕滚动，运行效果如图 1.3.9 所示。要求模仿 Word 字处理软件中"替换"的功能，用 3 种方法实现：

① 单击"多个函数"按钮，利用查找（InStr）、取子串（Left、Mid）等函数实现；

② 单击"Replace 函数"按钮，利用 Replace( ) 函数实现；

③ 单击"调用 Word"按钮，利用 Shell( ) 函数调用"winword. exe"执行 Word 程序，观察其"替换"对话框。

分析：

① 该题是字符串处理函数的综合应用，这些函数非常有用，希望读者掌握好。其中稍有难度的是利用取子串等多个函数来实现替换，程序段如下，图示如图 1.3.8 所示。

```
i = InStr(Text1. Text, Text2. Text)          ' 在 Text1 中查找出现 Text2 内容的位置 i
k = i + Len(Text2. Text)                      ' 取右子串的起始位置
' 在 Text1 中取 i 左边子串,连接替换内容 Text3,再连接右子串,实现替换
Text4. Text =Left(Text1. Text, i - 1) + Text3. Text + Mid(Text1. Text, k)
```

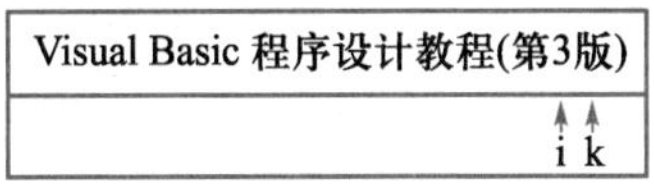

Visual Basic 程序设计教程(第3版)
↑ ↑
i k

图 1.3.8 查找与替换图示

② 为在标题栏显示滚动的字幕，用到了定时器（Timer1）控件和空格（Space）函数，以改变空格数达到自右向左滚动字幕的效果。

控件及有关属性设置见表 1.3.13。

Name	Caption	Name	Text
Label1	原字符串	Text1	Visual Basic 程序设计教程（第3版）
Label2	查找		
Label3	替换	Text2	3
Label4	结果	Text3	4
Command1	多个函数	Text4	空白
Command2	Replace 函数	Timer1. interval = 500	'每秒动 2 次
Command3	调用 Word		

◀表 1. 3. 13
控件及有
关属性设置

程序代码如下：

```
Dim j As Integer
Sub Command1_Click( )                         ' 调用 InStr、Mid、Len、Left 函数
    Dim k As Integer, i As Integer, Ls As Integer
    i = InStr(Text1. Text, Text2. Text)       ' 在 Text1 中查找出现 Text2 内容的位置
```

```
        k = i + Len(Text2. Text)
        Text4. Text = Left(Text1. Text, i − 1) + Text3. Text + Mid(Text1. Text, k)    ' 连接实现替换
    End Sub
    Sub Command2_Click( )                    ' 调用 Replace 函数
        Text4. Text = Replace(Text1. Text, Text2. Text, Text3. Text)
    End Sub
    Sub Command3_Click( )                    ' 调用 Shell 函数执行 Word 程序
        Dim i As Integer
        i = Shell("C:\Program Files\Microsoft Office\Office11\winword. exe" , 1)
    End Sub


    Private Sub Timer1_Timer( )              ' 利用 Timer1 控件的 Timer 事件和 Space 函数实现
        '随着 j 的增加,空格数减少,视觉上窗口标题栏字符串向左移动
        Form1. Caption = Space(20 − j) & "查找与替换例"
        j = j + 1
        If j > 20 Then j = 0
    End Sub
```

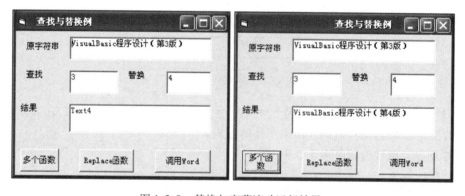

图 1.3.9   替换与字幕滚动运行效果

说明：在事件过程外声明变量 Dim j As Integer，称为窗体级变量（可查看第 6 章），在本例中起到保值作用，实现字符串动画效果。若将语句 Dim j As Integer 放在 Timer1_Timer 事件中，观察运行效果。

3.6   自主学习——程序调试

随着程序复杂性的提高，程序中的错误也伴随而来。错误（Bug）和程序调试（Debug）是每个编程人员肯定会遇到的。对初学者而言，看到出现错误不要害怕，关键是如何找出错误，失败是成功之母。上机的目的，不仅是为验证编写的程序的正确性，还要通过上机调试，学会查找和纠正错误的方法。VB 为调试程序提供了一组交互的、有效的调试工具，在此逐一介绍。

3.6.1 错误类型

错误可以分为三类：语法错误、运行时错误和逻辑错误。

1. 语法错误

当用户在代码窗口编辑代码时，VB 会对程序直接进行语法检查，发现程序中存在输入错误，例如，关键字输入错误、变量类型不匹配、变量或函数未定义等。VB 开发环境提供了智能感知的功能，在输入程序代码时，会自动检测，并在错误的代码处以高亮度显示，系统弹出出错信息的对话框。

例如，当 If 语句中的"Then"写错为"The"后，系统弹出"编译错误"的"缺少：Then 或 GoTo"的信息提示，并将"The"以高亮显示，如图 1.3.10 所示。

图 1.3.10 编辑程序时自动检测语法错误

此类错误比较容易发现和改正。

2. 运行时错误

运行时错误指 VB 在编译通过后，运行代码时发生的错误。这类错误往往是由指令代码执行了非法操作引起的。例如，数组下标越界、除数为 0、试图打开一个不存在的文件等。当程序中出现这类错误时，程序会自动中断，并给出有关的错误提示信息。

例如，属性 FontSize 的类型为整型，若对其赋值的类型为字符串，系统运行时显示如图 1.3.11 所示的出错提示信息；当用户单击"调试"按钮，进入中断模式，光标停留在引起出错的那一条语句上，此时允许修改代码，如图 1.3.12 所示。

图 1.3.11 运行时错误提示对话框

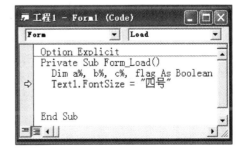

图 1.3.12 光标指向出错的行

3. 逻辑错误

程序运行后，得不到所期望的结果，这说明程序存在逻辑错误。例如，运算符使用不正确，语句的次序不对，循环语句的起始、终值不正确等。通常，逻辑错误不会产生错误提示信息，故错误较难排除。这就需要仔细阅读分析程序，在可疑的代码处通过插入断点并逐条语句跟踪，检查相关变量的值，分析错误原因。

3.6.2 调试和排错

为更正程序中发生的不同错误，VB 提供了调试工具。主要通过设置断点、插入观察变量、逐行执行和过程跟踪等手段，然后在调试窗口中显示所关注的信息。

1. 插入断点和逐语句跟踪

可在中断模式下或设计模式时设置或删除断点。应用程序处于空闲时，也可在运行时设置或删除断点。在代码窗口选择怀疑存在问题的地方作为断点，按下 F9 键，如图 1.3.13 所示。在程序运行到断点语句处（该句语句并没有执行）停下，进入中断模式，在此之前所关心的变量、属性、表达式的值都可以查看。

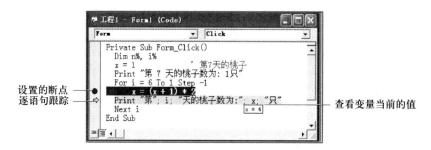

图 1.3.13 插入断点和逐语句跟踪

在 VB 中提供了在中断模式下直接查看某个变量的值，只要把鼠标指向所关心的变量处，稍停一下，就能在鼠标下方显示该变量的值，如图 1.3.13 所示。

若要继续跟踪断点以后语句的执行情况，只要按 F8 键或选择"调试"菜单的"逐语句"命令执行。在图 1.3.13 中，文本框左侧小箭头为当前行标记。

要取消设置的断点，在原断点处再次单击即可。

将设置断点和逐语句跟踪相结合，是初学者调试程序最简洁的方法。

2. "立即"窗口

在中断模式时，除了用鼠标指向要观察的变量直接显示其值外，一般通过"立即"窗口观察、分析变量的数据变化。

单击"调试"工具栏的"立即"按钮打开该窗口。"立即"窗口的作用如下：

① 可以直接在该窗口使用"？"显示变量的当前值，如图 1.3.14 所示。

② 通过"Debug. Print"语句输出变量的结果，如图 1.3.15 所示。

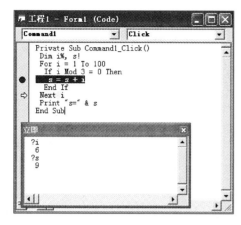

图 1.3.14 使用"?"显示变量值

图 1.3.15 通过语句输出变量值

习 题

1. 说明下列哪些是 VB 合法的常量,并指出它们是什么类型。

(1) 100.0
(2) %100
(3) 1E1

(4) 123D3
(5) 123,456
(6) 0100

(7) " ASDF"
(8) "1234"
(9) # 2000/10/7#

(10) 100#
(11) π
(12) &O100

(13) &O78
(14) &H123
(15) True

(16) T
(17) &H12ag
(18) –1123!

2. 下列符号中,哪些是 VB 合法的变量名。

(1) a123
(2) a12_3
(3) 123_a

(4) a 123
(5) Integer
(6) XYZ

(7) False
(8) sin(x)
(9) sinx

(10) 变量名
(11) abcdefg
(12) π

3. 把下列算术表达式写成 VB 表达式。

(1) $|x+y|+z^5$
(2) $(1+xy)^6$

(3) $\dfrac{10x+\sqrt{3y}}{xy}$
(4) $\dfrac{-b+\sqrt{b^2-4ac}}{2a}$

(5) $\dfrac{1}{\dfrac{1}{r_1}+\dfrac{1}{r_2}+\dfrac{1}{r_3}}$
(6) $\sin 45°+\dfrac{e^{10}+\ln 10}{\sqrt{x+y+1}}$

4. 根据条件写出相应的 VB 表达式。

(1) 产生一个" C" ~ " L" 的大写字符。

(2) 产生一个 100 ~ 200(包括 100 和 200)的正整数。

（3）已知直角坐标系中任意一个点坐标(x, y)，表示在第 1 或第 3 象限内。

（4）表示 x 是 5 或 7 的倍数。

（5）将任意一个两位数 x 的个位数与十位数对换。例如，$x=78$，则结果应为 87。

（6）将变量 x 的值按四舍五入保留小数点后两位。例如，x 的值为 123.238 9，结果为 123.24。

（7）表示字符变量 C 是字母字符（大小写不区分）。

（8）取字符变量 S 中第 5 个字符起的 6 个字符。

（9）表示 $10 \leqslant x < 20$ 的关系表达式。

（10）x, y 中有一个小于 z。

（11）x, y 都大于 z。

5. 写出下列表达式的值。

（1）123+23 Mod 10\7+Asc(" A")

（2）100 + " 100" & 100

（3）Int(68.555 ∗ 100+0.5)/100

（4）已知 A $ =" 87654321" ，则表达式 Val(Left$(A$, 4)+Mid$(A$, 4, 2))的值

（5）DateAdd(" m" , 1, #1/30/2000#)

（6）Len(" VB 程序设计")

6. 利用 Shell( )函数，在 VB 程序中分别执行画图和 Word 应用程序。

7. Visual Basic 提供了哪些标准数据类型？声明类型时，其类型关键字分别是什么？其类型符又是什么？

8. 哪种数据类型需要的内存容量最少，且可存储例如 3.234 5 这样的值？

9. 将数字字符串转换成数值，用什么函数？判断是否是数字字符串，用什么函数？取字符串中的某几个字符，用什么函数？大小写字母间的转换用什么函数？

第4章
基本控制结构

利用 VB 开发应用程序一般包括两个方面：一方面是用可视化编程技术设计应用程序界面；另一方面是根据所要解决的问题，编写相应的程序代码。VB 是融合了面向对象和结构化编程两种思想的一个开发环境。在界面设计时使用各种控件对象；在事件过程中使用结构化程序设计思想编写事件过程代码。

结构化程序设计的基本思想之一是"单入口和单出口"的控制结构，也就是程序代码只可由 3 种基本控制结构，即顺序结构、选择结构和循环结构组成，每种控制结构可用一个入口和一个出口的流程图表示。据此可容易编写出结构良好、易于阅读和调试的程序。

4.1 顺序结构

顺序结构就是各语句按出现的先后次序执行的。图 1.4.1 表示了一个顺序结构的形式，它有一个入口和一个出口，依次执行语句 1 和语句 2。

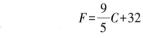

图 1.4.1　顺序结构流程图

4.1.1 引例——温度转换

例 4.1　华氏温度与摄氏温度的相互转换。要求已知华氏温度，转换成摄氏温度；同样，已知摄氏温度，转换成华氏温度，转换显示保留两位小数。

华氏温度与摄氏温度转换的公式是：

$$F = \frac{9}{5}C + 32 \qquad \text{' 摄氏温度转化为华氏温度，} F \text{ 为华氏温度}$$

$$C = \frac{5}{9}(F - 32) \qquad \text{' 华氏温度转化为摄氏温度，} C \text{ 为摄氏温度}$$

要实现转换程序比较简单，通过前两章的学习编程应该是很容易的，关键要搞清楚语句顺序问题。下面有两种书写方式，语法上没有错，但运行结果不同。

```
Sub Command1_Click( )               Sub Command1_Click( )
    Dim f!, c!                          Dim f!, c!
    f = 9 / 5 * c + 32     ①            c = Val(Text1. Text)
    c = Val(Text1. Text)   ②            f = 9 / 5 * c + 32
    Text2. Text = Format(f, "0.00")     Text2. Text = Format(f, "0.00")
End Sub                             End Sub
```

对左边的代码，不论在文本框中输入什么值，显示转换的结果始终是 32，因为语句的书写顺序发生了错误。计算机按照顺序执行的规则先执行语句①，此时变量 c 没有被赋值（默认为 0），变量 f 的值为 32。然后执行语句②，变量 c 从 Text1 控件获得输入的值，但其值已对转换运算不起作用了。这是初学者常犯的错误。

若将语句①和语句②次序对换，见右边，转换结果就正确。

两段代码执行后结果如图 1.4.2 所示。

图 1.4.2　温度转换实例

此例计算也可以不用变量 f、c，直接利用文本框的 Text 属性和 Val( )函数实现，即

```
Sub Command1_Click( )
    Text2. Text = Format(9 / 5 * Val(Text1. Text) + 32, "0.00" )
End Sub
```

这里用控件属性将数据获取、转换处理和显示格式函数合在一条语句中，程序可读性差了些。

对于华氏温度转化为摄氏温度，请读者自行完成。

从本例可以看出，程序的执行顺序是自上而下，依次执行的。简单的程序一般由三部分组成：输入数据、处理数据、输出结果，如图 1.4.3 所示，下面分别介绍。

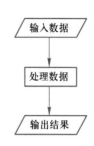

图 1.4.3　简单程序的组成

4.1.2　赋值语句

赋值语句是程序设计语言中最基本的语句，用于进行某些功能处理，如计算等，在第 2 章控件的介绍中已使用过。下面重点介绍部分概念。

1. 赋值语句的形式

变量名＝表达式

赋值语句的作用是计算赋值号 "＝" 右边表达式的值，然后把值赋给左边的变量。给变量赋值和对控件属性设置是 VB 编程中常见的两个任务。

例如

微视频：
赋值语句

```
y = 3 * x^2+4 * x+5          ' 已知 x,计算表达式,将结果赋值给变量 y
Text1. Text = " "            ' 清除文本框的内容
Text1. Text = "欢迎使用 Visual Basic "    ' 文本框显示字符串
```

注意：

① 赋值号与关系运算符等号都用 "＝" 表示，但 VB 系统不会产生混淆，会根据所处的位置自动判断是何种意义的符号，也就是在条件表达式中出现的是等号；否则是赋值号。

例如，赋值语句 a=b 与 b=a 是两个结果不相同的赋值语句，而在关系表达式中 a=b 与 b=a 两种表示方法是等价的。

② 赋值号左边只能是变量或控件属性名，不能是常量、常数符号、表达式。下面均为错误的赋值语句：

```
Now( ) = x+y          ' 左边是表达式,即内部函数的调用
5 = Sqr(s)+x+y        ' 左边是常量
x+y = 3               ' 左边是表达式
```

2. 赋值语句的两种常用形式

（1）累加

例如

```
sum = sum+x
```

表示取变量 sum、x 中的值相加后再赋值给 sum。与循环结构结合使用，可以起到累加的作用。假定 sum、x 的初值分别为 100 和 5，执行该语句后，sum 的值为 105。

（2）计数

例如

   n＝n+1

表示取 n 变量中的值加 1 后再赋值给 n，与循环结构结合使用，起到计数器的作用。假定 n 的值为 5，执行了 n＝n+1 后，n 的值为 6，效果如图 1.4.4 所示。

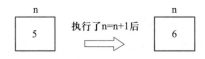

图 1.4.4　计数 n＝n+1 的图示

3. 赋值号两边类型不同时的处理

（1）当表达式为数值型并与变量类型不同时，表达式的值会转换成左边变量的精度

例如

   n%＝3.5　　' n 为整型变量,转换时四舍六入五取偶,例如 n%＝3.5 结果为 4；n%＝2.5 结果为 2

（2）当表达式是数字字符串时，左边变量是数值类型，数字字符串自动转换成数值类型再赋值给变量，当表达式有非数字字符或空串时，则出错

例如

   n%＝"123"　　　　　　　　' n 中的结果是 123,与 n%＝Val("123")效果相同

   n%＝"1a23" 或 n%＝""　' 运行时弹出类型不匹配对话框(如图 1.4.5 所示)

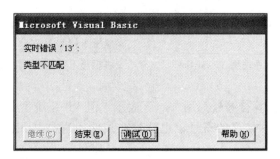

图 1.4.5　赋值时类型不匹配错误信息

（3）当逻辑型赋值给数值型时，True 转换为-1，False 转换为 0；反之当数值型赋值给逻辑型时，非 0 转换为 True，0 为 False。

（4）任何非字符类型表达式赋值给字符类型变量时，自动转换为字符类型。

为保证程序的正常运行，一般利用类型转换函数将表达式的类型转换成左边变量的类型。

4.1.3　数据输入

微视频：
数据输入

程序运行时需要获取数据进行相应的处理，在 VB 中，一般通过文本框（TextBox 控件）或输入对话框（InputBox()函数）等实现数据输入操作。例如

   n＝Val(Text1. Text)

   x＝Val(InputBox("输入 x"))

两者的区别：Text1 文本框是设计时在窗体上建立的，InputBox 输入对话框在程序运行时临时打开。

输入对话框 InputBox( ) 函数形式为

变量[$] = InputBox(提示[,[标题][,[默认内容][,[X 坐标位置][,[Y 坐标位置]]]]])

作用：打开一个输入对话框，等待用户输入内容。当用户单击"确定"按钮或按 Enter 键时，函数返回输入的值，其值的类型为字符串；当用户单击"取消"按钮或 Esc 键，则放弃当前的输入，返回空字符串。

函数中各参数的作用见例 4.2 的图 1.4.6，其中：

① 提示：必选项，字符串表达式，在对话框中作为输入提示信息。

② 标题：可选项，字符串表达式，在对话框的标题栏显示；若省略，则显示工程名。

③ 默认内容：可选项，字符串表达式，在输入对话框的文本框中设置的默认值；若省略，则为空。

④ X、Y 坐标位置：可选项，为整型表达式，坐标确定对话框左上角在屏幕上的位置，屏幕左上角为坐标原点，单位为 twip。

注意： 各项参数次序必须一一对应，除了"提示"一项不能省略外，其余各项均可省略，处于中间可选部分要用逗号占位符跳过。每调用一次 InputBox( ) 函数，只能输入一个值。

例 4.2 若某商场的营业员的总工资由两部分组成，即基本工资和营业额提成费。假设基本工资为 3 600 元、营业额提成费为营业额的 5%。要求输入基本工资、本月的营业额，显示实发工资。

分析：利用 InputBox 输入基本工资（考虑假设为 3 600 元，就作为默认值代入），如图 1.4.6 所示；以同样方式输入营业额，计算出实发工资后在窗体上利用 Label 控件显示，如图 1.4.7 所示。

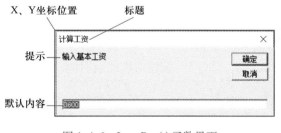

图 1.4.6 InputBox( ) 函数界面

图 1.4.7 显示结果

程序代码如下：

```
Private Sub Form_Click( )
    Dim sfgz!, jbgz!, x!
    jbgz = Val(InputBox("输入基本工资","计算工资",3600)) ' 此函数作用如图 1.4.6 所示
    x = Val(InputBox("输入本月营业额"))
    sfgz = jbgz + x * 0.05
    Label1.Caption = "本月营业额为:" & x & "   基本工资为:" & jbgz & vbCrLf        '①
    Label1.Caption = Label1.Caption & "本月实发工资为:" & sfgz                      '②
End Sub
```

4.1.4 数据输出

在程序运行后总要将结果输出。在 VB 中，一般通过 Print 方法、消息对话框（MsgBox 函数）、文本框（TextBox）或标签（Label）控件等。

1. 标签和文本框控件

利用文本框控件的 Text 属性既可获得用户从键盘输入的数据，也可将计算的结果输出；利用标签的 Caption 属性来输出数据，见例 4.2。

注意：要通过控件显示多行信息，一般要用回车换行符号常量（vbCrLf）以及 "&" 字符串连接符，见例 4.2 中的语句①和②。

2. 消息对话框 MsgBox( ) 函数和过程

MsgBox 的作用是打开一个消息框，等待用户选择一个按钮。

MsgBox( ) 函数形式为

变量［％］＝MsgBox(提示［,［按钮］［,标题］］)

MsgBox 过程形式为

MsgBox　提示［,［按钮］［,标题］］

其中

① 提示、标题：意义与 InputBox( ) 函数中对应的参数相同。

② 按钮：为整型表达式，决定 MsgBox 对话框上按钮的数目、类型及图标类型，其设置见表 1.4.1。该项可选，若省略只有一个"确定"按钮。

③ MsgBox( ) 函数返回用户所选按钮的整数值，决定程序执行的流程，其数值的意义参见表 1.4.2。MsgBox 过程没有返回值，调用时可以没有括号，作为一条独立的语句，常用于信息提示，不改变程序的流程。

图 1.4.8　MsgBox 消息对话框界面实例

例如，例 4.3 中语句：I = MsgBox ("密码错误"，5+vbExclamation, "警告") 执行后的界面如图 1.4.8 所示，I 变量的值将是用户选择了"重试"或"取消"按钮对应的返回值。

▶表 1.4.1
按钮常用
设置值及意义

分组	内部常数	按钮值	描述
按钮数目和类型	vbOkOnly	0	只显示"确定"按钮
	vbOkCancel	1	显示"确定""取消"按钮
	vbAbortRetryIgnore	2	显示"终止""重试""忽略"按钮
	vbYesNoCancel	3	显示"是""否""取消"按钮
	vbYesNo	4	显示"是""否"按钮
	vbRetryCancel	5	显示"重试""取消"按钮
图标类型	vbCritical	16	关键信息图标
	vbQuestion	32	询问信息图标
	vbExclamation	48	警告信息图标
	vbInformation	64	信息图标

注意：

① 内部常数和按钮值两者都可使用，前者直观，后者输入简单。

② 表 1.4.1 按钮的两组方式可以组合使用，可使 MsgBox( )函数界面不同，例如图 1.4.8 显示的界面，其"按钮"设置可以表示为 5+48、53、vbRetryCancel +48、5+ vbExclamation 等，效果相同。VB 系统不会与其他按钮形式搞错，因为它们是以二进制位的不同组合来表示的，如图 1.4.9 所示。

③ "按钮"除上述两组常用参数外，还提供了默认焦点按钮和模式等其他参数设置，详细见系统帮助。

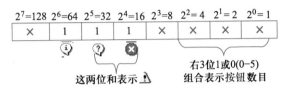

图 1.4.9 "按钮"设置说明

MsgBox( )函数的返回值是一个整数，可用内部常数或返回值表示，其值表示用户所选按钮，参见表 1.4.2。

内 部 常 数	返 回 值	被单击的按钮
vbOk	1	确定
vbCancel	2	取消
vbAbort	3	终止
vbRetry	4	重试
vbIgnore	5	忽略
vbYes	6	是
vbNo	7	否

◄表 1.4.2 MsgBox( )函数返回所选按钮值的意义

例 4.3 编写一个账号和密码输入的检验程序，运行界面如图 1.4.10 (a) 所示。对输入的账号和密码规定如下：

① 账号不超过 6 位数字，以按 Tab 键表示输入结束；当输入不正确，如账号为非数字字符时，显示图 1.4.10 (b) 的信息。

② 密码为 4 位字符，输入文本框以"＊"显示，单击"检验密码"按钮表示输入结束，密码假定为"Gong"；若密码不正确，显示图 1.4.10 (c) 的信息。

分析：

① 要使账号不超过 6 位数字，只要将文本框的 MaxLength 属性设置为 6；当输入结束按 Tab 键时，引发 LostFocus 事件，利用 IsNumeric 函数判断账号输入的正确性。出错时，利用 MsgBox( )函数显示出错信息，如图 1.4.10 (b) 所示。

② 密码为 4 位字符，同样方式设置。通过 PasswordChar 属性设置为"＊"，使输入的字符以"＊"显示；当输入结束判断密码输入的正确性时，出错利用 MsgBox( )函数显示"重试"和"取消"，按钮值取 5 或 vbRetryCancel；要显示感叹号，取按钮值 48 或 vbExclamation，出错提示如图 1.4.10 (c) 所示。

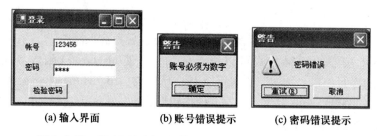

(a) 输入界面   (b) 账号错误提示   (c) 密码错误提示

图 1.4.10   程序运行界面和输入账号、密码错误提示的信息

程序代码如下：

```
Private Sub Form_Load( )
    Text1. Text = ""
    Text1. MaxLength = 6
    Text2. Text = ""
    Text2. MaxLength = 4
    Text2. PasswordChar = " * "
End Sub
Private Sub Text1_LostFocus( )
    If Not IsNumeric(Text1. Text) Then
        MsgBox "账号必须为数字" , , "警告"
        ' 连续两个逗号(",")表示默认按钮数目,仅有"确定"按钮
        Text1. Text = ""
        Text1. SetFocus
    End If
End Sub
Private Sub Command1_Click( )
    Dim I As Integer
    If Text2. Text <> "Gong" Then
        I = MsgBox("密码错误" , 5 + vbExclamation, "警告")
        If I <> 4 Then
            End
        Else
            Text2. Text = ""
            Text2. SetFocus
        End If
    End If
End Sub
```

3. Print 方法

Print 方法的作用是在对象上输出信息，其形式为

[对象 .]Print[定位函数][输出表达式列表][分隔符]

其中

① 对象：可以是窗体、图形框或打印机。若省略了对象，则在当前窗体上输出。

② 定位函数：Spc(n)用于在输出时插入 n 个空格；Tab(n)定位于从对象最左端算起

的 n 列。无定位函数，由对象的当前位置（CurrentX 和 CurrentY 属性）决定。

③ 输出表达式列表：要输出的数值或字符串表达式。若省略，则输出一个空行。

④ 分隔符：用于输出各项之间的分隔，有逗号和分号，表示输出后光标的定位。分号 ";" 光标定位在上一个显示的字符后；逗号 "," 光标定位在下一个显示区（每个显示区占 14 列）的开始位置处。输出列表最后没有分隔符，表示输出后换行。

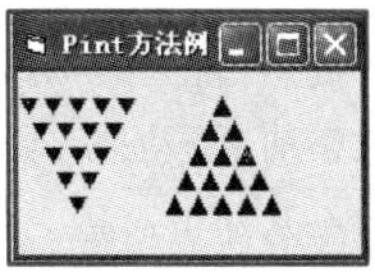

例 4.4 使用 Print 方法，在窗体上输出如图 1.4.11 所示的图形。

图 1.4.11 例 4.4 运行界面

微视频：
Print 方法

```
Private Sub Form_Click()
    Print                       '空一行
    For i = 1 To 5              '显示有规律的 5 行
        Print Tab(i); String(6 - i, "▼"); Spc(6); String(i, "▲")
    Next i
End Sub
```

说明：程序循环 5 次，每次打印一行。Tab(i)在此的作用是定位打印的起始位，中间 Spc(6)的作用是空 6 个空格，String(6-i,"▼")函数重复显示 6-i 个 "▼"。

注意：

① Spc( )函数与 Tab( )函数的作用类似，用于显示定位，但有区别：Tab( )函数从对象的左端开始计数，当 Tab(i)中 i 的值大于当前位置的值，即 CurrentX 的值时，重新定位在下一行的第 i 列；而 Spc( )函数表示两个输出项之间的间隔。

② 通常 Print 方法在 Form_ Load 事件过程中无效，原因是窗体的 AutoRedraw 属性默认为 False，若在窗体设计时在属性窗口将 AutoRedraw 属性设置为 True，就有效果。

③ Print 方法不但有输出功能，还有计算功能，也就是对表达式先计算后输出，参见例 4.5。

4. 格式输出函数

使用 Format( )格式输出函数使数值、日期或字符串按指定的格式输出，其形式为

Format（表达式,"格式字符串"）

功能：根据 "格式字符串" 的指定格式输出表达式的值。

表达式为要格式化的数值、日期或字符串类型；"格式字符串" 为要格式化的符号。

考虑到篇幅，本书仅列出最为常用的数值格式化，对应的表达式也仅为数值类型，其他格式请查看 VB 的帮助信息。数值格式化是将数值表达式的值按 "格式字符串" 指定的格式输出。有关格式符号见表 1.4.3。

说明：

① "0" 和 "#" 的相同之处是，若要显示数值表达式的整数部分位数多于格式字符串的位数，按实际数值显示；若小数部分的位数多于格式字符串的位数，按四舍五入显示。不同之处是，"0" 按其规定的位数显示，"#" 对于整数前的 0 或小数后的 0 不显示。

符号	作　用	举　例	显示结果
0	数字占位符。显示一位数字或 0。若实际位数小于符号位数，数字前后加 0	Format(1234.567,"00000.0000")	01234.5670
#	数字占位符。实际位数小于符号位数，数字前后不加 0	Format(1234.567,"#####.####")	1234.567
,	千分位占位符	Format(1234.567,"##,##0.0000")	1,234.5670
%	百分比占位符。表达式乘以 100，并在数字末尾加上%	Format(1234.567,"####.##%")	123456.7%

▶表 1.4.3
Format( )
函数格式符
号及举例

② Format( )函数不能作为一个独立的语句使用，一般通过 Label 控件的 Caption 属性、Print 方法或 MsgBox 对话框等实现按设置的格式显示。

例 4.5　已知圆半径，计算圆面积并保留两位小数显示。用 Print 和 Label 控件两种显示方式显示。运行结果如图 1.4.12 所示。

程序代码如下：

图 1.4.12　两种显示方式

```
Private Sub Command1_Click( )
    Dim r!, s!
    r = 12.345
    Print "r="; r                          '最后无分隔符,换行显示
    Print "s=" ; Format(3.1416 * r * r, "0.00" )
    Label1.Caption = "r1=" & r & vbCrLf
     '最后连接回车换行符,换行显示
    Label1.Caption = Label1.Caption & " s1=" & Format(3.1416 * r * r, "0.00" )
End Sub
```

微视频:
选择结构概述

4.2　选择结构

计算机要处理的问题往往是复杂多变的，仅采用顺序结构是不够的。必须利用选择结构等来应对实际应用中的各种问题。选择结构的特点是在程序执行时，根据不同的"条件"选择执行不同的语句。VB 中提供了 If 条件语句和 Select Case 情况语句等构成选择结构。它们都是对条件进行判断，根据判断结果，选择执行不同的分支。这在前几章的学习中已经使用过，此节主要将语句的使用规则进行说明。

4.2.1　If 条件语句

If 条件语句有多种形式：单分支、双分支和多分支等。
1. If…Then 语句（单分支结构）
语句形式如下：
（1）If 表达式 Then
　　　　语句块
　　　End If

（2）If 表达式 Then 语句

其中

① 表达式：一般为关系表达式、逻辑表达式，也可为算术表达式。表达式值按非零为 True，零为 False 进行判断。

② 语句块：可以是一条或多条语句。若用（2）形式书写，则只能是一条语句；若有多条语句时，语句间用冒号分隔，而且必须在一行上书写。

单分支结构作用是当表达式的值为 True 时，执行 Then 后面的语句块（或语句）；否则不做任何操作，其流程如图 1.4.13 所示。

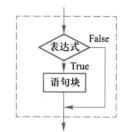

图 1.4.13 单分支结构

例 4.6 已知两个数 x 和 y，比较它们的大小，使得 x 大于 y。

问题分析：两个人交换位置，只要各自去坐对方的位置就可，这是直接交换。一瓶酒和一瓶油互换，就不能直接从一个瓶子倒入另一瓶子，必须借助一个空瓶子，先把酒（也可是油）倒入空瓶，再将油倒入已倒空的酒瓶，最后把酒倒入已倒空的油瓶，这样，才能实现酒和油的交换，这是间接交换。

由于计算机内存有"取之不尽、一冲就走"的特点，因此，计算机中交换两个变量的值只能采用借助第 3 个变量间接交换的方法，如图 1.4.14 所示，语句如下：

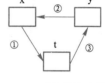

图 1.4.14 两个数的交换过程

```
If x<y Then
    t=x          ' x 与 y 交换
    x=y
    y=t
End If
```

或

```
If x<y Then t=x:x=y:y=t
```

思考：若将上面语句写成

```
If x<y Then x=y:y=x
```

执行后 x、y 变量的值为多少？

如果将上述交换的 3 条语句程序改变，即如下 3 种方法，哪个能实现两个数的交换？

方法一	方法二	方法三
x=t	x=y	t=y
t=y	y=x	x=t
y=t	x=t	y=x

2. If…Then…Else 语句（双分支结构）

语句形式如下：

（1）If 表达式 Then

　　语句块 1

　Else

　　语句块 2

End If

（2）If 表达式 Then 语句 1　Else　语句 2

该语句的作用是当表达式的值为 True 时，执行 Then 后面的语句块 1（或语句 1）；否则执行 Else 后面的语句块 2（或语句 2），其流程如图 1.4.15所示。

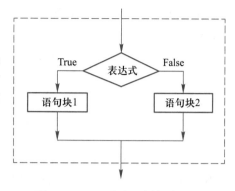

例 4.7　计算分段函数 $y = \begin{cases} \sin x + \sqrt{x^2+1}, & x \neq 0 \\ \cos x - x^3 + 3x, & x = 0 \end{cases}$。

① 用双分支结构实现

```
If x<>0 Then        ' 也可用 If x Then 表示更简单
    y=Sin(x)+Sqr(x*x+1)
Else
    y=Cos(x)-x^3+3*x
End If
```

图 1.4.15　双分支 If 语句流程图

② 用单分支结构实现

两条单分支语句：

```
If x<>0 Then y=Sin(x)+Sqr(x*x+1)
If x=0 Then y=Cos(x)-x^3+3*x
```

一条单分支语句：

```
y=Cos(x)-x^3+3*x
If x<>0 Then y=Sin(x)+Sqr(x*x+1)
```

思考：若将上面一条单分支语句改变次序，即

```
If x<>0 Then y=Sin(x)+Sqr(x*x+1)
y=Cos(x)-x^3+3*x
```

能否正确实现分段函数计算？为什么？

3. If…Then…ElseIf 语句（多分支结构）

双分支结构只能根据条件的 True 和 False 决定处理两个分支中的一个。当实际处理的问题有多种条件时，就要用到多分支结构。

语句形式如下：

```
If 表达式 1 Then
    语句块 1
ElseIf 表达式 2 Then
    语句块 2
    …
[Else
    语句块 n+1]
End If
```

该语句的作用是根据不同的表达式值确定执行哪个语句块，VB 测试条件的顺序为表达式 1、表达式 2……一旦遇到表达式值为 True，则执行该条件下的语句块，然后执行

End If 后的语句。其流程如图 1.4.16 所示。

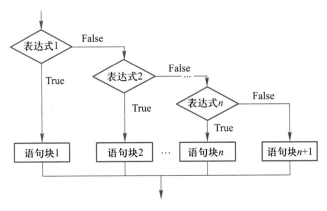

图 1.4.16　多分支结构流程图

例 4.8　已知字符变量 ch 中存放了一个字符，判断该字符是字母字符、数字字符还是其他字符，并作相应的显示，有关语句代码如下：

```
Sub Command1_Click( )
    Dim ch As String * 1
    ch = InputBox("输入一个字符")
    If UCase(ch) >= "A" And UCase(ch) <="Z" Then      ' 大小写字母均考虑
        MsgBox(ch + "是字母字符")
    ElseIf ch >= "0" And ch <= "9" Then               ' 表示是数字字符
        MsgBox(ch + "是数字字符")
    Else
        MsgBox(ch + "是其他字符")                       ' 除上述字符以外的字符
    End If
End Sub
```

注意：

① 不论有几个分支，程序执行了一个分支后，其余分支不再执行。

② ElseIf 不能写成 Else If。

③ 当多分支中有多个表达式同时满足时，则只执行第一个与之匹配的语句块。因此，要注意多分支中表达式的书写次序，防止某些值的过滤。

例 4.9　已知某课程的百分制成绩 mark，要求转换成对应五级制的评定 grade，评定条件如下：

$$等级 = \begin{cases} 优 & mark >= 90 \\ 良 & 80 \leqslant mark < 90 \\ 中 & 70 \leqslant mark < 80 \\ 及格 & 60 \leqslant mark < 70 \\ 不及格 & mark < 60 \end{cases}$$

根据评定条件，有如下 3 种不同表示方法：

方法一	方法二	方法三
If mark>=90 Then	If mark>=90 Then	If mark>=60 Then
grade="优"	grade="优"	grade="及格"
ElseIf mark>=80 Then	ElseIf 80<=mark And mark<90 Then	ElseIf mark>=70 Then
grade="良"	grade="良"	grade="中"
ElseIf mark>=70 Then	ElseIf 60<=mark And mark<70 Then	ElseIf mark>=80 Then
grade="中"	grade="及格"	grade="良"
ElseIf mark>=60 Then	ElseIf 70<=mark And mark<80 Then	ElseIf mark>=90 Then
grade="及格"	grade="中"	grade="优"
Else	Else	Else
grade="不及格"	grade="不及格"	grade="不及格"
End If	End If	End If

方法一中使用关系运算符大于等于，比较的值从大到小依次表示；方法二利用关系运算符和逻辑运算符把各条件都限定了，表达式比较的大小与次序无关；方法三中使用关系运算符大于等于，比较的值从小到大依次表示。

思考：上述 3 种方法中，方法一、方法二正确；方法三语法没错，但不能按要求获得结果，请问根据 mark 分数，获得的结果可能是什么？

微视频：
Select Case
语句

4.2.2　Select Case 语句

在使用多分支结构时，有时更方便的方法是用 Select Case 语句。Select Case 语句又称情况语句，是多分支结构的另一种表示形式，这种语句条件表示直观，但必须符合其规定的语法书写规则。

Select Case 语句形式如下：

```
Select Case　表达式
    Case　表达式列表 1
        语句块 1
    Case　表达式列表 2
        语句块 2
        …
    [Case Else
        语句块 n+1]
End Select
```

其中

① 表达式：可以是数值型或字符串表达式。

② 表达式列表 i：与表达式的类型必须相同，可以是下面 4 种形式之一。

a. 表达式，例如"a"。

b. 一组用逗号分隔的枚举值，例如"a","e","i","o","u"。

c. 表达式 1 To 表达式 2，例如 1 To 10。

d. Is 关系运算符表达式，例如 Is >=60。

第一种形式与某个值比较，后 3 种形式与设定值的范围比较。4 种形式在数据类型相

同的情况下可以混合使用。例如

  2,4,6,8, Is>10   ' 表示测试表达式的值为 2,4,6,8 或大于 10

  Select 语句的作用是先对"表达式"求值，然后从上到下查找该值与哪个 Case 子句中的"表达式列表"相匹配，再决定执行哪一组语句块。如果有多个 Case 短语中的值与测试值匹配，则根据自上而下判断原则，只执行第一个与之匹配的语句块，其流程如图 1.4.17 所示。

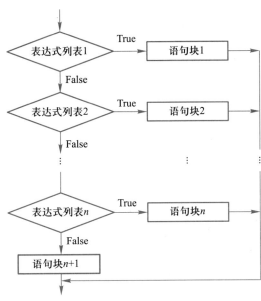

图 1.4.17 情况语句流程图

  例 4.10 对例 4.8 用 If…Then…ElseIf 语句实现的功能改成用 Select Case 语句实现。
程序代码如下：

```
Sub Command1_Click( )
    Dim ch As String * 1
    ch = InputBox("输入一个字符")
    Select Case ch
        Case "a" To "z", "A" To "Z"
            MsgBox(ch + "是字母字符")
        Case "0" To "9"
            MsgBox(ch + "是数字字符")
        Case Else
            MsgBox(ch + "是其他字符")
    End Select
End Sub
```

  由此看出，对于多分支结构，用 Select Case 语句比用 If…Then…ElseIf 语句直观，程序可读性强。但是要注意，不是所有的多分支结构均可用 Select Case 语句代替 If…Then…ElseIf 语句。

  例 4.11 已知点坐标 (x, y)，判断其落在哪个象限。

若实现该功能的程序段分别如下表示：

方法一

```
If x > 0 And y > 0 Then
    MsgBox("在第一象限")
ElseIf x < 0 And y > 0 Then
    MsgBox（"在第二象限"）
ElseIf x < 0 And y < 0 Then
    MsgBox（"在第三象限"）
ElseIf x > 0 And y <0 Then
    MsgBox（"在第四象限"）
End If
```

方法二

```
Select Case x,y
Case x > 0 And y > 0
    MsgBox("在第一象限")
Case x < 0 And y > 0
    MsgBox（"在第二象限"）
Case x < 0 And y < 0
    MsgBox（"在第三象限"）
Case x > 0 And y <0
    MsgBox（"在第四象限"）
End Select
```

方法一是正确的。方法二中出现两个语法错误：其一是 Select Case x，y 出现两个变量；其二是 Case 后出现逻辑表达式。

因此要注意，在多条件分支时，使用 Select 语句虽然直观，但有局限，体现在：

① Select Case 语句只能对单个变量或表达式进行条件判断；否则只能使用 If…Then…ElseIf 语句。

② Case 子句中不能出现逻辑运算符和逻辑表达式中的变量。

微视频：
选择结构的
嵌套

4.2.3 选择结构的嵌套

选择结构的嵌套是指把一个选择结构放入另一个选择结构中。如在 If…Then 语句中的语句块 1 或语句块 2 中又包含一个 If…Then 语句或者 Select Case 语句；同样在 Select Case 语句中的各语句块中又包含一个 If…Then 语句或者 Select Case 语句。

例如，在 Then、Else 后均有 If 语句的形式如下：

```
If <表达式 1> Then
    If <表达式 11> Then
        语句块 11
    End If
Else
    If <表达式 21> Then
        语句块 21
    End If
End If
```

对于嵌套的结构，要注意以下几点：

① 对于嵌套结构，为了增强程序的可读性，书写时采用锯齿形。

② 嵌套的每个 If 语句必须与 End If 配对。

例 4.12 已知 x、y、z 三个数，比较它们的大小并进行排序，使得 $x>y>z$。运行界面如图 1.4.18 所示。

分析：在计算机中无法直接同时对 3 个数比较，只能通过多次两两比较来实现。比较过程如图 1.4.19 所示，这可通过一个 If 语句和一个嵌套 If 语句来实现。

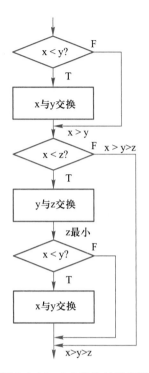

图 1.4.18　运行界面　　　　　　图 1.4.19　3 个数比较流程图

程序代码如下：

```
Sub Command1_Click( )
  Dim x%, y%, z%, t%
  x = Val(Text1. Text)
  y = Val(Text2. Text)
  z = Val(Text3. Text)
  If x < y Then t=x : x=y : y=t        ' 此时 x>y
  If y <z Then
    t= y : y=z : z=t                   ' 此时 z 最小,但还要考虑 x 与 y 大小
    If x < y Then
      t=x : x=y : y=t
    End If
  End If
  Label2. Caption=x & " > " & y & " > " & z
End Sub
```

思考：

① 若不用嵌套 If 语句，而用 3 个 If 语句，程序如何编写？

② 若要对 4 个数进行排序，程序又如何编写？若要对大量数据进行排序，程序如何编写？

4.2.4　条件函数

VB 中提供的条件函数有 IIf 和 Choose，前者可代替 If 语句，后者可代替 Select Case 语句，均适用于简单条件的判断场合。

（1）IIf( )函数

IIf( )函数形式为

IIf(表达式,当表达式的值为 True 时的值,当表达式的值为 False 时的值)

作用：IIf( )函数是 If…Then…Else 选择结构的简洁表示。

例如，求 x，y 中大的数，放入 Tmax 变量中，语句如下：

$$Tmax = IIf(x > y, x, y)$$

该语句等价于如下语句：

$$If \ x > y \ Then \ Tmax = x \ Else \ Tmax = y$$

（2）Choose( )函数

Choose( )函数形式为

Choose(整数表达式,选项列表)

作用：Choose 根据整数表达式的值来决定返回选项列表中的某个值。如果整数表达式值是 1，则 Choose 返回列表中的第 1 个选项。如果整数表达式值是 2，则返回列表中的第 2 个选项，依此类推。若整数表达式的值小于 1 或大于列出的选项数目时，Choose( )函数返回 Null。

例如，根据 Nop 是 1~4 的值，依次转换成+、−、×、÷运算符的语句如下：

$$Nop = Int(Rnd * 4 + 1)$$
$$Op = Choose(Nop, "+", "-", "×", "÷")$$

当 Nop 值为 1 时，函数返回字符"+"，存入 Op 变量中；当 Nop 值为 2 时，函数返回字符"−"，依此类推。本例随机产生的 Nop 值在 1~4，函数不可能返回 Null。

例 4.13　根据当前日期函数 Now( )、WeekDay( )，利用 Choose( )函数显示今日是星期几，运行结果如图 1.4.20 所示。

分析：Now( )函数可获得今天的日期；WeekDay( )函数可获得指定日期是星期几的整数，规定星期日是 1，星期一是 2，依此类推。

程序段如下：

```
Dim t$
t = Choose(Weekday(Now), "日", "一", "二", "三", "四", "五", "六")
MsgBox("今天是:" & Now & " 是:星期" & t)
```

图 1.4.20　运行界面

4.2.5　选择控件与分组控件

当程序运行中需要用户在界面上做出选择时，可以使用单选按钮或复选框；当有多组单选按钮或复选框时，可使用框架控件对它们分组。本节主要介绍这些控件的使用。

1. 单选按钮（OptionButton）

窗体上要显示一组互相排斥的选项，以便让用户选择其中一个时，可使用单选按钮。例如考试时的单选题有 A、B、C、D 四项，考生只能选择其中一项。

（1）主要属性

单选按钮的主要属性有 Caption 和 Value。Caption 属性的值是单选按钮上显示的文本。

微视频：
选择控件

Value 属性为 Boolean，表示单选按钮的状态：

◉ True ，被选定； ◯ False ，未被选定，默认值。

（2）主要事件

单选按钮的主要事件是 Click。当用户单击某个按钮后，触发 Click 事件，同时该按钮被选定。

2. 复选框（CheckBox）

窗体上显示一组选项，允许用户选择其中一个或多个时，可使用复选框。例如考试时的多选题。

复选框的主要属性和事件同单选按钮，仅 Value 不同，有 3 个状态，分别表示未被选定（默认值）、选定和灰色，显示效果如图 1.4.21 所示。

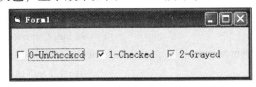

图 1.4.21　复选框 Value 属性的 3 个状态

3. 框架（Frame）

单选按钮的一个特点是当选定了其中一个时，其余会自动处于未被选定状态。当需要在同一个窗体中建立几组相互独立的单选按钮时，就需要用框架控件将每一组单选按钮框起来。这样，在一个框架内的单选按钮为一组，对它们的操作不会影响该组以外的单选按钮。另外，对于其他类型的控件用框架控件，可提供视觉上的区分和总体的激活或屏蔽特性。

当移动、复制、删除框架控件或对该控件进行 Enabled、Visible 属性设置时，也同样作用于该框架内的其他控件。

框架控件最主要属性是 Caption，其值是框架边框上的标题文本。若 Caption 属性为空字符串时，则为封闭的矩形框。

框架控件可以响应 Click 和 DblClick 事件，但一般不编写事件过程。

例 4.14　通过单选按钮、复选框和框架控件设置文本框的字体、字号、字形等 Font 属性。要求利用两种方式实现：

① 当单击任何单选按钮或复选框控件时，字体的相应属性就跟着改变，运行界面如图 1.4.22 所示。

② 选中字体的属性后，单击"确定"按钮才起作用，运行界面如图 1.4.23 所示。

界面设计包括 1 个文本框、3 个框架控件、6 个单选按钮为 Option1～Option6 和 3 个复选框为 Check1～Check3。方法二多一个 Command1 控件。

分析：

方法一，每个选择控件都应有一个 Click 事件。对单选比较简单，一组中只能有一个选中，单击某个表示选中就可设置该属性；对复选框，一组可以选中任意个，单击就是对原有状态的改变，在字形中都是 Boolean 类型，就可用 Not 原状态运算来实现。

方法二，所有的选择设置都在一个 Command1_Click 事件中。对单选按钮每一组用一个多分支条件语句来实现；对复选框，每一个都用一个单分支条件来实现。

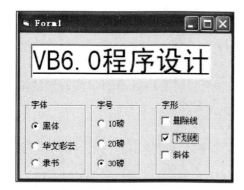

图 1.4.22 方法一界面

图 1.4.23 方法二界面

方法一

```
Private Sub Option1_Click( )
    Text1. FontName = "黑体"
End Sub
Private Sub Option2_Click( )
    Text1. FontName = "华文彩云"
End Sub
Private Sub Option3_Click( )
    Text1. FontName = "隶书"
End Sub
Private Sub Option4_Click( )
    Text1. FontSize = 10
End Sub
Private Sub Option5_Click( )
    Text1. FontSize = 20
End Sub
Private Sub Option6_Click( )
    Text1. FontSize = 30
End Sub
Private Sub Check1_Click( )
    Text1. FontStrikethru = Not Text1. FontStrikethru
End Sub
Private Sub Check2_Click( )
    Text1. FontUnderline = Not Text1. FontUnderline
End Sub
Private Sub Check3_Click( )
    Text1. FontItalic = Not Text1. FontItalic
End Sub
```

方法二

```
Private Sub Command1_Click( )
    If Option1. Value Then
        Text1. FontName = "黑体"
    ElseIf Option2. Value Then
        Text1. FontName = "华文彩云"
    Else
        Text1. FontName = "隶书"
    End If
    If Option4. Value Then
        Text1. FontSize = 10
    ElseIf Option5. Value Then
        Text1. FontSize = 20
    Else
        Text1. FontSize = 30
    End If
    If Check1. Value Then
        Text1. FontStrikethru = True
    Else
        Text1. FontStrikethru = False
    End If
    If Check2. Value Then
        Text1. FontUnderline = True
    Else
        Text1. FontUnderline = False
    End If
    If Check3. Value Then
        Text1. FontItalic = True
    Else
        Text1. FontItalic = False
    End If
End Sub
```

例 4.15　选择控件综合应用。学校计算机基础课程体系为"2+X"，其中"2"为必修："大学计算机基础"课程和"程序设计"课程，而"程序设计"有 3 门，只能选其中一门。"X"门限选课程选 1~2 门。要求当学生按规定选择好课程后，在文本框中显示；若限选课程没有选或者超过两门要求重新选。

分析：解决该题的关键，一是要判断是否对限选课程按规定选修了，这要求每选择一门课程就要统计；二是增加一个字符串变量存放当前选修的课程名称，最后在文本框中显示。

程序代码如下，运行界面如图 1.4.24 所示。

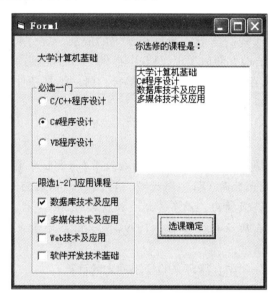

图 1.4.24　选课程序界面

```
Private Sub Command1_Click( )
    Dim s As String, n As Integer
    n = 0
    s = Label1. Caption & vbCrLf           ' "大学计算机基础"课程必选
    If Option1 Then                        ' 默认属性为 Value,程序设计必选一门
        s = s & Option1. Caption & vbCrLf
    ElseIf Option2 Then
        s = s & Option2. Caption & vbCrLf
    Else
        s = s & Option3. Caption & vbCrLf
    End If
    If Check1 Then n = n + 1: s = s & Check1. Caption & vbCrLf
    If Check2 Then n = n + 1: s = s & Check2. Caption & vbCrLf
    If Check3 Then n = n + 1: s = s & Check3. Caption & vbCrLf
    If Check4 Then n = n + 1: s = s & Check4. Caption & vbCrLf
    If n < 1 Or n > 2 Then
        MsgBox ("限选课程不符合规定,请重新选课")
```

```
            Check1 = 0: Check2 = 0: Check3 = 0: Check4 = 0      ' 重置复选框为未选中
            Exit Sub                                            ' 退出事件过程
        Else
            MsgBox("恭喜选课成功")   :   Text1.Text = s
        End If
    End Sub
```

4.3　循环结构

计算机最擅长的工作就是按规定的条件，重复执行某些操作。例如，按照人口增长率统计人口数；根据各课程的学分、绩点和学生的成绩，统计每个学生的平均绩点等。这类问题都可通过循环结构方便地实现。VB 中提供了两种类型的循环语句：一类是计数循环 For…Next 语句，常用于预知循环次数的场合；另一类是条件型循环 Do…Loop 语句，常用于未知循环次数的场合。

4.3.1　引例——求 π 的近似值

例 4.16　圆周率 π 是一个算了 1 500 年的数。早在 1 500 年前，我国古代数学家祖冲之用了 15 年算出 π 小数点后面 7 位，即 π=3.141 592 7。以后的 1 000 多年中，许多数学家为精确计算 π 花费了许多精力，最多算到小数点后面 500 多位。第一台计算机出现后，就将 π 值计算到小数点后 2 000 多位。1999 年，东京大学采用超级计算机计算到 2 061.584 3 亿位的小数值。

下面利用计算 π 的公式结合循环来验证祖冲之的计算。

分析：求 π 有很多公式，较为简单的公式为

$$\pi/4 = 1-1/3+1/5-1/7\cdots$$

直到最后一项的绝对值小于 10^{-8} 为止，相应的程序代码如下：

```
        Private Sub Command1_Click()
            Dim pi As Single, t As Single, n As Long, s As Integer
            pi = 1: n = 1: s = 1
            Do
              n = n + 2            ' 某项分母
              t = 1 / n            ' 某项绝对值
              s = -1 * s           ' 考虑正负号
              pi = pi + s * t      ' 累加和
            Loop While (t > 0.00000001)
            Label1.Caption = "π≈" & Format(4 * pi, "0.0000000")      '显示 7 位小数
        End Sub
```

本例循环结束的条件是当某项绝对值小于 10^{-8} 为止，循环次数未知，故使用 Do…Loop 语句来实现比较方便。

4.3.2　For…Next 循环语句

For 循环语句又称计数型循环语句，其格式如下：

微视频：
循环结构概述

For 循环控制变量 =初值 To 终值［Step 步长］
  循环体
Next 循环控制变量

其中

 ① 循环控制变量：数值型，被用作控制循环计数的变量。循环控制变量简称循环变量。

 ② 初值、终值：数值型，确定循环的起止值。

 ③ 步长：数值型、可选项。一般为正，初值小于等于终值；若为负，初值应大于等于终值；默认时步长为 1。

 ④ 循环体：可以是一条或多条语句。

 ⑤ 循环次数：$n=\mathrm{int}\left(\dfrac{\text{终值}-\text{初值}}{\text{步长}}+1\right)$。

For 语句执行的过程如下，流程如图 1.4.25 所示：

 ① 循环变量被赋初值，它仅被赋值一次。

 ② 判断循环变量是否在终值内，如果是，执行循环体；如果否，结束循环，执行 Next 的下一条语句。

 ③ 循环变量加步长，转②，继续循环。

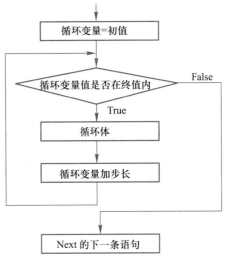

图 1.4.25　For 循环语句实现的逻辑流程

微视频：
For 语句引例

例 4.17　计算 2~100 的偶数和，用 For 程序段如下左边：

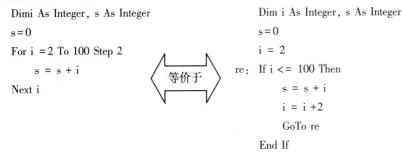

```
Dimi As Integer, s As Integer
s = 0
For i = 2 To 100 Step 2
        s = s + i
Next i
```

等价于

```
Dim i As Integer, s As Integer
s = 0
i = 2
re: If i <= 100 Then
        s = s + i
        i = i +2
        GoTo re
    End If
```

微视频：
For 语句

其中

 i 为循环变量，其值从 2~100 变化，循环次数为 50，计算结果存放在累加变量 s 中。

 右边程序段用 If 语句实现与左边 For 语句相同的功能，便于读者对 For…Next 语句的理解。

 思考：若要计算 100 以内的某数的倍数和，如 7 的倍数和，上例如何简单修改才可实现？

 对 For…Next 语句的说明：

 ① 当退出循环后，循环变量的值保持退出时的值。例 4.17 中，结束循环后，i 的值为 102，为什么？请参如图 1.4.25 所示 For 循环语句实现的逻辑流程就不难理解了。

 ② 在循环体内对循环变量可多次引用，但不要对其赋值；否则影响原来的循环控制

规律。

例 4.18 将可打印的 ASCII 码制成列表形式在窗体上显示，使每个字符与它的编码值对应起来，每行显示 7 个字符项，程序运行效果如图 1.4.26 所示。

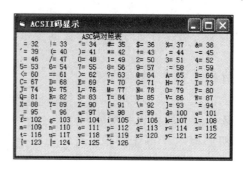

图 1.4.26　ASCII 码对照表

分析：在 ASCII 码中，只有 " "（空格）到 "~" 是可以显示的字符，其余为不可显示的控制字符。可显示的字符的编码值为 32~126，可通过 Chr( ) 函数将编码值转换成对应的字符。每行显示 7 项，只要利用一个变量进行计数。

程序代码如下：

```
Private Sub Form_Click( )
    Dim asc As Integer, i As Integer
    Print "                    ASC 码对照表"
    For asc = 32 To 126
        Print Tab(8 * i + 2); Chr(asc); "="; asc;        'Tab(8 * i + 2)表示每项占 8 列
        i = i + 1
        If i = 7 Then i = 0: Print                        '每行显示 7 项
    Next asc
End Sub
```

4.3.3　Do…Loop 循环语句

Do 循环语句常用于控制循环次数未知的循环结构，此种语句有两种语法形式：

形式 1	形式 2
Do［｛While｜Until｝　条件表达式］	Do
循环体	循环体
Loop	Loop［｛While｜Until｝　条件表达式］

其中

① 形式 1 为先判断后执行，有可能循环体一次也不执行；形式 2 为先执行后判断，至少执行一次循环体。两种形式（关键字为 While）的流程如图 1.4.27 所示。

② While 用于指明条件表达式值为 True 时就执行循环体，Until 正好相反。

③ 当省略了｛While｜Until｝<条件表达式>子句，即循环结构仅由 Do … Loop 关键字构成，表示无条件循环，这时在循环体内应该有退出循环的语句（见 4.4.2 节）；否则为死循环。

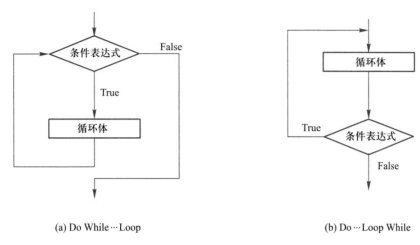

(a) Do While…Loop　　　　　　　　(b) Do…Loop While

图 1.4.27　Do…Loop 语句流程图

例 4.19　据统计 2018 年年末我国总人口数为 13.95 亿人，自然增长率 3.81‰。若按此增长率计算，多少年后我国人口数翻一番？

分析：解此问题有以下两种方法。

（1）可根据公式

$$27.9 = 13.95(1+0.003\,81)^n \quad n = \log(2)/\log(1.003\,81)$$

直接利用内置数学函数求得，但求得的年数不为整数，也得不到实际的人数。

（2）可利用循环求得，根据增长率，求得每年的人数，当人口数没有翻倍时，就重复计算。

程序代码如下：

```
Private Sub Form_Click( )
    Dim x As Single, m As Single, n As Integer
    Print
    x = 13.95                        '已知开始年的人数
    n = 0
    Do While x < 27.9               '当人数还未达到 27.9 亿
        x = x * 1.00381             '根据增长率计算当年的人数
        n = n + 1                   '年份加 1
    Loop                            '利用循环求 n,x
    Print "用循环求得的年数为:"; n; "人数为:"; x    '人数 x 单位为亿人
    m = Log(2) / Log(1.00381)       '利用对数函数求得 m
    If Int(m) <> m Then m = Int(m) + 1  '判断对数求得的年数 m 是否为整数,非整数取整数加 1 年
    Print "用对数求得的年数为:"; m
End Sub
```

程序运行结果为

用循环求得的年数为:183 人数为:27.97706

用对数求得的年数为:183

例 4.20　用辗转相除法求两个自然数 m,n 的最大公约数和最小公倍数。

辗转相除法求最大公约数的算法思想是：

① 对于已知两数 m，n，使得 $m>n$；

② m 除以 n 得余数 r；

③ 若 $r=0$，则 n 为求得的最大公约数，算法结束；若 $r \neq 0$，则令 $m \leftarrow n$，$n \leftarrow r$，重复执行步骤②。

求得了最大公约数后，最小公倍数就可很方便地求出。

本题流程图如图 1.4.28 所示，程序代码如下：

微视频:
例 4.20

```
Private Sub Command1_Click( )
    Dim m%, n%, r%, mn&
    m = Val(InputBox("输入 m"))
    n = Val(InputBox("输入 n"))
    Print m; ","; n; "的最大公约数为";
    If m < n Then mn = m: m = n: n = mn        ' 使得 m>n
    mn = m * n                                 ' 为求最小公倍数,存放两者乘积
    r = m Mod n
    Do While (r <> 0)
        m = n
        n = r
        r = m Mod n
    Loop
    Print Tab(30); n
    Print "最小公倍数为"; Tab(30); mn / n
End Sub
```

当 m、n 输入的值为 10、24 时，程序显示最大公约数为 2，过程如图 1.4.29 所示；最小公倍数为 120。

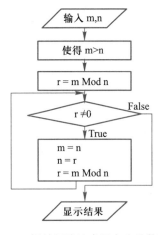

图 1.4.28　辗转相除法求最大公约数流程图

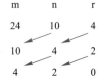

图 1.4.29　辗转相除示例

4.3.4　循环结构的嵌套

在一个循环体内又包含了完整的循环结构称为循环结构的嵌套。循环结构的嵌套对

For…Next 语句和 Do…Loop 语句均适用。

例 4.21 打印九九乘法表，如图 1.4.30 所示。

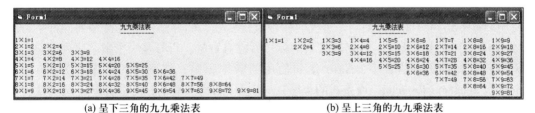

图 1.4.30　九九乘法表运行界面

分析：打印九九乘法表，只要利用两重循环的循环变量作为被乘数和乘数就可方便地实现。

程序代码如下：

```
Private Sub Form_Click( )
    Dim se As String, i As Integer, j As Integer, k As Integer
    Print Tab(35); "九九乘法表"
    Print Tab(35); "----------"
    For i = 1 To 9
      For j = 1 To 9
        k = i * j
        se = i & "×" & j & "=" & k            ' se 字符串变量存放每一项表达式
        Print Tab((j - 1) * 9 + 1); se;       ' 每项表达式显示占 9 列
      Next j
      Print                                    ' 换行
    Next i
End Sub
```

思考：若要分别打印成如图 1.4.31 的两种结果，程序如何改动？

(a) 呈下三角的九九乘法表　　　　(b) 呈上三角的九九乘法表

图 1.4.31　两种显示样式

多重循环的循环次数等于每一重循环次数的乘积。

对于多重循环的每一个循环变量变化规律的理解：读者只要以自己手表上时、分、秒三根针构成的三重循环的变化理解就可，即当内循环秒针走满一圈时，分针加一，秒针又从头开始走；当分针走满一圈时，时针加一，分针、秒针从头开始，依此类推，时针走满一圈，即 12 小时，循环结束；整个循环执行的次数为 12×60×60。

对于循环语句的使用，要注意以下事项：

① 内循环变量与外循环变量不能同名。

② 外循环必须完全包含内循环，不能交叉。

③ 若循环体内有 If 语句，或 If 语句内有循环语句，也不能交叉。

④ 利用 GoTo 语句可以从循环体内转向循环体外，但不能从循环体外转入循环体内。

以下程序段是错误的：

```
' 内、外循环交叉
For i= 1 To 10
    For j = 1  To   20
        …
    Next i
Next j
```

```
' 内、外循环变量同名
For i = 1 To 10
    For i = 1 To 10
        …
    Next i
Next i
```

下面程序段是正确的：

```
' 嵌套循环结构
For i = 1 To 10
    For j= 1 To 20
        …
    Next j
Next i
```

```
' 两个并列的循环结构
For i = 1 To   10
    …
Next i
For i = 1 To 10
    …
Next i
```

4.4　其他辅助控制语句和控件

4.4.1　GoTo 语句

GoTo 语句形式如下：

GoTo {标号|行号}

该语句的作用是无条件地转移到标号或行号指定的那行语句。

注意：

① GoTo 语句只能转移到同一过程的标号或行号处，标号是一个字符序列，首字符必须为字母，与大小写无关，任何转移到的标号后应有冒号，行号是一个数字序列。

② 早期的 Basic 语言中，GoTo 语句使用的频率很高，编制出的程序称为 BS 程序（Bowl of Spaghetti Program，面条式的程序），使程序结构不清晰，可读性差。结构化程序设计中要求尽量少用或不用 GoTo 语句，用选择结构或循环结构来代替。

例 4.22　编写一个程序，判断输入的一个数是否为素数（或称质数），是素数的显示。

分析：素数就是除 1 和本身以外，不能被其他任何整数整除的数。根据此定义，要判别某数 m 是否为素数，最简单的方法就是依次用 $2 \sim m-1$ 去除，只要有一个数能整除 m，m 就不是素数；否则 m 是素数。

程序运行效果如图 1.4.32 所示，程序代码如下：

图 1.4.32　运行效果

```
Private Sub Command1_Click( )
    Dim i% , m%
    m = Val( Text1. Text)
    For i = 2 To m - 1
        If ( m Mod i ) = 0 Then GoTo NotM      ' m 能被 i 整除,转向标号 NotM
    Next i
    Picture1. Print m & "是素数"               ' m 不能被 i=2~m-1 整除,显示 m 是素数
NotM:
End Sub
```

程序改进:

① 为提高效率,循环终值可由 m-1 改为 $\sqrt{m}$。

② 程序中用到 GoTo 语句,当 m 能被 i 的值整除, m 就不是素数,利用 GoTo 语句退出循环。这虽然效率高,但不符合结构化程序设计的规定:"单入口和单出口"的控制结构。因此程序中应该少用或不用 GoTo 语句。

例 4.23 对例 4.22 进行改进,增加一个逻辑型状态变量 Tag,用以判断是否被整除过,这种方法效率不高,不论是否是素数,都要循环执行完,但符合结构化程序设计的规定。

程序代码如下:

```
Private Sub Command1_Click( )
    Dim i% , m% , Tag As Boolean
    m = Val( Text1. Text)
    Tag = True                              ' 假定是素数
    For i = 2 To m - 1
        If ( m Mod i ) = 0 Then Tag = False    ' m 能被 i 整除,该 m 不是素数
    Next i
    If Tag Then Picture1. Print m & "  是素数"   ' m 不能被 i=2~m-1 整除,显示 m 是素数
End Sub
```

思考:

要显示 100~200 的素数,程序如何实现?

4.4.2 Exit 和 End 语句

1. Exit 语句

在 VB 中,还有多种形式的 Exit 语句,用于退出某种控制结构的执行。一般有以下两类。

(1)退出循环

在循环结构中,循环体中出现 Exit For 或 Exit Do 语句,强制终止本层循环,相当于本层循环的断路,程序跳转到 Next 或 Loop 的下一条语句执行。

思考:若对例 4.23 不增加逻辑型状态变量 Tag,当 m 被 i 整除是非素数时,用 Exit For 退出循环;在循环体外通过判断循环控制变量的值是正常还是非正常结束。请修改例 4.23。

（2）退出过程

有 Exit Sub 和 Exit Function 语句用于退出过程体，在第 6 章过程中再介绍。

2. End 语句

（1）独立的 End 语句

用于结束一个程序的运行，它可以放在任何事件过程中。这在前面的例子中经常用到。语句形式如下：

End

（2）与其他控制结构关键字配套

在 VB 中，还有多种形式的 End 语句，用于结束一个控制语句、过程、块，相当于语句括号。End 语句的多种形式如下：

End If、End Select、End With、End Type、End Function、End Sub 等

它们与对应的语句配对使用。

微视频：
滚动条

4.4.3　滚动条、进度条和定时器

利用文本框可以输入数据，利用滚动条也可用来作为数据的输入工具。进度条通常用来指示事务处理的进度。定时器以一定的时间间隔产生 Timer 事件，对实现动画功能很有用。

1. 滚动条（ScrollBar）

滚动条有水平滚动条（HScrollBar ◀▶）和垂直滚动条（VScrollBar ▲▼）两种。各属性和事件相同。

（1）重要属性

滚动条的属性与前面用过的控件有所不同，因为滚动条表示了一个范围的值，它们的属性意义和默认值如表 1.4.4 和图 1.4.33 所示。

▶表 1.4.4
滚动条常用属性

属　　性	属 性 意 义	默认值
Min	滑块处于最小位置时的值	0
Max	滑块处于最大位置时的值	32 767
SmallChange	用户单击两端箭头时 Value 的减（左）、增（右）量	1
LargeChange	用户单击滑块两端灰色区域时 Value 的减（左）、增（右）量	1
Value	滚动条当前值	0

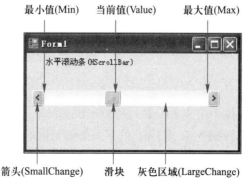

图 1.4.33　滚动条示意图

（2）事件

滚动条的重要事件有 Scroll 和 Change。当拖动滑块时会触发 Scroll 事件，而当改变 Value 属性时（滚动条内滑块位置改变）会触发 Change 事件。

例4.24 设计一个调色板应用程序，运行效果如图1.4.34 所示。使用红、绿和蓝（HScrollBar1 ~ HScrollBar3）滚动条作为 3 种基本颜色的输入工具，在左边的 3 个标签（Label1 ~ Label3）和右边的 3 个标签（Label4 ~ Label6）中分别显示颜色名称和值，每种颜色取值范围为 0~255；合成的颜色显示在最右边的颜色区（Text1）中。当完成调色以后，用"设置前景颜色"（Command1）或"设置背景颜色"（Command2）按钮设置右边文本框（Text2）的颜色。

图 1.4.34 运行效果

说明：

① 因为 3 种颜色的任意一个值变化都会影响合成的颜色，在 3 个事件里都要变化，为了清晰地表示，用了 3 个变量，必须在窗体级声明。

② 三色合成用到 RGB（红，绿，蓝）颜色函数。

程序代码如下：

```
Dim Red As Byte, Green As Byte, Blue As Byte        '颜色值0~255,所以可以用字节类型
Private Sub HScroll1_Change( )
    Red = HScroll1. Value
    Label4. Caption = Red
    Text1. BackColor = RGB(Red, Green, Blue)
End Sub
Private Sub HScroll2_Change( )
    Green = HScroll2. Value
    Label5. Caption = Green
    Text1. BackColor = RGB(Red, Green, Blue)
End Sub
Private Sub HScroll3_Change( )
    Blue = HScroll3. Value
    Label6. Caption = Blue
    Text1. BackColor = RGB(Red, Green, Blue)
End Sub
Private Sub Command1_Click( )
    Text2. BackColor = Text1. BackColor              '设置文本框背景颜色
End Sub
Private Sub Command2_Click( )
    Text2. ForeColor = Text1. BackColor              '设置文本框前景颜色
End Sub
```

2. 进度条（ProgressBar）

在 Windows 及其应用程序中，当执行一个耗时较长的操作时，通常会用进度条显示

事务处理的进程，用进度条（ProgressBar ▭▭）可观察其进行的状态，如文件保存时的显示等。

　　进度条控件位于 Microsft Windows Common Controls 6.0 部件中，通过"工程|部件"菜单命令选中该部件后系统将该部件（有 9 个控件）加入到工具箱中。

　　ProgressBar 控件同样有 3 个重要属性：Max、Min 和执行阶段的 Value。Value 属性决定控件被填充了多少。

　　在对 ProgressBar 进行编程时，必须要注意以下两点：

　　① 首先确定 Max 值。例如，如果正在下载文件，Max 值为文件的字节数。

　　② 变化的 Value 值，使得进度条变化。例如，在该文件下载过程中，Value 的值为当前已下载的字节数。

　　例 4.25　设计带有进度条的倒计时程序，运行效果如图 1.4.35 所示。

　　要求：输入以分钟为单位的倒计时间。进度条指示的是倒数读秒剩余时间，即填充块的数目是随时间减少的，并以"分：秒"显示。

　　分析：本例在用户设置时间后对 ProgressBar 设置初值，通过定时器的 Timer 事件进行相应的显示，关键是当前秒数与 ProgressBar 的 Value 相关联，实现倒计时动态显示。

图 1.4.35　运行效果

　　程序代码如下：

```
Dim t%
Sub Command1_Click( )
    t = Val(InputBox("输入分钟")) * 60
    ProgressBar1. Min = 0                           ' 设置进度条的初值
    ProgressBar1. Max = t
    ProgressBar1. Value = t
    Timer1. Interval = 200                          ' 0.2s 激发 1 次
    Timer1. Enabled = True
End Sub

Sub Timer1_Timer( )                                 ' 每隔 0.2s 激发该事件
    Label1. Caption = t \ 60 & ":" & t Mod 60       ' 以"分:秒"形式显示当前时间
    ProgressBar1. Value = t                         ' 进度条同步显示倒计时状况
    t = t - 1
    If t < 0 Then Timer1. Enabled = False           ' 倒计时结束,定时器不工作
End Sub
```

3. 定时器

　　前面已经多次使用过定时器（Timer）控件，它不是时钟，而是以一定的时间间隔产生 Timer 事件，用户在该事件中编写相应的代码，使得在 VB 中实现动画功能。

　　（1）重要属性

　　① Enabled：当 Enabled 属性为 False 时，定时器不产生 Timer 事件。在程序设计时，

利用该属性可以灵活地启用或停用 Timer 控件。默认值为 True。

② Interval：Interval 属性决定两个 Timer 事件之间的时间间隔，其值以 ms（0.001 s）为单位。如果希望每 0.5 s 产生一个 Timer 事件，那么 Interval 属性值应设为 500。默认值为 0，无间隔，定时器不工作。

（2）定时器的事件

定时器控件的重要事件只有一个 Timer 事件。

例 4.26   用一个定时器控制蝴蝶在窗体内的飞舞。

界面设计是在窗体上放置 1 个定时器、3 个图像控件（Image），如图 1.4.36（a）所示，它们的属性如表 1.4.5 所示。

实际上，在程序运行期间，只能看到 Image1 中的蝴蝶。蝴蝶的飞舞是通过以 Interval为时间间隔，在 Image1 中交替装入 Image2 和 Image3 中的图像来实现的。

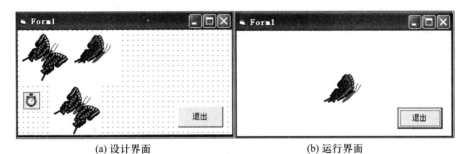

(a) 设计界面   (b) 运行界面

图 1.4.36 蝴蝶飞舞

对 象 名	属 性	设 置
Timer1	Interval Enabled	200 True
Image1	Picture Visible	bfly1. bmp True
Image2	Picture Visible	bfly1. bmp False
Image3	Picture Visible	bfly2. bmp False

◀表 1.4.5
控件属性

Timer1_Timer 事件过程如下：

```
Private Sub Timer1_Timer( )
    Static ImaBmp As Boolean          '用于控制图像中蝴蝶翅膀开和合的交替
    If ImaBmp Then
        Image1. Picture = Image2. Picture    '开
    Else
        Image1. Picture = Image3. Picture    '合
    End If
    ImaBmp = Not ImaBmp
End Sub
```

思考：

① 程序运行时蝴蝶仅在原地飞舞，若要让它往右上方向飞，则程序应如何修改？若要让蝴蝶飞出窗体后重新定位到左下方再向右上方飞，程序又要如何修改？请参考例 1.1。

② 蝴蝶飞舞中蝴蝶仅有两个状态：开和关。若有 3 个状态，要使动画起作用，程序又要如何改动？

4.5　综合应用

本章介绍了构成结构化程序设计的 3 种基本结构：顺序结构、选择结构、循环结构，它们是程序设计的基础，对今后编程非常重要，希望读者要熟练掌握。同时介绍了选择和框架、滚动条、进度条、定时器等控件，以便加深对相应控制语句的理解。

对初学者来说，从本章开始，编程工作量明显增多，要调试通过一个程序有时要花很多时间。经验告诉我们，学习程序设计没有捷径可走，只有多看多练、通过上机调试，发现问题，解决问题，才能真正理解、掌握好所学的知识。

1. 计算部分级数和

微视频：
例 4.27

例 4.27　求自然对数 e 的近似值，要求其误差小于 0.000 01，近似公式为

$$e = 1 + \frac{1}{1!} + \frac{1}{2!} + \frac{1}{3!} + \cdots + \frac{1}{n!} + \cdots = \sum_{i=0}^{\infty} \frac{1}{i!} \approx 1 + \sum_{i=1}^{n} \frac{1}{i!}$$

分析：本例涉及程序设计中两个重要的运算：累加 $\left(\sum_{i=1}^{n} \frac{1}{i!}\right)$ 和连乘 $(i!)$。

简化：已知 $(i-1)!$，要求 $i!$，只要 $(i-1)! \times i$ 就可，这样就简化成只要通过一重循环求累加 $\left(\sum_{i=1}^{n} \frac{1}{i!}\right)$ 就可。判断循环结束的条件是 $1/i!$ 是否到达精度。程序运行界面如图 1.4.37 所示。

图 1.4.37　运行界面

程序代码如下：

```
Private Sub Form_Load( )
    Dim i%, n&, e!
    e = 1                       ' 存放累加和结果,1 为第一项的值
    n = 1                       ' 存放 i! 的值,初值为 1
    For i = 1 To 10000
        n = n * i               ' 连乘,求阶乘
        e = e + 1 / n           ' 累加和
        If (1 / n < 0.00001) Then Exit For
    Next i
    MsgBox ("计算了 " & i+1 & " 项的和是 " & e)
End Sub
```

从本例可以看出，一般累加和连乘是通过循环结构和循环体内的一条表示累加性（如 e = e + 1 / n 赋值语句）或连乘性语句（如 n = n * i 赋值语句）来实现的，这里要强调的是，对存放累加和或连乘积的变量应在循环体外置初值，一般累加时置初值为 0

（本例为累加和的第 1 项，累加从第 2 项开始），连乘时置初值为 1；对于多重循环，置初值在执行累加或连乘的循环体外。

思考：

① 若要将 For …Next 计数型循环改为 Do While…Loop 条件型循环，程序如何实现？

② 不论使用哪种形式的循环，若将循环结构前对存放累加和、连乘积的各变量置初值语句放在循环体内，程序运行时会产生什么情况？

③ 若要将计算公式也显示出来，如图 1.4.38 所示，程序要如何修改？

图 1.4.38 显示计算公式

2. "试凑法"求方程整数解

"试凑法"也称为"穷举法"或"枚举法"，即利用计算机具有高速运算的特点将可能出现的各种情况——罗列测试，判断是否满足条件，可采用循环结构方便实现。

例 4.28 古代数学中的百元买百鸡问题。假定小鸡每只 5 角，公鸡每只 2 元，母鸡每只 3 元。现在有 100 元钱要求买 100 只鸡，编程列出所有可能的购鸡方案。

分析：根据题意，设母鸡、公鸡、小鸡各为 x、y、z 只，列出方程为

$x+y+z=100$

$3x+2y+0.5z=100$

3 个未知数只有两个方程，此题是一个不定方程问题。采用"试凑法"很容易解决此类问题。同时，解该题有以下两种方法。

方法 1：利用三重循环表示 3 种鸡的只数，循环初值 0 到终值 100，内循环体判断时同时考虑满足鸡的只数 100 和钱 100 元，运行结果如图 1.4.39 左所示，程序代码请读者自行完成。

方法 2：改为二重循环，内循环体利用 $z=100-x-y$ 获得小鸡只数，所以只要判断 100 元的条件，运行结果如图 1.4.39 右所示。

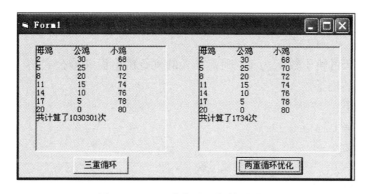

图 1.4.39 两种方法运行结果对比

程序代码如下：

```
Private Sub Command2_Click( )
Dim x%, y%, z%, n%, s$
    Label2. Caption = "母鸡        公鸡      小鸡      " & vbCrLf
    For x = 0 To 33                    '100 元最多可购买 33 只母鸡
        For y = 0 To 50                '100 元最多可购买 50 只公鸡
          z = 100 - x - y             '小鸡的只数
          n = n + 1                    '计算内循环的次数
          If 3 * x + 2 * y + 0.5 * z = 100 Then
            s = x & Space(10 - Len(Trim(x))) & y & Space(10 - Len(Trim(y))) & z      '输出对齐
            Label2. Caption = Label2. Caption & s & vbCrLf
          End If
        Next y
    Next x
    Label2. Caption = Label2. Caption & "共计算了" & n & "次"
End Sub
```

因此，在多重循环中，为了提高运行速度，对程序要考虑优化，有关事项如下：
① 尽量利用已给出的条件，减少循环的重数。
② 合理选择内、外层的循环变量，即将循环次数多的放在内循环。

3. "递推法"

"递推法"又称为"迭代法"，其基本思想是把一个复杂的计算过程转化为简单过程的多次重复。每次重复都从旧值的基础上递推出新值，并由新值代替旧值。

例 4.29   猴子吃桃子问题。小猴第 1 天摘了若干个桃子，当天吃掉一半多一个；第 2 天接着吃了剩下的桃子的一半多一个；以后每天都吃尚存桃子的一半多一个，到第 7 天早上要吃时只剩下一个了，问小猴最初共摘下多少个桃子？

分析：这是一个"递推"问题，先从最后一天推出倒数第 2 天的桃子，再从倒数第 2 天的桃子推出倒数第 3 天的桃子……

设第 n 天的桃子为 x_n，那么它是前一天的桃子数 x_{n-1} 的二分之一减去 1。即

$$x_n = \frac{1}{2}x_{n-1} - 1$$

也就是：

$$x_{n-1} = (x_n + 1) \times 2$$

已知：第 7 天的桃子数 x_n 为 1，则第 6 天的桃子由上面递推公式得 4 个，依此类推，可求得第 1 天摘的桃子数。

程序代码如下：

```
Private Sub Command1_Click( )
  Dim x%
  x = 1                    '第 7 天的桃子数
  Label1. Caption = "第 7 天的桃子数为:1 只" & vbCrLf
    For i = 6 To 1 Step -1
      x = (x + 1) * 2
```

Label1. Caption = Label1. Caption & "第 " & i & " 天的桃子数为:" & x & "只" & vbCrLf

  Next i

  End Sub

图 1.4.40　运行结果

程序运行结果如图 1.4.40 所示。

类似问题有求高次方程的近似根。方法是给定一个初值，利用迭代公式求得新值，比较新值与初值的差，若小于所要求的精度，即新值为求得的根；否则用新值替代初值，再重复利用迭代公式求得新值。具体例子见实验篇实验 4 的第 11 题。

4.6　自主学习

4.6.1　自测四则运算

例 4.30　由计算机来当一年级的算术老师，要求自动产生一系列的 1~10 的操作数和运算符，学生输入该题的答案，计算机根据学生的答案判断正确与否，当结束时给出成绩，运行界面如图 1.4.41 所示。

分析：

① 为减少输入和增加试题内容的随机性，操作数和运算符通过随机函数 Rnd( )产生，操作数的范围是 1~10；运算符 1~4 分别代表+、−、×、÷。Rnd( )产生的数是在 0~1 的实数，为了产生 1~10 的整数作为操作数，可通过 Int(10 * Rnd + 1) 表达式实现，运算符产生同理。产生表达式通过 Form1_Load 事件。

② 当产生算术题后，学生在文本框输入计算结果后按 Enter 键，在图形框显示正确与否的结果。

③ 当单击"计分"按钮，计算机显示得分结果。

所以本题主要将随机函数、If 语句、Select 语句综合在一起使用。本例共需 4 个控件，有关控件属性设置见表 1.4.6。

控 件 名	主 要 属 性	说　　　明
Label1	Captiont = " "	显示产生的题目
Text1	Text = " "	输入计算结果，判断正确与否，并在 Picture1 显示
Button1	Caption = "计分"	最后计分
Picture1		显示题目、计算结果和正确与否

◀表 1.4.6
控件属性
设置

由于本例有 3 个事件过程，为便于事件过程中的数据共享，在事件过程前定义了窗体级变量：

```
Dim SExp$                    '存放产生的算术表达式
Dim Result!                  '计算机计算结果
Dim NOk%, NError%            '统计计算正确与错误数
Private Sub Form_Load( )
'通过产生随机数生成表达式
```

```
        Dim Num1% , Num2%                        ' 两个操作数
        Dim NOp% , Op As String * 1              ' NOp 操作符代码,Op 操作符
        Randomize                                ' 初始化随机数生成器
        Num1 = Int( 10 * Rnd + 1)                ' 产生 1~10 的操作数
        Num2 = Int( 10 * Rnd + 1)                ' 产生 1~10 的操作数
        NOp = Int( 4 * Rnd + 1)                  ' 产生 1~4 的操作代码
        Select Case NOp
          Case 1
            Op = "+"
            Result = Num1 + Num2
          Case 2
            Op = "-"
            Result = Num1 - Num2
          Case 3
            Op = "×"
            Result = Num1 * Num2
          Case 4
            Op = "÷"
            Result = Num1 / Num2
        End Select
        SExp = Num1 & Op & Num2 & "="
        Label1 = SExp
    End Sub
    '学生在文本框输入计算结果后按 Enter 键,在 Picture1 控件显示正确与否的结果
    Private Sub Text1_KeyPress( KeyAscii As Integer)
        If KeyAscii = 13 Then
          If Val( Text1) = Result Then
            Picture1. Print SExp; Text1; Tab( 10) ; "√ "     ' 计算正确
            NOk = NOk + 1
          Else
            Picture1. Print SExp; Text1; Tab( 10) ; "×"      ' 计算错误
            NError = NError + 1
          End If
          Text1 = ""                                         ' 下一个表达式生成
          Text1. SetFocus
          Form_Load
        End If
    End Sub
    '当单击"计分"按钮,计算机显示得分结果
    Private Sub Command1_Click( )
        Label1 = ""
        Picture1. Print "--------------------------------"
        Picture1. Print "一共计算 " & ( NOk + NError) & " 题";
```

Picture1. Print "得分:" & Int(NOk/(NOk + NError) ＊ 100)&"分"

    End Sub

运行该程序，自动执行 Form1_Load 事件生成一个题目。当在文本框输入结果后按 Enter 键，在 Picture1 控件显示正确与否的结果，并调用 Form1_Load 事件再生成下一个题目，依次重复，直到单击"计分"按钮后，显示计算结束和得分情况。运行结果如图 1.4.41 所示。

图 1.4.41 运行界面

4.6.2 交通灯控制小车行驶

例 4.31 在例 2.1 中，交通灯是由人工手动控制的，能否改为自动控制？可通过增加一个定时器控件，根据该控件的 Interval 属性实现"红""绿"两个状态自动切换，界面设计如图 1.4.42 所示。

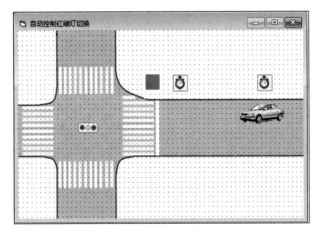

图 1.4.42 交通灯控制界面

分析：Timer1 控件控制车辆的行驶速度，Timer2 控件控制红、绿灯切换的频率。车辆行驶的规则和要求同例 2.1 没有改变。

程序代码如下：

```
Private Sub Form_Load( )
    Timer1. Interval = 100              '定时器 1 工作,控制小车每秒行驶 10 次
    Timer2. Interval = 10000            '定时器 2 工作,控制红绿灯切换
End Sub
Private Sub Timer2_Timer( )    '在 Timer2 控件的 Timer 事件按 Interval 节奏自动实现红绿灯切换
    If Label1. BackColor = RGB(0, 255, 0) Then
        Label1. BackColor = RGB(255, 0, 0)
    Else
        Label1. BackColor = RGB(0, 255, 0)
    End If
End Sub
```

```
Private Sub Timer1_Timer( )                    ' 在 Timer1 控件的 Timer 事件按 Interval 节奏小车行驶
    Dim L1 As Boolean, L2 As Boolean, L3 As Boolean
    L1 = Label1. BackColor = RGB(0, 255, 0)
    L2 = Image1. Left > Label1. Left + Label1. Width
    L3 = Image1. Left + Image1. Width < Label1. Left
    If L1 Or L2 Or L3 Then
        Image1. Left = Image1. Left − 50        ' 自右向左行驶
        If (Image1. Left + Image1. Width < 0) Then Image1. Left = Form1. Width        ' 超出窗体
    End If
End Sub
```

习　题

1. 结构化程序设计的 3 种基本结构是什么？
2. 指出下列赋值语句中的错误（包括运行时要产生的错误）。
   （1） 10x=Sin(x)+y
   （2） c=3+Sqr(−3)
   （3） c+x+y=c∗y
   （4） x=Sin(x)/(20 Mod 2)
3. MsgBox( )函数与 InputBox( )函数有什么区别？各自获得的是什么值？
4. 要使单精度变量 x，y，z 分别保留 1 位、2 位、3 位小数，并在窗体显示，使用什么函数？如何写对应的 Print 方法？
5. 语句
   If　表达式 Then…
   中的表达式可以是算术、字符、关系、逻辑表达式中的哪些？
6. 指出下列语句中的错误。
   （1） If x≥y　Then　Print x
   （2） If 10 <x<20　Then　x=x+20
7. 按照给出的条件，写出相应的条件语句。
   （1）当字符变量中第 3 个字符是 "C" 时，利用 MsgBox 显示 "Yes"；否则显示 "No"。
   （2）利用 If 语句、Select Case 语句两种方法计算分段函数：

$$y=\begin{cases} x^2+3x+2 & x>20 \\ \sqrt{3x}-2 & 10\leqslant x\leqslant 20 \\ \dfrac{1}{x}+|x| & 0<x<10 \end{cases}$$

   （3）利用 If 语句和 IIf( )函数两种方法求 3 个数 x,y,z 中的最大值，放入 Max 变量中。
8. 在多分支结构的实现中，可以用 If…Then…ElseIf…EndIf 形式的语句，也可以用 Select Case…End Select 形式的语句，由于后者的条件书写更灵活、简洁，是否完全可以取代前者？

9. 计算下列循环语句的执行次数。

（1）For　I＝-3　To　20　Step　4

（2）For　I＝-3.5　To　5.5　Step　0.5

（3）For　I＝-3.5　To　5.5　Step　-0.5

（4）For　I＝-3　To　20　Step　0

10. 下列 30~90 为语句标号，第 40 句共执行了几次？第 50 句共执行了几次？第 90 句语句显示的结果是多少？

```
30      For j = 1 To 12 Step 3
40          For k = 6 To 2 Step -2
50              mk = k
60              MsgBox("j=" &  j  & "k=" & k)
70          Next k
80      Next j
90      MsgBox("j=" &  j  & "k=" & k & "mk=" & mk)
```

11. 如果事先不知道循环次数，如何用 For … Next 结构来实现？

12. 利用循环结构，实现如下功能。

（1）$s=\displaystyle\sum_{i=1}^{10}(i+1)(2i+1)$

（2）统计 1~100 中，满足 3 的倍数、7 的倍数的数各有多少个？

（3）将输入的字符串以反序显示。例如，输入" ASDFGHJKL"，显示" LKJHGFDSA"。

13. 试说明 Continue 与 Break 的区别？

14. 下面程序运行后的结果是什么？该程序的功能是什么？

```
Private Sub Command1_Click( )
    Dim x$ , n%
    n = 20
    Do While n <> 0
        a = n Mod 2
        n = n \ 2
        x = Chr(48 + a) & x
    Loop
    Print x
End Sub
```

15. 下面程序运行后的结果是什么？该程序的功能是什么？

```
Private Sub Command1_Click( )
    Dim x%, y%, z%
    x = 242： y = 44
    z = x * y
    Do Until x = y
```

```
        If x > y Then x = x - y Else y= y - x
    Loop
    Print x, z / x
End Sub
```

16. 利用随机函数产生 20 个 50~100 的随机数，显示它们的最大值、最小值、平均值。

第 5 章
数组

　　字符串、数值型、逻辑型等数据类型都是简单类型，通过一个命名的变量来存取一个数据。然而，在实际应用中经常要处理同一性质的成批数据，有效的办法是通过数组来解决。根据数组存储的数据类型和界面的可视性，本章主要介绍数组、列表框和组合框控件、自定义类型及其数组以及控件数组。

　　在程序设计中，数组是一个非常重要的概念和组成部分，简化了大量数据的处理方法。可以说，程序设计中离开数组将寸步难行，掌握数组的概念、使用、常用算法很重要。

5.1　数组的概念

5.1.1　引例——统计成绩问题

例 5.1　若要求计算一个班 100 个学生的平均成绩，然后统计高于平均分的人数。

按以前简单变量的使用和循环结构相结合的方法，求平均成绩程序代码如下：

```
Sub Form_Click( )
    Dim aver!,mark%, i%
    aver = 0
    For i = 1 To 100
        mark = Val(InputBox("输入第"  & i  &  "位学生的成绩"))
        aver = aver + mark
    Next i
    aver = aver / 100
    MsgBox("平均分:" & aver)
End Sub
```

但若要统计高于平均分的人数，则无法实现。因为存放学生成绩的变量名 mark 是一个简单变量，只能放一个学生的成绩。在循环体内输入一个学生的成绩，就把前一个学生的成绩冲掉。若要统计高于平均分的人数，必须重新输入 100 人的成绩。这样带来以下两个问题：

① 输入数据的工作量成倍增加；

② 若本次输入的 100 个成绩与上次 100 个成绩不同，则统计的结果不正确。

若要保存 100 个学生的成绩，按简单变量的使用，必须逐一命名为 mark1，mark2，…，mark100；要输入 100 个学生的成绩，则要写 100 条输入语句；要计算平均分或其他的处理，则程序的编写工作量将更难以承受，解决的方法是利用数组。

用数组解决求 100 人的平均分和高于平均分的人数，程序代码如下：

```
Private Sub Form_Click( )
    Dim mark(1 To 100) As Integer       ' 数组声明,mark 数组有 100 个元素
    Dim aver!, n%, i%
    aver = 0
    For i = 1 To 100                     ' 本循环结构获得成绩,求成绩和
        mark(i) = Int(Rnd * 101)         ' mark(i)=Val(InputBox("输入第 " & i & " 位学生的成绩"))
        aver = aver + mark(i)
    Next i
    aver = aver / 100                    ' 求 100 人的平均分
    n = 0
    For i = 1 To 100                     ' 本循环结构统计高于平均分的人数
        If mark(i) > aver Then n = n + 1
    Next i
    Print
```

```
        Print "平均分:", aver, "高于平均分的人数:", n
    End Sub
```

说明：若使用语句 mark(i) = Val(InputBox("输入第" & i & "位学生的成绩"))提示输入的次序，输入时显示界面如图 1.5.1 所示。

利用 InputBox 输入，当数据量大时，对调试程序带来不便，以后对大量的数据输入，读者可根据题目的要求，通过随机函数产生一定范围内的数据，提高调试程序的效率。

本例使用 mark(i)= Int(Rnd * 101)语句，程序运行后结果如图 1.5.2 所示，可以看出平均分和高于平均分的人数均为 50 左右，这是因为 Rnd 随机数函数产生的数均匀分布在[0,1)内。

图 1.5.1 程序输入界面

图 1.5.2 利用随机数产生的运行结果

5.1.2 数组的概念

数组并不是一种数据类型，而是一组相同类型的变量集合。在程序中使用数组的最大好处是，用一个数组名代表逻辑上相关的一批数据，用下标表示该数组中的各个元素，和循环语句结合使用，使得程序书写简洁。

（1）数组声明

数组必须先声明后使用，声明数组名、类型、维数、数组大小；按声明时下标的个数确定数组的维数，VB 中的数组有一维数组、二维数组、多维数组。例 5.1 语句

```
        Dim mark(1 To 100) As Integer
```

声明了一个一维数组，该数组的名字为 mark，类型为整型，共有 100 个元素，下标范围为 1~100。

（2）数组元素

声明数组，仅仅表示在内存分配了一个连续的区域。在以后的操作中，一般是针对数组中的某个元素进行的。数组元素的形式为

数组名(下标 1 [,下标 2,…])

下标表示顺序号，每个数组元素有一个唯一的顺序号，下标不能超出数组声明时的上、下界范围。

一个下标，表示一维数组；多个下标，表示多维数组。下标可以是整型的常数、变量、表达式，甚至是一个数组元素。

例 5.1 数组 mark 声明后，各元素是 mark(1)，mark(2)，mark(3)，…，mark(100)。mark(i)表示由下标 i 的值决定是哪一个元素，但若 i 的值超出 1~100 的范围，则程序运行时会显示"下标越界"的出错信息。mark 数组内存分配如下：

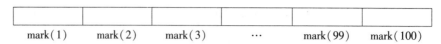

	mark(1)	mark(2)	mark(3)	…	mark(99)	mark(100)

数组元素的使用规则与同类型的简单变量相同。

在通常情况下，数组中的各元素类型必须相同，但若数组类型为 Variant 时，可包含不同类型的数据。

微视频：
数组的声明

5.2　数组声明

5.2.1　定长数组及声明

定长数组在数组声明后，在使用的过程中不能再改变数组的大小。

1. 一维数组

声明一维数组的形式如下：

Dim 数组名(下标) [As 类型]

其中

① 下标：必须为常数，不可以为表达式或变量。

② 下标的形式：[下界 To] 上界，下标下界最小可为−32 768，最大上界为 32 767，通常可省略下界，其默认值为 0。

③ 数组的大小：上界−下界+1。

④ As 类型：如果默认，与前述变量的声明一样，是变体类型数组。

Dim 语句声明的数组，实际上为系统编译程序提供了几种信息，即数组名、数组类型、数组的维数和各维大小。

例如

    Dim a(10) As Integer   ' a 为整型一维数组，有 11 个元素，下标范围 0~10
    Dim st(−3 To 5) As String * 3 ' st 为字符类型一维数组，有 9 个元素，下标的范围−3~5，
                                  ' 每个元素最多存放 3 个字符

2. 多维数组

一维数组是一个线性表。要表示一个平面、矩阵，需要用到二维数组。同样表示三维空间就需要三维数组，例如要存放一本书的内容就需要一个三维数组，分别以页、行、列号表示。

声明多维数组的形式如下：

Dim 数组名(下标 1[,下标 2,…]) [As 类型]

其中

① 下标个数：决定了数组的维数。

② 数组大小：各维数组大小的乘积。

例如，如下数组声明（如图 1.5.3 所示）：

    Dim a(5) As Integer   ' 6 个元素的一维数组是个线性表
    Dim b(5,3) As Integer   ' 有 6 行 4 列共 24 个元素的二维数组构成一个平面
    Dim c(2,5,3) As Single   ' 有 3 个平面,每个平面 24 个元素构成的有 72 个元素三维数组

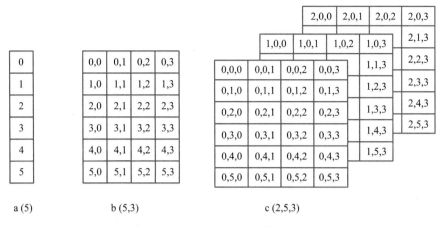

图 1.5.3　　一、二、三维数组图示

注意：

① 在 VB 中，数组下界默认为 0，为便于使用，在 VB 中的窗体级用 Option Base n 语句可重新设定数组的下界。例如 Option Base 1，设定默认下界为 1。

② Dim 语句中的下标只能是常量，不能是变量。例如，以下数组声明是错误的：

n = 10

Dim x(n) As Single

错误原因：n 是变量，定长数组声明中的下标不能是变量。

③ 在数组声明中的下标关系到每一维的大小，是数组说明符，它说明了数组的整体。而在程序其他地方出现的下标为数组元素，表示数组中的一个元素。两者写法相同，但意义不同。例如

Dim x(10) As Integer　　　　　　' 声明了 x 数组，默认为有 11 个元素

x(10) = 100　　　　　　　　　　' 对 x(10)这个数组元素赋值

5.2.2　动态数组及声明

对定长数组，系统在编译时根据声明语句声明的内容预先分配存储空间，在程序执行的过程中，存储空间大小是不能改变的，当程序执行结束后，系统回收分配的空间。

动态数组是指在声明数组时未给出数组的大小（省略括号中的下标），当要使用数组时，再用 ReDim 语句指出数组大小。使用动态数组的优点是可根据用户需要，有效地利用存储空间。

建立动态数组要分以下两个步骤：

① 用 Dim 语句声明数组，但不能指定数组的大小，语句形式为

Dim 数组名( ) As 数据类型

② 用 ReDim 语句动态地分配元素个数，语句形式为

ReDim 数组名(下标1[,下标2, …])

在例 5.1 中定长数组声明语句 Dim mark(1 To 100) As Integer，只能存放 100 个学生的成绩，多于 100 个学生成绩不能存放，少于 100 个学生成绩则浪费。若要存放若干个学生成绩，则利用动态数组方式：

```
Dim mark( ) As Integer
n = Val(InputBox("输入人数"))
ReDim mark(1 To n)
```

就可根据用户输入的实际人数 n 来分配 n 个数组元素的数组。

注意：

① Dim 语句是说明性语句，可以出现在程序的任何地方，而 ReDim 语句是可执行语句，只能出现在过程中。

② 在 Dim 语句声明中的下标只能是常量；在 ReDim 语句中的下标可以是常量，也可以是有确定值的变量。

③ 在过程中可多次使用 ReDim 语句来改变数组的大小，每次使用 ReDim 语句都会使原来数组中的值丢失，可以在 ReDim 保留字后加 Preserve 参数来保留数组中的数据，但使用 Preserve 只能改变最后一维的大小，前面几维大小不能改变。

例 5.2   编写一个程序，按每行 5 个数显示有 n 个数的斐波那契数序列。

分析：所谓斐波那契数序列，是意大利数学家斐波那契提出的兔子的繁殖规律问题。该序列如下：

1，1，2，3，5，8，13，21，…

从序列可以看出，除第 1、2 项为 1 外，其余各项为前两项和。

程序代码如下：

```
Private Sub Command1_Click( )
    Dim x( ) As Integer, n As Integer, i As Integer
    n = Val(InputBox("输入序列数"))
    ReDim x(1 To n)
    x(1) = 1
    x(2) = 1
    For i = 3 To n
        x(i) = x(i - 1) + x(i - 2)          ' 当前项为前两项和
    Next i
    For i = 1 To n
        Print x(i),
        If (i) Mod 5 = 0 Then Print
    Next
End Sub
```

程序运行后当输入 n 的值为 20 时，显示结果如图 1.5.4 所示。

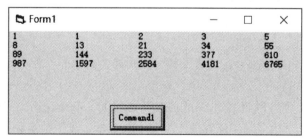

图 1.5.4   运行界面

5.3 数组的操作

5.3.1 数组的基本操作

数组是程序设计中最常用的数据结构类型,将数组元素的下标和循环语句结合使用,能解决大量的实际问题。请读者注意的是,数组定义时用数组名表示该数组的整体,但在具体操作时是针对每个数组元素进行的。

1. 数组元素的输入

一般通过 InputBox( )函数和 For 语句实现。例如对二维数组 b 按行的次序输入,程序段如下:

```
Dim   b(3,4)    As Single
For i = 0 To 3
        For j = 0 To 4
            ' 输入时显示:"输入 i, j 元素的值",其中 i,j 的值在变化,提醒用户输入
            b(i, j) = Val(InputBox("输入" & i &"," & j & "元素的值"))
        Next j
    Next i
```

当然,对于大量的数据输入,一般有两种方法:方法一是为便于编辑,用 TextBox 控件再加某些技术处理,见例 5.16;方法二是为保存数据采用第 8 章数据文件来获取。

2. Array( )函数为一维数组赋初值

Array( )函数的形式如下:

数组变量名= Array(常量列表)

功能:将常量列表的各项值分别赋值给一个一维数组的各元素。

数组变量名必须声明为 Variant 变体类型,该数组没有维数,也没有大小,作为数组使用;常量列表以逗号分隔。数组的下界和上界通过 LBound( )和 UBound( )函数获得。

例 5.3 对数组 x 赋初值,并显示,运行界面如图 1.5.5 所示。

```
Private Sub Form_Click( )
    Dim x, i As Integer            ' 或 Dim  x( ),i  As  Integer
    x = Array(1, 2, 3, 34, 65, 11)
    For i = LBound(x) To UBound(x)
        Print x(i);
    Next i
End Sub
```

注意: 对数组进行操作时,尤其调用 Array( )函数赋初值时,为通用起见,一般通过 LBound( )、UBound( )函数来确定其下标的下界和上界,形式为

LBound(数组名[,第 n 维]),UBound(数组名[,第 n 维])

对于一维数组,可省略第 2 个参数。

图 1.5.5　运行界面

3. 数组的输出

例5.4 生成 5×5 的方阵，分别输出方阵中各元素以及上、下三角元素，如图 1.5.6 所示。

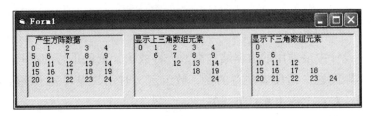

图 1.5.6 数组的产生与显示

分析：

① 从生成的 5×5 方阵中可看出的规律是：第一行的元素为 0~4，以后每一行是前一行对应元素增加 5。

② 在显示各元素时，为满足各元素的对齐，利用 Tab( ) 函数让每个元素占 5 列。

③ 要显示上三角，规律是每一行的起始列与行号相同，这只要控制内循环的初值。

④ 要显示下三角，规律是每一行的列数与行号相同，这只要控制内循环的终值。

因此，对应的程序代码如下：

```
Private Sub Form_Click( )
Dim sc%(4, 4)
    Picture1. Print "产生方阵数据"
    For i = 0 To 4
        For j = 0 To 4
            sc(i, j) = i * 5 + j                    '产生有规律的数据
            Picture1. Print Tab(j * 5); sc(i, j);   '每个数组元素输出占 5 列
        Next j
        Picture1. Print                             '换行
    Next i
    Picture2. Print "显示上三角数组元素"
    For i = 0 To 4
        For j = i To 4                              '内循环初值与外循环行号有关
            Picture2. Print Tab(j * 5); sc(i, j);
        Next j
        Picture2. Print                             '换行
    Next i
    Picture3. Print "显示下三角数组元素"
    For i = 0 To 4
        For j = 0 To  i                             '内循环终值与外循环行号有关
            Picture3. Print Tab(j * 5); sc(i, j);
        Next j
        Picture3. Print
    Next i
End Sub
```

思考：若输出不是在 Picture 控件中用 Print 方法，而是用 Label 或 TextBox 控件，要输出如图 1.5.6 所示的样式，程序代码如何改写？提示：因无法用 Tab( ) 函数，必须用 Space( ) 函数和 Len( ) 函数，请试一下。

4. 求数组最值（最大或最小值）、位置及交换数组元素

例 5.5 求一维数组中最小数组元素，并将最小数组元素与数组中第一个元素交换。

微视频：
数组求最值

分析：

① 在数组中求最小值方法类似于摆擂台：取第一个数为最小值（擂主）的初值，然后将数组中每一个数与最小值比较，若该数小于最小值，将该数替换为最小值。

② 最小值数组元素与第一个数组元素交换：这就要求在求最小值元素同时还得保留最小值元素的下标；最后再交换，如图 1.5.7 所示。

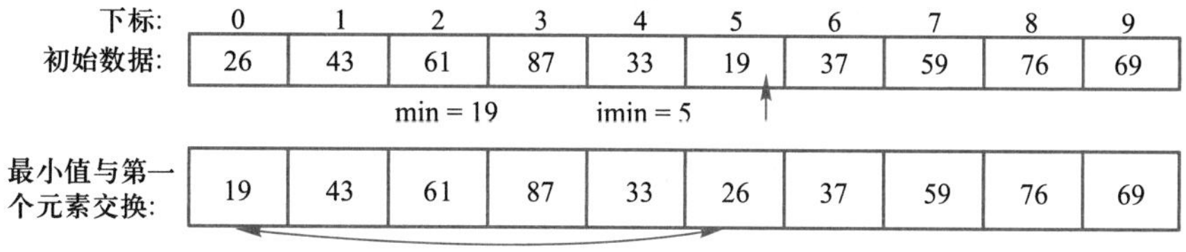

图 1.5.7 求数组中最小值元素并将其与第一个元素交换

程序代码如下：

```
Private Sub Command1_Click( )
    Dim a, i%, min%, imin%, t%
    a = Array(26, 43, 61, 87, 33, 19, 37, 59, 76, 69)
    min = a(0)：   imin = 0                    '假定 a(0)元素为最小值(擂主)
    For i = 1 To UBound(a)
      If a(i) < min Then min = a(i)：imin = i   '有比 min 小的元素则替换
    Next i
    t = a(0)：   a(0) = a(imin)：a(imin) = t  '出了循环，最小元素和第一个元素交换位置
    For i = 0 To UBound(a)
      Print a(i);
    Next i
End Sub
```

思考：若要求数组中各元素的和，程序如何实现？若要在数组中求最大值，程序又如何修改？

5.3.2 数组排序

排序是将一组数按递增或递减的次序排列，例如学籍管理时按学生的成绩、工资管理按职工工资、球赛时按积分等排序。排序的算法有许多种，常用的有选择法、冒泡法、插入法、合并排序等。

1. 选择法排序

选择法排序是最为简单且易理解的算法，基本方法基于例 5.5 求最值思想。假定有 *N* 个数的序列，要求按递增的次序排序，排序算法是：

① 从 N 个数中找出最小数的下标，出了内循环，最小数与第 1 个数交换位置；通过这一轮排序，第 1 个数位置已确定好。

② 在余下的 $N-1$ 数中再按步骤①的方法选出最小数的下标，最小数与第 2 个数交换位置。

③ 依此类推，重复步骤②，最后构成递增序列。

由此可见，数组排序必须用两重循环才能实现，内循环选择最小数下标，找到该数在数组中的有序位置；执行 $N-1$ 次外循环使 N 个数都确定了在数组中的有序位置。

若要按递减次序排序，只要每次选最大的数即可。

例 5.6 对已知存放在数组中的 6 个数，用选择法按递增顺序排序。排序进行的过程如图 1.5.8 所示。其中右边数据中有双下画线的数表示每一轮找到的最小数的下标位置，与欲排序序列中的最左边有单下画线的数交换后的结果。

微视频：
选择法排序

						原始数据	8	6	9	3	2	7
a(1)	a(2)	a(3)	a(4)	a(5)	a(6)	第 1 轮比较交换后	2	6	9	3	8	7
	a(2)	a(3)	a(4)	a(5)	a(6)	第 2 轮比较交换后	2	3	9	6	8	7
		a(3)	a(4)	a(5)	a(6)	第 3 轮比较交换后	2	3	6	9	8	7
			a(4)	a(5)	a(6)	第 4 轮比较交换后	2	3	6	7	8	9
				a(5)	a(6)	第 5 轮比较交换后	2	3	6	7	8	9

图 1.5.8　选择法排序过程示意图

程序代码如下：

```
Option Base 1
Private Sub Command1_Click( )
    Dim a( ), imin%, n%, i%, j%, t%
    a = Array(8, 6, 9, 3, 2, 7)
    n = UBound(a)                        '获得数组的下标上界
    For i = 1 To n - 1                   '进行 n-1 轮比较
      imin = i                           '对第 i 轮比较时,初始假定第 i 个元素最小
      For j = i + 1 To n                 '在数组 i+1~n 个元素中选最小元素的下标
        If a(j) < a(imin) Then imin = j
      Next j
      t = a(i)                           'i+1~n 个元素中选出的最小元素与第 i 个元素交换
      a(i) = a(imin)
      a(imin) = t
    Next i
    For i = LBound(a) To UBound(a)       '显示排序后的结果
      Print a(i);
    Next
End Sub
```

2. 冒泡法排序

冒泡法排序与选择法排序相似，选择法在每一轮中进行寻找最值的下标，出了循环将最值与应放位置的数交换位置；冒泡法排序在每一轮排序时将相邻两个数组元素进行比

较，次序不对时立即交换位置，出了内循环最值沉底。有 N 个数则进行 $N-1$ 轮上述操作。

假定有 N 个数的 a 数组，要求按递增的次序排序，冒泡法排序算法是：

① 从第一个元素开始，对数组中两两相邻的元素比较，即 a(1)与 a(2)比若为逆序，则 a(1)与 a(2)交换；然后 a(2)与 a(3)比，…，a(n-1)与 a(n)比较，这时一轮比较完毕，一个最大的数"沉底"，成为数组中的最后一个元素 a(n)，一些较小的数如同气泡一样"上浮"一个位置。

② 对 a(1)~a(n-1)的 n-1 个数进行同①的操作，次最大数放入 a(n-1)元素内，完成第 2 轮排序。依此类推，进行 n-1 轮排序后，所有数均有序，冒泡排序进行的过程如图 1.5.9 所示。

微视频：
冒泡法排序

						原始数据	8	6	9	2	3	7
a(1)	a(2)	a(3)	a(4)	a(5)	a(6)	第 1 轮比较	6	8	2	3	7	9
a(1)	a(2)	a(3)	a(4)	a(5)		第 2 轮比较	6	2	3	7	8	9
a(1)	a(2)	a(3)	a(4)			第 3 轮比较	2	3	6	7	8	9
a(1)	a(2)	a(3)				第 4 轮比较	2	3	6	7	8	9
a(1)	a(2)					第 5 轮比较	2	3	6	7	8	9

图 1.5.9　冒泡法排序过程示意图

例 5.7　对例 5.6 的问题用冒泡法排序来实现，程序代码如下，运行效果如图 1.5.10 所示。

图 1.5.10　冒泡法排序每一轮结果显示

```
Option Base 1
Private Sub Command1_Click( )
    Dim a( ),n%, i%, j%, t%
    a = Array(8, 6, 9, 3, 2, 7)
    n = UBound(a)                    '数组的下标上界
    Label1. Caption = " "
    For i = 1 To n - 1               '有 n 个数,进行 n-1 趟比较
        For j = 1 To n - i           '在每一趟比较对 n-i 个元素中两两相邻比较,大数沉底
            If a(j) > a(j + 1) Then
                t = a(j):a(j) = a(j + 1):a(j + 1) = t    '次序不对交换
            End If
        Next j
        For k = LBound(a) To UBound(a)                   '显示每轮结果
            Label1. Caption = Label1. Caption & a(k) & "   "
```

```
            Next k
            Label1. Caption = Label1. Caption & vbCrLf
        Next i
    End Sub
```

冒泡法比选择法最大的优点是：在冒泡法排序中，若某一轮比较过程中没有任何交换发生，则表示数组已经有序，排序过程可提前结束。当排序的数据很多，并且基本有序的情况下，可提高效率。

例如在本例中第 3 轮比较完后，数组已经有序了，可以不再进行以后轮的比较。如何判断其已经有序？可增加一个逻辑变量，在每一轮比较前设置其初值为 True，在比较中如果发生交换，其值改变为 False，出了该轮比较根据其逻辑值确定数组是否已经有序。

上面冒泡法程序修改如下，运行效果如图 1.5.11 所示。

```
    Option Base 1
    Private Sub Command1_Click( )
        Dim a( ),n%, i%, j%, t%, k%
        Dim flag As Boolean                '增加逻辑变量
        a = Array(8, 6, 9, 3, 2, 7)
        Label1. Caption = " "
        n = UBound(a)                      '获得数组的下标上界
        For i = 1 To n - 1                 '有 n 个数,进行 n-1 趟比较
            flag = True                    '每一轮比较前设置其值为 True,假定有序
            For j = 1 To n - i             '在每一趟对 n-i 个元素两两比较,大数沉底
                If a(j) > a(j + 1) Then
                    t = a(j):a(j) = a(j + 1):a(j + 1) = t   '次序不对交换
                    flag = False           '当该轮中发生交换,说明仍无序,设置为 False
                End If
            Next j
            If flag Then Exit For          '出了该轮比较,若为 True,即没有交换过,说明已有序
            For k = LBound(a) To UBound(a)            '显示每轮结果
                Label1. Caption = Label1. Caption & a(k) & "   "
            Next k
            Label1. Caption = Label1. Caption & vbCrLf
        Next i
    End Sub
```

图 1.5.11   改进冒泡法排序可减少循环次数

5.3.3　有序数组的维护

有序数组主要涉及数据的插入和删除，进行这些操作后，数组中的数据还是有序的。

1. 插入数据

在一组有序数据中，插入一个数，使这组数据仍旧有序。这种方法实质就是插入排序的基本方法。

假定有序数组 a 已按递增次序排列。插入的算法是：

① 首先要查找待插入数据在数组中的位置 k。

② 然后从最后一个元素开始往前直到下标为 k 的元素依次往后移动一个位置。

③ 第 k 个元素的位置腾出，将数据插入。

微视频：
数组的维护

例5.8　要在有序数组 a 中插入数值 x 为 14 的过程如图 1.5.12 所示。

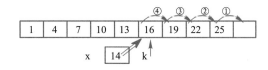

图 1.5.12　插入元素示意图

程序代码如下：

```
Private Sub Form_Click( )
    Dim a( ), i%, k%, x%, n%
    a = Array(1, 4, 7,10, 13, 16, 19,22,25)    ' 对有规律的数可以通过循环结构自动产生
    n = UBound(a)                              ' 获得数组的上界
    x = 14
    For k = 0 To n                             ' 查找欲插入数 x 在数组中的位置
        If x < a(k) Then Exit For
    Next k
    ReDim Preserve a(n + 1)                    ' 数组增加一个元素
    For i = n To k Step −1                      ' 数组元素后移一位,腾出位置
        a(i + 1) = a(i)
    Next i
    a(k) = x                                    ' 数 x 插入在对应的位置,使数组保持有序
    For i = 0 To n + 1                          ' 显示插入后的各数组元素
        Print a(i);
    Next i
End Sub
```

2. 删除数据

删除操作首先也是要找到欲删除的元素的位置 k，然后从 k+1 到 n 个位置开始向前移动，最后将数组个数减 1。

例5.9　要将值为 13 的元素删除，过程如图 1.5.13 所示。

程序代码如下：

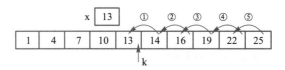

图 1.5.13　删除元素示意图

```
Private Sub Form_Click( )
    Dim a( ), i%, k%, x%, n%
    a = Array(1, 4, 7,10, 13, 14,16, 19,22,25)
    n = UBound(a)                ' 获得数组的上界
    x = 13
    For k = 0 To n               ' 查找欲删除的数组元素位置
        If x = a(k) Then Exit For
    Next k
    If k > n Then MsgBox ("找不到此数据"): Exit Sub
    For i = k + 1 To n           ' 将 x 后的元素左移
        a(i - 1) = a(i)
    Next i
    n = n - 1
    ReDim Preserve a(n)          ' 数组元素减少一个
    For i = 0 To n               ' 显示删除后的各数组元素
        Print a(i);
    Next i
End Sub
```

5.4　列表框和组合框控件

列表框和组合框控件实质就是一维字符数组，以可视化形式直观显示其列表项目（数组元素）。为了让读者进一步巩固数组的学习并便于结合控件的应用，在此介绍这两个控件。

微视频：
列表框和组合
框的常用方法

5.4.1　列表框

列表框控件（ListBox）是一个显示多个项目的列表，便于用户选择一个或多个列表项目，但不能直接修改其中的内容。图 1.5.14 是一个有 6 个项目的列表框（默认名称为 List1）。

1. 主要属性

列表框的主要属性见表 1.5.1。以图 1.5.14 为例说明各属性的意义。同时为便于理解列表框的属性和加深对数组的复习，在此利用对 a 数组赋初值的 Array 语句如下：

图 1.5.14　使用列表框
选择项目

　　a =Array("大学计算机基础","VB. NET 程序设计","C/C++程序设计", _
　　　　　"多媒体技术及应用","Web 技术及应用","软件开发技术基础")

这样使得 List1 控件与 a 数组存放相同的字符串内容，并通过表 1.5.1 最右侧列列出与列表框属性对应的关系。

属性	类型	说明及举例	数组对应项
List	字符串数组	存放列表项目值，第1个项目下标为0，例List1. List(0)	a
ListCount	整型	列表框中项目的总数，项目下标范围0~ListCount−1 例List1. ListCount 的值为6	UBound(a)+1
ListIndex	整型	程序运行时被选定的项目的序号，未选中则该值为−1 例List1. ListIndex 的值为2	i
Text	字符型	程序运行时被选定项目的文本内容 例List1. Text 值为"C/C++程序设计"	a(i)
Sorted	逻辑型	决定在程序运行期间列表框中的项目是否进行排序	编程实现

◀表 1.5.1
列表框主
要属性

注意：

① 要表示 List 数组的上界用 ListCount−1，而表示数组 a 的上界用 UBound(a)，两者不要混淆。

② 当程序运行时选中某列表项目时，要引用该项目可用两种形式表示为

　　List1. Text 或 List1. List(List1. ListIndex)

两种形式等价，都表示选中列表项目，前者书写简单，但后者在编辑项目时更有用。

　　例如，在图 1.5.15 所示的列表框中，若选定 "C/C++程序设计"，则 List1. ListIndex 为 2，List1. Text 与 List1. List(List1. ListIndex)均为 "C/C++程序设计"。

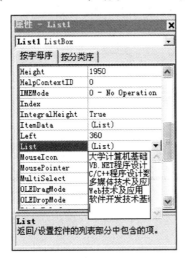

图 1.5.15　List 属性设置

③ 除了表 1.5.1 中列出的主要属性外，还有 Selected、MultiSelect 等属性，主要用于选中列表框多项时使用，本书不涉及，读者若要使用可查帮助系统。

2. 事件

列表框主要事件是 Click 和 DblClick。

3. 方法

列表框主要的方法有添加、删除项目和清除所有项目，其作用于 List 集合，见表 1.5.2。

方　　法	作　　用	举例及说明
AddItem 字符串［,索引值］	把字符串加入列表框作为最后一项；有索引值可选，字符串加入到由索引值决定的列表框中的位置，原位置的项目依次后移	List1. AddItem "英语",0 将"英语"加入 List1 控件的第 1 项，原有内容后移
RemoveItem 索引值	从列表框删除由索引值指定的项目	List1. RemoveItem 0 删除上面添加的第 1 项
Clear	清除列表框的所有项目内容	List1. Clear

▶表 1.5.2　列表框主要方法

例 5.10　列表框控件基本操作。要求：

①在 Form1_Load 事件中，首先清除列表框中所有项目，利用 AddItem 方法实现对列表框增加若干项目。

②单击列表框任意项目，在下方的标签显示选中的列表框项目和索引。

③"添加"新项目，将 Text1 控件输入的项目添加在列表框最后。

④"删除"项目，对选定的项目删除。

⑤"修改"不能直接对列表框内容修改，借助文本框分两次操作：将选定欲修改的项目通过"修改"按钮送入文本框；经修改后通过"修改确认"按钮修改选定的项目。为确保两次操作的连续性，通过设置按钮的 Enabled 属性。程序代码如下，运行效果如图 1.5.16 所示。

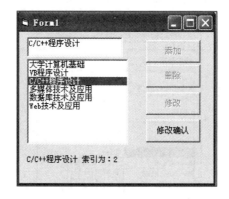

图 1.5.16　列表框基本操作

```
Private Sub Form_Load( )
    List1. Clear
    List1. AddItem "大学计算机基础"
    List1. AddItem "VB 程序设计"
    List1. AddItem "C/C++程序设计"
    List1. AddItem "多媒体技术及应用"
    List1. AddItem "数据库技术及应用"
    List1. AddItem "Web 技术及应用"
End Sub
Private Sub List1_Click( )    ' 选中某项目,在 Label1 显示内容和索引
```

```
        Label1 = List1. Text & "索引为:" & List1. ListIndex
    End Sub
    Private Sub Command1_Click( )    '添加新项目
        List1. AddItem Text1
        Text1 = " "
    End Sub
    Private Sub Command2_Click( )    '删除选中的项目
        If List1. ListIndex > -1 Then List1. RemoveItem List1. ListIndex
    End Sub
    Private Sub Command3_Click( )
        Text1. Text = List1. Text        '将选定项送文本框供修改
        Text1. SetFocus
        Command1. Enabled = False        '其他按钮不可操作
        Command2. Enabled = Falsc
        Command3. Enabled = False
        Command4. Enabled = True
    End Sub
    Private Sub Command4_Click( )    '将修改后的选项送回列表框,替换原项目,实现修改
        List1. List( List1. ListIndex) = Text1. Text
        Text1. Text = " "                 '修改完成,其他按钮可操作
        Command1. Enabled = True
        Command2. Enabled = True
        Command3. Enabled = True
        Command4. Enabled = False
    End Sub
```

5.4.2 组合框

组合框（ComboBox）兼有文本框和列表框两者的功能特性而形成的一种控件。它允许用户在文本框中输入内容，但必须通过 AddItem 方法将内容添加到列表框；也允许用户在列表框中选择项目，选中的项目同时在文本框中显示。

组合框的属性、方法和事件与列表框基本相同，见上节。在此仅说明列表框没有的主要属性 Style，其作用是有 3 种不同风格的形式，通过 Style 属性值 0~2 来确定，各项效果如图 1.5.17 所示。

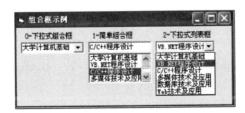

图 1.5.17 组合框 3 种形式示意图

① Style=0（默认）：下拉式组合框，由 1 个文本框和 1 个下拉列表框组成。单击下

拉箭头按钮，打开列表框，选中内容显示在文本框上。

② Style = 1：简单组合框。与下拉式组合框的区别是列表框不是以下拉形式显示的。

③ Style = 2：下拉式列表框。没有文本框，只能显示和选择，不能输入。

组合框在任何时候最多只能选取一个项目，因此列表框的 MultiSelect 和 Selected 属性在组合框中不可用。

例 5.11   编写一个使用屏幕字体、字号的程序。运行界面如图 1.5.18 所示。

图 1.5.18   运行界面

分析：

① 屏幕字体通过 Screen 对象的 Fonts 字符数组获得，数组元素个数由 Screen 对象的 FontCount 属性获得。

② 在组合框 Combo1 中显示字体样式，用户不能输入，故采用 Style = 2 为下拉式列表框。然后选择所需的字体，在标签控件中显示该字体效果。

③ 字号通过程序自动形成 6~40 磅值的偶数，在组合框 Combo2 中显示，用户可以输入单数磅值，故采用 Style = 0 为下拉式组合框。在组合框的文本框中可输入字号，也可在组合框中选择字号，改变标签控件显示该字号效果。

程序代码如下：

```
Private Sub Form_Load( )
    For i = 0 To Screen. FontCount – 1              '将字体添加到组合框
        Combo1. AddItem Screen. Fonts(i)
    Next i
    For i = 6 To 40 Step 2
        Combo2. AddItem i
    Next i
End Sub
Private Sub Combo2_KeyPress( KeyAscii As Integer)   '在组合框输入字号
    If KeyAscii = 13 Then
        Label4. FontSize = Combo2. Text
    End If
End Sub
Private Sub Combo1_Click( )                         '在组合框选中字体,标签的字体相应改变
    Label4. FontName = Combo1. Text
End Sub
Private Sub Combo2_Click( )                         '在组合框选中字号,标签的字号相应改变
    Label4. FontSize = Combo2. Text
End Sub
```

5.4.3　列表框和组合框的应用

1. 列表框的应用

例 5.12　随机产生 15 个 1~999 的数以递增有序存放在组合框中，并实现对组合框内数据的插入、删除等操作，使得列表框内数据还是有序的。这可通过利用列表框的属性和方法方便地实现，使得编程简洁。

分析：该例是对例 5.6~例 5.9 的数组排序、插入和删除等常用操作的综合应用。

① 有序。本例要求自动产生的是位数为 1~3 的数值，而列表框中存放的是字符串，Sorted 属性仅对字符数据按升序排列，因此，要对位数不同的数值数据转换成位数相同的数字字符数据，才能使得 Sorted 属性有效。

② 插入。首先找到待插入数据的位置，然后利用 AddItem 方法插入，系统自动将该位置及以后的数据项后移一位，在最后的标签显示当前的项目数。

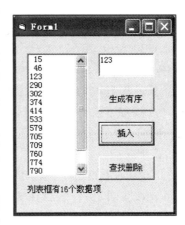

图 1.5.19　列表框应用实例

③ 删除。同样首先找欲删除的数据项，找到后利用 RemoveItem 方法删除该项，系统自动将该位置以后的数据前移一位，在最后的标签显示当前的项目数。

程序代码如下，运行界面如图 1.5.19 所示。

微视频：
列表框和组合框的使用

```
Private Sub Command1_Click( )          ' 形成有序的列表
  Dim i%, x%, s As String * 4
   For i = 1 To 15
     x = Int( Rnd * 999 + 1)
     s = Space( 3 - Len( Trim( x) ) ) & x     ' 1~3 位的数值转换成长度为 3 的字符串
     List1. AddItem s
`    Next i
End Sub
Private Sub Command2_Click( )          ' 插入
  Dim x%, k%
  x = Val( Text1)
  For k = 0 To List1. ListCount - 1          ' 查找欲插入数 x 在列表框中的位置
    If x < Val( List1. List( k) ) Then Exit For
  Next k
  List1. AddItem x, k                         ' 将 x 插入序号为 k 的位置
  Label1. Caption = "列表框有" & List1. ListCount & "个数据项"
End Sub
Private Sub Command3_Click( )          ' 查找删除数据
  Dim x%, k%
  x = Val( Text1)
  For k = 0 To List1. ListCount - 1          ' 列表框有 List1. ListCount 项
```

```
            If x = Val(List1. List(k)) Then List1. RemoveItem k      ' 找到则删除
        Next k
        Label1. Caption = "列表框有" & List1. ListCount & "个数据项"
    End Sub
```

2. 组合框的应用

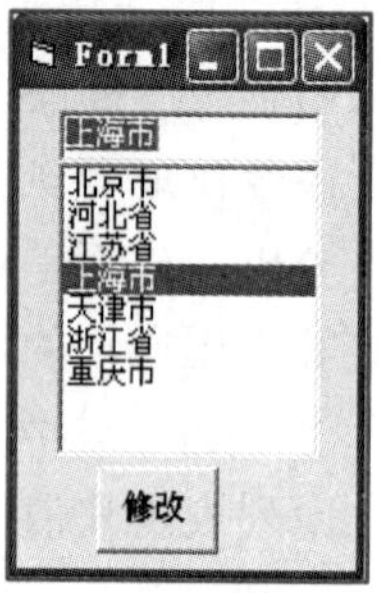

例 5.13　设计一个利用简单组合框对各省和直辖市名称维护的应用程序。要求：添加不重复的各省或直辖市名到组合框中，对不正确的名称可修改，以按汉字内码顺序有序显示。运行效果如图 1.5.20 所示。

分析：

① 有序显示只要将组合框的 Sorted 属性设置为 True。

② 添加不重复的省和直辖市名，涉及在组合框项目中查找与文本框输入的内容是否相同，通过 Find 变量决定是否找到，确定是否添加。

图 1.5.20　运行效果

③ 修改组合框中有错误的项目，首先选定欲修改的项目和保留该项目的索引（由 ListIndex 属性确定），然后在文本框中对该项目进行编辑，单击 "修改" 按钮写回到原位置。

程序代码如下：

```
    Dim pos%
    Private Sub Form_Load()
        Combo1. AddItem "上海市"                           ' 组合框添加初值
        Combo1. AddItem "北京市"
    End Sub
    Private Sub Combo1_KeyPress(KeyAscii As Integer)
    Dim i%, Find As Boolean
    If KeyAscii = 13 Then                                ' 按回车表示本项输入结束
        Find = False
        For i = 0 To Combo1. ListCount − 1               ' 从第 0 项到最后项依次查找
          If Combo1. Text = Combo1. List(i) Then Find = True   ' 若找到,状态变量 Find 为 True
        Next i
        If Not Find Then Combo1. AddItem Combo1. Text    ' 全部找过,没有重复,则添加
        Combo1. Text = ""
      End If
    End Sub

    Private Sub Combo1_Click()               ' 将选定项目的序号保存在窗体级变量 i 中
        pos = Combo1. ListIndex              ' 选定的项目同时在文本框显示
    End Sub
    Private Sub Command1_Click()             ' 将文本框修改后的内容更新列表框原位置的项目
        Combo1. List(pos) = Combo1. Text
    End Sub
```

5.5　自定义类型及其数组

数组能够存放一组性质相同的数据集合，例如，一批学生某门课的考试成绩、某些产品的销售量等。但若要同时表示学生的一些基本信息，例如姓名、性别、出生年月、电话号码、所在学校等若干项信息，由于每项信息的意义不同，数据类型也不同，但要同时作为一个整体来描述和处理，这种情况在 VB 中通过用户自定义类型来解决。

5.5.1　自定义类型

1. 自定义类型的定义

自定义类型，也可称为结构或记录类型，类似于 C 语言中的结构类型、Pascal 中的记录类型。VB 中自定义类型通过 Type 语句来实现，其格式如下：

Type 自定义类型名
　　元素名 1 As 数据类型名
　　　　…
　　元素名 *n* As 数据类型名
End Type

其中

① 元素名：表示自定义类型中的一个成员，可以是简单变量，也可以是数组说明符。

② 数据类型名：既可以是 VB 的基本数据类型，也可以是已经定义的自定义类型，若为字符串类型，必须使用定长字符串。

例如，以下定义了一个有关学生信息的自定义数据类型：

Type studType　　　　　　　' studType 为自定义类型名
　　Name As String * 5　　　' 姓名
　　Sex As String * 1　　　' 性别
　　Telephone As Long　　　' 电话
　　School As String * 10　' 学校
End Type

注意：自定义类型一般在标准模块内定义，默认为 Public；若在窗体模块的通用声明段内定义，前面必须加 Private；自定义类型不能在过程内定义。

2. 自定义变量的声明

一旦定义了自定义类型，就可在变量声明时使用该类型，其格式如下：

Dim 变量名 As 自定义类型名

例如，如下语句

　　　Dim Student As StudType，MyStud As StudType

声明了 Student、MyStud 为两个同种类型的自定义变量。

注意：

① 不要将自定义类型名和该类型的变量名混淆，前者表示如同 Integer、Single 等的类型名，后者 VB 根据该类型分配所需的内存空间，存储各成员数据。

② 区分自定义类型变量和数组的异同。相同之处它们都是由若干个成员（元素）组成；不同之处，前者的成员可代表不同性质、不同类型的数据，以各个不同的成员名表示；而数组一般存放的是同种性质、同种类型的数据，以下标表示不同的元素。

3. 自定义变量成员的引用

要引用自定义类型变量中的某个元素，形式如下：

自定义类型变量名 . 元素名

例如，要表示 Student 变量中的姓名、性别，则

　　　Student. Name , Student. Sex

4. With 语句的使用

为简化自定义类型变量中逐一元素引用的表示，可利用 With 语句，形式如下：

With　变量名

　语句块

End With

其中变量名一般是自定义类型变量名，也可以是控件名。

作用：With 语句可以对某个变量执行一系列的语句，而不用重复指出变量的名称。

例如，对 Student 变量的各元素赋值，然后再把各元素的值赋给同类型的 MyStud 变量，有关语句如下：

```
方法一    用 With 语句
With student
    . Name = "张华"
    . Sex = "男"
    . Telephone = 65981234
    . School = "同济大学"
End With

MyStud = Student        ' 同种类型变量直接赋值
```

```
方法二    不用 With 语句

student. Name = "张华"
student. Sex = "男"
student. Telephone = 65981234
student. School = "同济大学"
```

通过上述程序段看到：

① 在 With 变量名…End With 之间，可省略变量名，仅用点"."和元素名表示即可，这样可省略同一变量名的重复书写。

② 在 VB 中，也提供了对同种自定义类型变量的直接赋值，它相当于将一个变量中的各元素的值对应地赋值给另一个变量中的相应元素。

5.5.2　自定义类型数组及应用

自定义类型数组就是数组中的每个元素是自定义类型的，它在解决实际问题时很有用。

例5.14　利用上述定义的自定义类型，声明一个自定义类型数组，输入不超过100个学生的信息，显示全部信息和查询某学校的学生情况，程序运行效果如图 1.5.21 所示。

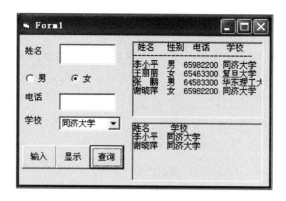

图 1.5.21　程序运行效果

分析：

（1）在标准模块定义自定义类型

```
Type StudType                          ' StudType 为结构类型名
    Name As String * 5                 ' 姓名
    Sex As String * 1                  ' 性别
    Telephone As Long                  ' 电话
    School As String * 10              ' 学校
End Type
```

（2）在窗体通用声明段声明窗体级自定义类型数组和变量 n

```
Dim stud(99) As StudType
Dim n%        '存放当前已输入的学生人数
```

stud 数组各元素及其成员表示见表 1.5.3。

	Name	Sex	Telephone	School
stud(0)	stud(0). Name	stud(0). Sex	stud(0). Telephone	stud(0). School
stud (1)	stud(1). Name	stud(1). Sex	stud(1). Telephone	stud(1). School
…	…	…	…	…
stud (i)	stud(i). Name	stud(i). Sex	stud(i). Telephone	stud(i) . School
…	…	…	…	…
stud (99)	stud(99). Name	stud(99). Sex	stud(99). Telephone	stud(99) . School

◀表 1.5.3
自定义类
型数组及数
组元素表示

（3）对"输入""显示""查询"3 个按钮事件进行处理

```
Private Sub Command1_Click()              '输入数据
    If n >= 100 Then                      '最多可接受 100 个人
        MsgBox ("输入人数超过数组声明的个数")
    Else
        With stud(n)
            . Name = Text1
```

```
            . Sex = IIf(Option1. Value, "男", "女")
            . Telephone = Text2
            . School = Combo1. Text    '下拉式列表框选中的内容赋值给 School 变量
        End With
        Text1 = "": Text2 = ""
        n = n + 1
      End If
    End Sub
    Private Sub Command2_Click()    '显示已输入学生的各项信息
      Dim i%
      Picture1. Cls
      Picture1. Print "姓名    性别    电话      学校"
      Picture1. Print "---------------------------"
      For i = 0 To n - 1
        With stud(i)
            Picture1. Print Trim(. Name); Tab(9); . Sex; Tab(12); . Telephone; Tab(22); . School
        End With
      Next i
    End Sub
    Private Sub Command3_Click()     '查询某学校的学生
      Dim TSchool As String, i%
      Picture2. Cls
      TSchool = InputBox("请输入欲查询的学校")
      Picture2. Print "姓名      学校 "
      For i = 0 To n - 1
        If Trim(stud(i). School) = Trim(TSchool) Then
            Picture2. Print stud(i). Name; stud(i). School
        End If
      Next i
    End Sub
```

5.6 综合应用

　　本章介绍了数组的概念和基本操作、列表框和组合框控件、自定义类型。数组用于保存相关的成批数据，它们共享了一个名字（数组名），用不同的下标表示数组中的某个元素。要使用数组必须加声明：数组名、类型、维数、大小；也可通过 ReDim 语句重新声明数组的大小，在使用时利用 LBound()、UBound() 函数可测定数组的下界、上界，避免出现"下标越界"的出错信息。列表框和组合框控件实质是可视化的一维字符数组（List 属性），利用系统提供的属性和方法可方便地进行添加、删除、修改等数据维护操作和方便地使数据有序。自定义类型描述相互有关联的各数据项，自定义类型数组实质就是存储一组记录。

　　在程序设计中，使用最多的数据结构是数组，离开数组，程序的编制会很麻烦，也难以发挥计算机的特长。循环和数组结合使用，可简化编程的工作量，但必须要掌握数组的下标与循环变量之间的关系，也是学习中的难点；熟练掌握数组的使用，是学习程序设计课程的重要组成部分。

下面通过一些综合应用例子，巩固所学的知识。

1. 分类统计

分类统计是将一批数据按分类的条件统计每一类中包含的个数。例如，学生成绩按优、良、中、及格、不及格五类，统计各类的人数；职工按各职称分类统计等。这类问题一般要掌握分类的条件表达式的书写和各类中计数器变量的使用。

微视频：
分类统计

例 5.15 现要求输入一串字符，统计各字母出现的次数（大小写字母不区分），并对出现的字母显示其出现的次数，每行显示 5 项；最后显示出现不同的字母数和总字母数，效果如图 1.5.22 所示。

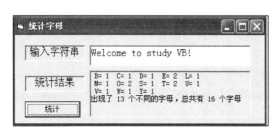

图 1.5.22　运行效果

分析：

① 统计 26 个字母出现的次数，必须声明一个具有 26 个元素的数组，每个元素的下标表示对应的字母，元素的值表示对应字母出现的次数，如图 1.5.23 所示。

② 本例中当 Text1 文本框中输入结束按 Enter 键时，通过 Text1_KeyPress 事件驱动，进入统计。

③ 统计方法：从输入的字符串中逐一取出字符，转换成大写字符（使得大小写不区分），求其编码码值，对应的数组下标计数。

④ 显示结果：对出现的字母显示各字母和次数，控制每行显示 5 项，最后显示统计结果。

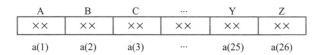

图 1.5.23　字母与数组下标关系

程序代码如下：

```
Private Sub Text1_KeyPress(KeyAscii As Integer)
Dim a(1 To 26) As Integer, c As String * 1
Dim le As Integer, sumc As Integer, i As Integer, j As Integer
If KeyAscii = 13 Then
  le = Len(Text1)                          '求字符串的长度
```

```
For i = 1 To le
  c = UCase(Mid(Text1, i, 1))          ' 取一个字母,转换成大写
  If c >= "A" And c <= "Z" Then
    j = Asc(c) - 65 + 1                 ' 将 A~Z 大写字母转换成 1~26 的下标
    a(j) = a(j) + 1                     ' 对应数组元素加 1
  End If
Next i
j = 0
For i = 1 To 26                        ' 输出字母及其出现的次数
  If a(i) > 0 Then
    sumc = sumc + a(i)
    j = j + 1
    Picture1.Print " "; Chr $(i + 64); "="; a(i);
    If j Mod 5 = 0 Then Picture1.Print
  End If
Next i
Picture1.Print
Picture1.Print "出现了"; j; "个不同的字母,总共有"; sumc; "个字母"
  End If
End Sub
```

2. 大量数据的输入和编辑

在财务、工程计算中,经常需要对大量的数据进行输入和编辑。在前面的学习中,一般利用文本框或 InputBox() 函数输入,但它们有共同的缺点是,每次输入一项,只适合少量数据输入;不易对输入数据的合法性检验,一旦输入错误则不能编辑。这是财务、工程应用中经常要解决的问题。为此,可利用文本框通过编程来实现编辑功能。

例 5.16 输入一系列的数据,输入结束将它们按分隔符分离后存放在数组中。对输入的数据允许修改和自动识别非数字数据。

分析:解决此问题的方法是先利用文本框实现大量数字串的输入、非法数据的过滤和编辑的功能。再将输入的内容按规定的分隔符分离后,放到数组中。同时也为了说明 VB 提供的函数功能,将分离的数据进行连接。具体要求完成如下功能。

① 在 Text1 文本框输入数据时,去除非法数字,只允许输入 0~9、小数点、负号为有效数字串,逗号为分隔符。

② 输入结束时利用 Replace() 函数去除重复输入的分隔符(只考虑两次重复的分隔符),对文本内容利用 Split() 函数按分隔符分离,放到数组中,并在 List1 列表框中显示。

③ 对分离的结果利用 Join() 函数连接,在 Label4 标签中显示。

程序运行界面如图 1.5.24 所示,程序代码如下:

```
'输入的内容以逗号为分隔符分离,结果放入 a 字符数组中
Option Explicit
Dim a() As String
Private Sub Text1_KeyPress(KeyAscii As Integer)
  Dim Stra As String, S As String * 1
```

```
        S = Chr(KeyAscii)
        Select Case S
            Case "0" To "9", ",", ".", "-"   ' 0~9,逗号,负号,小数点为有效数字串,可以继续输入
            Case Else                        ' 输入非数字字符,去除非法字符,再输入
                KeyAscii = 0
        End Select
    End Sub
    Private Sub Command1_Click( )
        Dim temp As String
        Dim i As Integer
        temp = Replace(Text1, ",,", ",")  ' 去除出现的连续分隔符
        a = Split(temp, ",")   ' 将文本框内的内容以逗号为分隔符分离,结果放入 a 字符数组中
        For i = 0 To UBound(a)              ' 在列表框显示分离的各元素
            List1.AddItem a(i)
        Next i
    End Sub
    Private Sub Command2_Click( )       ' 将数组 a 中各元素合并,以空格为分隔符放入 Text2 中
        Text2 = Join(a, " ")
    End Sub
```

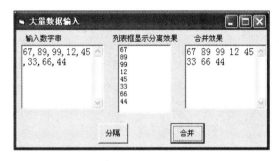

图 1.5.24 数据的输入、分离与连接综合例

注意: Split( )函数返回的是字符串数组,数组的上界通过 UBound( )函数获得。

5.7 自主学习

5.7.1 控件数组

控件数组是由一组具有相同类型的控件组成的,它们共用一个控件名,共享事件过程,通过索引号(Index)属性标识和区分控件数组中的每个控件对象。

1. 控件数组的建立

控件数组的建立一般在设计时建立,也可在程序运行期间动态建立。本书介绍设计时建立的方法。

① 在窗体上添加所需的控件并进行属性设置。

② 对该控件先执行"复制"命令，然后执行"粘贴"命令，在弹出的对话框显示是否要建立控件数组，选择"是"则建立了具有两个元素的控件数组。

③ 执行若干次"粘贴"命令，就可建立所需个数的控件数组元素。

此时，可以选择某个控件数组元素，观察其在属性窗口的 Index 属性值（范围为 0~个数−1）。例如通过上述方法建立了控件数组 Command1 的 4 个命令按钮，Index 的值为 0~3。

表示某个控件数组元素如同一般数组，即控件数组名（索引号），如 Command1 （3）就表示控件数组中的第 4 个命令按钮。

2. 控件数组共享事件过程

使用控件数组的目的主要是为了共享事件，减少事件过程。例如，对上面建立的控件数组 Command1，当单击任意一个命令按钮时都会调用如下事件过程：

```
Private Sub Command1_Click(Index As Integer)
    …
End Sub
```

程序中通过参数 Index 确定用户单击哪个按钮，这时在对应的过程中进行有关的编程。例如

```
Private Sub Command1_Click(Index As Integer)
    Select Case Index
        Case 0
            '第一个命令按钮
        Case 1
            '第二个命令按钮
            …
    End Select
End Sub
```

5.7.2　控件数组的应用

例 5.17　利用控件数组模拟电话拨号程序，运行界面如图 1.5.25 所示。

要求：按任意一个数字，在文本框中显示，最多可拨 11 位数字字符。单击"重拨"按钮，重新显示原来所拨的号码。

利用上面介绍控件数组建立的过程，建立 Command1，索引为 0~9 对应 0~9 按钮；Command2、Command3 分别为"重拨""清屏"按钮；Timer1 控件为"重拨"服务。

程序代码如下：

```
Dim No As String, i As Integer
Private Sub Command1_Click(Index As Integer)    ' 拨号
    Text1.Text = Text1.Text & Index
End Sub
```

图 1.5.25　运行界面

```
    Private Sub Command2_Click( )                    ' 重拨
       No = Text1. Text
       Text1. Text = " "
       i = 1
       Timer1. Interval = 200
       Timer1. Enabled = True
    End Sub
    Private Sub Timer1_Timer( )
       Text1. Text = Text1. Text & Mid( No, i, 1)
       i = i + 1
       If i > Len( No) Then Timer1. Enabled = False
    End Sub
    Private Sub Command3_Click( )
       Text1. Text = " "
    End Sub
```

进一步思考：若要实现计算器功能，程序如何实现?

习 题

1. 在 VB 中，数组的下界默认为 0，可以自己定义成 1 吗?

2. 要分配存放 12 个元素的整型数组，下列数组声明（下界若无，按默认规定）哪些符合要求?

（1）n=12
   Dim a(1 To n) As Integer

（2）Dim a%( )
   n=11
   ReDim a(n)

（3）Dim a% [2,3]

（4）Dim a(1,1,2) As Integer

（5）Dim a%(10)
   ReDim a(1 To 12)

（6）Dim a! ( )
   ReDim a(3,2) As Integer

（7）Dim a%(2,3)

（8）Dim a(1 to 3 1 to 4) As Integer

3. 程序运行时显示"下标越界"可能产生的错误有哪几种情况? 在访问数组中的元素时，如何防止出现此类错误?

4. 某学校有 10 栋宿舍，每栋 6 层，每层 40 个房间。为方便管理宿舍，唯一地表示某房间，用几维数组? 如何声明?

5. 已知下面的数组声明，写出它的数组名、数组类型、维数、各维的上下界、数组的大小，并按行的顺序列出各元素。
   Dim a(−1 To 2,3) As Single

6. 声明一个一维字符类型数组，有20个元素，每个元素最多放10个字符，
   要求：
   （1）由随机数形成小写字母构成的数组，每个元素的字符个数由随机数
        产生，范围1~10。
   （2）要求将生成的数组分4行显示。
   （3）显示生成的字符数组中字符最多的元素。
7. 简述列表框和组合框的异同处。
8. 表示列表框或组合框中选中的项目、总项目数的属性分别是什么？
9. 简述自定义类型与自定义变量的区别。

第6章
过程

　　前面几章的学习中，大家对 VB 应用程序是由事件过程组成的都非常熟悉了，也了解了在 VB 程序中，调用系统定义好的内部函数（标准函数）可提高应用程序开发的效率。

　　在实际应用中，用户除了需要调用系统提供的内部函数外，当遇到多次使用一段相同的程序代码，但又不能简单地用循环结构来解决时，就需要用户自定义过程，供事件过程调用。例如在例 1.1 中，"手动"和"自动"都是要移动文字，通过编写的 MyMove 过程分别调用。使用过程的好处是减少重复工作，使得程序简练和可读性好，便于程序调试和维护。

　　在 VB 中，自定义过程主要有下面两种：

　　① 以"Sub"保留字开始的为子过程，完成一定的操作功能，子过程名无返回值。

　　② 以"Function"保留字开始的为函数过程，用户自定义的函数，函数名有返回值。

6.1 函数过程

6.1.1 引例——求多边形面积

例6.1 已知多边形的各条边和对角线的长度，计算多边形的面积，如图 1.6.1 所示。

分析：要计算任意多边形面积，没有现成的公式。可将有 n 条边的多边形分解成 $n-2$ 个三角形，对每个三角形利用海伦公式求得面积。对图 1.6.2 所示的三角形，已知三条边的边长 x, y, z，求其面积的海伦公式如下：

$$Area = \sqrt{c(c-x)(c-y)(c-z)}, \quad c = \frac{1}{2}(x+y+z)$$

其中 c 为三角形周长的一半。

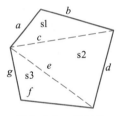

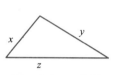

图 1.6.1　多边形　　　　图 1.6.2　三角形

计算图 1.6.1 所示的多边形面积，实际是求 3 个三角形的面积和，使用的公式相同，不同的仅仅是边长。因此首先定义一个求三角形面积的函数过程，然后像调用内部函数一样多次调用。程序代码如下：

```
'定义计算三角形面积的函数过程,此处的 x、y、z 没有值,仅代表三角形三条边的边长
Function Area (ByVal x!, ByVal y!, ByVal z!) As Single
    Dim c!
    c = (x + y + z)/2
    Area = Sqr (c * (c-x) * (c-y) * (c-z))
End Function
' 在事件过程中输入数据,分别调用计算三角形面积的函数过程,然后显示总面积
Sub Form_Click()
    Dim a!, b!, c!, d!, e!, f!, g!, s1!, s2!, s3!
    a = InputBox("输入 a") : b = InputBox("输入 b") : c = InputBox("输入 c")
    d = InputBox("输入 d") : e = InputBox("输入 e") : f = InputBox("输入 f")
    g = InputBox("输入 g")
    s1 = Area(a, b, c)        ' 调用 Area 函数,求 s1 三角形面积
    s2 = Area(c, d, e)        ' 调用 Area 函数,求 s2 三角形面积
    s3 = Area(e, f, g)        ' 调用 Area 函数,求 s3 三角形面积
    MsgBox ("多边形面积=" & s1 + s2 + s3)
End Sub
```

从例6.1可看出,对于重复使用的程序段,可以自定义一个过程,多次调用。

6.1.2 函数过程的定义和调用

微视频:
函数过程的
定义和调用

1. 函数过程的定义

在窗体、模块或类等模块的代码窗口中把插入点放在所有过程之外,直接输入函数过程。

自定义函数过程的形式如下:

[Public|Private] Function 函数过程名([形参列表])[As 类型]

    局部变量或常数定义 ⎫

    语句块 ⎬ 函数过程体

    函数过程名=表达式 ⎭

End Function

其中

① Public 表示函数过程是全局的、公有的,可在程序的任何模块中引用;Private 表示函数是局部的、私有的,仅供本模块中的其他过程引用。若默认表示全局的。

② As 类型:函数过程返回值的类型。

③ 形参列表:指明参数类型和个数,其中每个参数的形式为

[ByVal | ByRef] 形参名[()] [As 类型]

形参名简称形参或哑元,只能是变量或数组名(这时要加"()",表示是数组),用于在调用该函数时的数据传递;若无形参,形参两旁的括号不能省。

形参名前的[ByVal|ByRef]是可选的,默认为 ByRef,表示形参是地址传递的;加 ByVal 关键字,则形参是值传递。相关概念在6.3节介绍。

在例6.1中,定义了一个求三角形面积的函数过程,函数过程名为 Area,用于存放三角形的面积,类型为单精度数;该函数有3个自变量即形参,分别为 x、y、z,也为单精度类型;形参没有值,只代表了参数的个数、类型和位置。在用户调用 Area 函数过程时,将具体的值(实参)代替形参,通过执行过程体,就可获得函数的结果。

例 6.2 编写一个求最大公约数的函数过程。

分析:求最大公约数的算法在第4章的循环结构中已经介绍,如例4.20。本题关键是如何构建函数过程头,包括函数名、参数等。搞清楚解该问题要获得的数据有几个?进行什么处理?处理的结果是什么?如下代码左边是例4.20求最大公约数的程序,右边是求最大公约数的函数过程。

```
' 求最大公约的程序
Sub   Command1_Click
    Dim m%, n%, r%, t%
    m = Val(InputBox("输入 m"))
    n = Val(InputBox("输入 n"))
    If m < n Then t = m: m = n: n = t
    r = m Mod n
    Do While (r <> 0)
```

```
' 求最大公约的函数过程
Function gcd%(ByVal m%, ByVal n%)
    Dim r%, t%
    If m < n Then t = m: m = n: n = t
    r = m Mod n
    Do While (r <> 0)
        m = n: n = r: r = m Mod n
    Loop
```

```
        m = n : n = r : r = m Mod n          gcd = n
    Loop                                  End Function
    Print "最大公约数是" & n
End Sub
```

对比上述可以看出，一般程序的结构和函数过程结构的区别如图 1.6.3 所示。

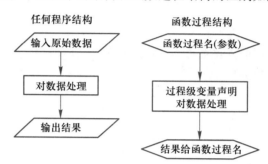

图 1.6.3　程序结构和函数过程结构的对比

2. 函数过程的调用

函数过程的调用同前面大量使用的内部函数调用相同，其格式如下：

函数过程名([实参列表])

其中实参列表（实际参数）是传递给函数过程的变量或表达式。

由于 VB 是事件驱动的运行机制，对自定义过程的调用一般是由事件过程调用的。下面的事件过程调用了例 6.2 求最大公约数的函数过程。

```
Sub Form_Click( )
    Dim x%, y%, z%
    x = 124：y = 24
     z = gcd(x, y)
    MsgBox("最大公约数是" & z)
End Sub
```

调用时，由于函数过程名返回一个值，故函数过程不能作为单独的语句加以调用，必须作为表达式或表达式中的一部分，再配以其他的语法成分构成语句。

程序执行的流程如图 1.6.4 所示。

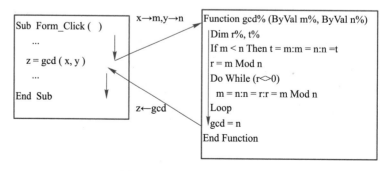

图 1.6.4　调用过程执行流程

① 当在事件过程 Form_Click 中执行到调用 gcd 函数过程时，事件过程中断，系统记住返回的地址，实参和形参结合。

② 执行 gcd 函数过程体，当执行到 End Function 语句时，函数过程名带着值回到主调程序 Form_Click 中断处，继续执行，这时将函数的值赋值给 z 变量。

③ 继续执行余下的语句，直到 End Sub。

例 6.3　编写一个函数，统计字符串中汉字的个数。主调程序在文本框中输入字符串，并调用该函数，运行界面如图 1.6.5 所示。

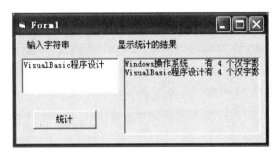

图 1.6.5　运行界面

分析：在 VB 中，字符以 Unicode 码存放，每个西文字母和汉字字符占两个字节。区别是汉字的机内码最高位为 1，若利用 Asc( ) 函数求其码值小于 0（数据以补码表示），而西文字符的最高位为 0，Asc( ) 函数求其码值大于 0。因此完成该功能的函数过程如下：

```
Function CountC%(ByVal s $)
    Dim i%, t%, k%, c $
    For i = 1 To Len(s)
        c = Mid(s, i, 1)                  '取一个字符
        If Asc(c) < 0 Then k = k + 1      '汉字数加 1
    Next i
    CountC = k
End Function
Private Sub Command1_Click( )
    Dim c1%
    c1 = CountC(Text1.Text)              '调用 CountC 函数
                                          '在 Picture1 中显示每个字符串中统计的结果
    Picture1.Print Text1; Tab(20); "有"; c1; "个汉字数"
End Sub
```

6.2　子过程

6.2.1　引例——显示圣诞树

通过上述几例可以看到使用函数过程给编程带来了很多优点。但在编写过程时，有时不是为了获得某个函数值，而是为了某种功能的处理，例如，第 1 章的例 1.1 进行控件

的移动，或者要获得多个结果等，则使用函数过程有些不便，可使用子过程。

例6.4 编写一个子过程，在窗体上任意位置显示任意行的三角形图案。调用子过程，显示出一棵圣诞树，如图1.6.6所示。

分析：该过程不是为了计算获得某个结果，而是要显示图案，用子过程比较直观；在窗体上显示的起始列 Star 和三角形行数 Line 作为子过程的参数，这样可满足任意位置、任意行的要求。程序代码如下：

图1.6.6　运行界面

```
'显示三角形图案子过程
Sub Draw(ByVal Star%, ByVal Line%)
    Dim i As Integer
    For i = 1 To Line
        Print Tab(Star-i); String(I, "▲")
    Next i
End Sub
'事件过程调用 Draw 子过程,显示圣诞树
Private Sub Command1_Click()
    Dim i As Integer
    For i = 1 To 3          '3次调用绘三角形图案子过程,显示不同大小的图案
        Call Draw(10, 2 +i)
    Next
    For i = 1 To 5          '显示树干
        Print Tab(10 - 2); "■■"
    Next
End Sub
```

由此可见，子过程名 Draw 没有值，仅进行显示三角形图案功能的处理。

思考：若要绘制任意字符而不是"▲"字符的图案，Draw 子过程的参数如何修改？

6.2.2　子过程的定义和调用

1. 子过程的定义

子过程定义的方法同函数过程，其格式如下：

[Public|Private] Sub 子过程名([形参列表])

　　　局部变量或常数定义 ⎫
　　　　　　　　　　　　　　⎬过程体
　　　语句块　　　　　　　　⎭

End Sub

微视频：
子过程的定义和调用

其中子过程名、形参列表同函数过程中对应项的规定，但当无形参时，括号不能省略。

与函数过程的区别及注意事项：

① 把某功能定义为函数过程还是子过程，没有严格的规定。一般若程序有一个返回值时，函数过程直观；当过程无返回值或有多个返回值时，习惯用子过程。

② 函数过程有返回值，过程名也就有类型。同时在函数过程体内必须对函数过程名赋值。子过程名没有值，过程名也就没有类型；同样不能在子过程体内对子过程名赋值。

③ 形参个数的确定。形参是过程与主调程序交互的接口，从主调程序获得初值，或将计算结果返回给主调程序。不要将过程中所有使用过的变量均作为形参。例 6.1 中形参 x、y、z 是计算三角形面积必须要的初值；变量 c 用于存放计算三角形半周长，局部使用，不应作为形参。形参没有具体的值，只代表了参数的个数、位置、类型。

④ 在函数过程体中可以有 Exit Function 语句、在子过程中可有 Exit Sub 语句，分别表示提前退出函数过程或子过程，返回主调程序；一般没有此两条 Exit 语句，表示执行到过程结束语句 End Function 或 End Sub 语句，返回主调程序。

2. 子过程的调用

子过程的调用是一条独立的调用语句，有两种形式：

Call 子过程名［（实参列表）］

子过程名［实参列表］

注意：

① 若实参要获得子过程的返回值，则实参只能是变量（与形参同类型的简单变量、数组名、自定义类型变量），不能是常量、表达式，也不能是控件名。

② 调用时若用第 2 种方式，省略了 Call，则实参列表两边不要加括号。例如例 6.4 的调用：

      Call Draw(10, 2 +i)　　调用等价于　　Draw 10, 2 + i

例 6.5　分别编写统计字符串 S 中定冠词"the"出现的个数的子过程和函数过程，并分别调用，运行界面如图 1.6.7 所示。

图 1.6.7　两种过程统计定冠词个数的运行界面

分析：

① 统计定冠词出现的个数，实际就是在字符串中利用 InStr 函数找子串，若 InStr 函数的返回值 i>0，统计个数增 1，如图 1.6.8 所示。然后利用 Mid 函数获取"the"后的那部分子字符串，再利用 InStr 继续找，直到 i=0 结束。

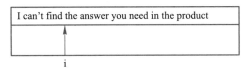

图 1.6.8　查找子串示意图

② 对同一问题定义两种过程时，只要抓住函数过程和子过程的区别，即函数名有一个值、子过程名无值的特点。这样当定义好函数过程后，要改为子过程，只要将函数过

程的返回结果作为子过程的形参即可，即在子过程中增加一个参数；反之亦然。

两种过程分别定义如下：

```
' 用函数过程实现                          ' 用子过程实现,统计个数 Count 作为参数带回
                                            结果
Function FuncThe( ByVal s $)            Sub ProcThe( ByVal s $, ByRef Count%)
    Dim Count%, i%, st $                   Dim i%, st $
    Count = 0                              Count = 0
    st = Trim( s)                          st = Trim( s)
    i = InStr( st, "the ")                 i = InStr( st, "the ")
    Do While i > 0      ' 当 i>0 说明找到   Do While i > 0
        Count = Count + 1  ' 统计个数加 1      Count = Count + 1
        st = Mid( st, i + 1) ' 为找下一个准备   st = Mid( st, i + 1)
        i = InStr( st, " the ")               i = InStr( st, "the ")
    Loop                                   Loop
    FuncThe = Count                     End Sub
End Function                           '调用子过程
'调用函数过程                            Private Sub Command2_Click( )
Private Sub Command1_Click( )             Dim n%
    Label3. Caption = FuncThe( Text1. Text)   Call ProcThe( Text1. Text, n)
End Sub                                    Label4. Caption = n
                                        End Sub
```

从上例中，读者可以区分子过程和函数过程的异同，便于快速掌握。

微视频:
参数传递

6.3 参数传递

在调用过程时，一般主调过程与被调过程之间有数据传递，即将主调过程的实参传递给被调过程的形参，完成实参与形参的结合，然后执行被调过程体。

6.3.1 形参与实参

在参数传递中，一般实参与形参是按位置传送的，也就是实参的位置次序与形参的位置次序相对应传送，与参数名没有关系。在 VB 中可以使用命名参数传送的方式，指出形参名，与位置无关。本书仅介绍按位置传送。

按位置传送是最常用的参数传递方法，如在调用内部函数时，用户根本不知道形参名，只要关心形参的个数、类型、位置，例如取子串的 Mid 函数形式：

Mid(字符串$,起始位%,取几位%)

若调用语句 s=Mid("This is VisualBasic",9,5)，则 s 中的结果为"Visual"。

同样例 6.5 中的子过程的参数传递如图 1.6.9 所示。

就是实参必须与形参保持个数相同（VB 中允许形参与实参的个数不同，本书不作讨论），位置与类型一一对应。

● 形参可以是变量，带有一对括号的数组名。

● 实参可以是同类型的常数、变量、数组元素、表达式、数组名。

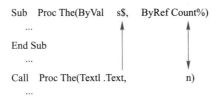

图 1.6.9 实参与形参结合

6.3.2 传地址与传值

在 VB 中，实参与形参的结合有两种方法，即传地址（ByRef）和传值（ByVal），传地址又称为引用。区分两种结合的方法是在要使用传值的形参前加"ByVal"关键字，而 ByRef 是系统自动添加的。

1. 传值

传值方式参数结合的过程是：当调用一个过程时，系统将实参的值复制给形参，实参与形参断开了联系；执行被调过程的过程体操作是在形参自己的存储单元中进行的，当过程调用结束时，这些形参所占用的存储单元也同时被释放。因此，在过程体内对形参的任何操作不会影响到实参。

例 6.6 编写交换两个数的过程 Swap1，其中 x、y 为形参，使用传值传递方式；主调程序中使用 Call Swap1(a,b)语句调用 Swap1，a 和 b 是实参。程序代码如下，传值传递运行效果和示意图如图 1.6.10 所示。

```
Sub Command1_Click( )
    Dim a%, b%
    a = 10:   b = 20
    Print "调用 Swap1 前    a= " & a & " b= " & b
    Call Swap1(a, b)
    Print "调用 Swap1 后    a= " & a & " b= " & b
End Sub
```

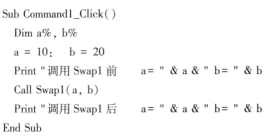
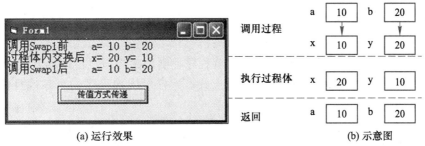

(a) 运行效果　　　　　　　　　(b) 示意图

图 1.6.10 传值传递运行效果和示意图

由图 1.6.10 可以看出，尽管在 Swap1 过程体中 x 和 y 形参进行了交换，但过程调用结束，实参 a 和 b 保持不变，即没有实现两数交换功能。也就是按传值传递方式，形参的改变不影响实参。

2. 传地址

传地址方式参数结合的过程是：当调用一个过程时，它将实参的地址传递给形参。因此，在被调过程体中对形参的任何操作都变成了对相应实参的操作，实参的值就会随过程体内对形参的改变而改变。

例 6.7 将例 6.6 中 Swap1 子过程传值传递改编成 Swap2 用传地址传递。子过程如下，传址传递运行效果和示意图如图 1.6.11 所示。

```
Sub Swap2(ByRef x%, ByRef y%)
    Dim t%
    t = x: x = y: y = t
    Print "过程体内交换后 x= " & x & " y= " & y
End Sub
Sub Command1_Click()
    Dim a%, b%
    a = 10: b = 20
    Print "调用 Swap2 前    a= " & a & " b= " & b
    Call Swap2(a, b)
    Print "调用 Swap2 后    a= " & a & " b= " & b
End Sub
```

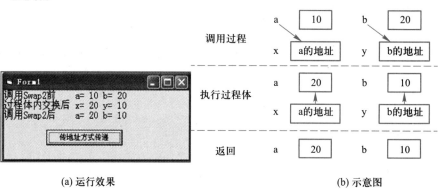

(a) 运行效果　　　　　　　　　　　　(b) 示意图

图 1.6.11　传址传递方式运行效果和示意图

3. 传递方式的选择

选用传值还是传地址一般进行如下考虑：

① 若要将被调过程中的结果返回给主调程序，则形参必须是传地址方式。若不希望被调过程体修改实参的值，则应选用传值方式。这样可增加程序的可靠性且便于调试，减少各过程间的关联。

② 传值参数只接受实参的值，所以是对应的实参为同类型的表达式；传址方式形参获得的是实参地址，这时实参必须是同类型的变量名（包括简单变量、数组名、自定义类型等），不能是常量、表达式。

③ 实参和形参在不同的过程（一般前者在事件过程，后者为函数过程或子过程）中，其作用域不同，与是否同名无关。例如在例 6.6 和例 6.7 中将形参 x、y 也命名为 a、b，其运行效果也相同。

6.3.3 数组参数的传递

微视频：
数组参数的
传递

例6.8 如下 sum 子过程求数组 x 各元素和，并改变数组各元素值为原值的 2 倍，运行结果如图 1.6.12 所示。

程序代码如下：

```
Function sum%( ByRef x( ))
    Dim i%
    sum = 0
    For i = 0 To UBound( x)
        sum = sum + x( i)
        x( i) = 2 * x( i)          '原值的 2 倍
    Next i
End Function
'主调程序如下
Private Sub Command1_Click( )
    Dim b( ), s%
    b = Array(1, 3, 5, 7, 9)
    s = sum( b( ))
    Print "调用 sum 过程后数组 b 的各元素和为："; s
    Print "调用 sum 过程后数组 b 的各元素值为："
    For i = LBound( b) To UBound( b)
        Print b( i); " ";
    Next
End Sub
```

图 1.6.12　运行结果

通过上例可以看到：

① 形参是数组，则只要以数组名圆括号表示形参是数组，不需要给出维数的上界，本例为 x( )。若二维以上的数组，每维以逗号分隔。在过程中通过 UBound( ) 函数确定每维的上界。

② 在 VB 中，实参是数组，可用"数组名( )"或"数组名"形式给出。

③ 当数组作为参数传递时，不论参数前是 ByVal 还是 ByRef，都是传地址方式，因为系统实现时将实参数组 b 的起始地址传给过程，使形参 x 数组也具有与 b 数组相同的起始地址，如图 1.6.13 所示。因此，由于 b 和 x 数组相应各元素共享同一存储单元，当在过程中对 x 数组元素的值改变时，也改变了 b 数组对应元素的值。

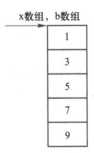

x数组，b数组

1
3
5
7
9

图 1.6.13　实参、形参数组共享存储单元

例 6.9　编写两个子过程：子过程一求数组中最大值和最小值；子过程二以每行 5 列显示数组结果。主调程序有 10 个元素，分别调用两个子过程。

子过程如下：

```
Sub fmaxmin(ByRef a%( ), ByRef amax%, ByRef amin%)
    Dim i%                     ' amax 和 amin 保存求得的数组中的最大和最小值,必须是 ByRef 方式
    amax = a(0): amin = a(0)
    For i = 1 To UBound(a)
        If a(i) > amax Then amax = a(i)
        If a(i) < amin Then amin = a(i)
    Next i
End Sub


Sub printa(ByRef a%( ), ByRef obtext As Control)          ' 参数 obtext 是控件对象
    Dim i%
    obtext. Text = ""
    For i = 0 To UBound(a)
        obtext. Text = obtext. Text & a(i) & "   "
        If (i + 1) Mod 5 = 0 Then obtext. Text = obtext. Text & vbCrLf    ' 控制每行输出 5 个元素
    Next i
End Sub
Sub command1_click( )                          ' 主调程序
    Dim a%(9), i%, a1%, a2%
    For i = 0 To 9                             ' 随机数产生 a 数组的各元素
        a(i) = Int(Rnd( ) * 100)
    Next i
    Call printa(a, Text1)                      ' 实参是 Text1 控件
    Call fmaxmin(a, a1, a2)
    Text1. Text = Text1. Text & vbCrLf
    Text1. Text = Text1. Text & "最大值为:" & a1 & "最小值为:" & a2
End Sub
```

说明：在 printa(ByRef a%( ), ByRef obtext As Control) 过程说明中，obtext 形参是 Control 类型，这可使得调用的实参是控件（本例为 Text1 控件）。

6.3.4 变量的作用域

VB 的一个应用程序也称一个工程，它可以由若干个窗体模块、标准模块（还可以是类模块，本书不作讨论）组成，每个模块又可以包含若干个过程，如图 1.6.14 所示。变量在程序中必不可少，它可以在不同模块、过程中声明，还可以用不同的关键字声明。变量由于声明的位置不同，可被访问的范围不同，变量可被访问的范围通常称为变量的作用域。

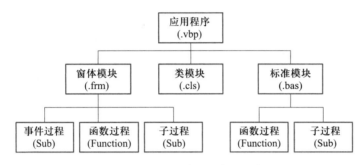

图 1.6.14　VB 应用程序的组成

在 VB 中，变量的作用域分为局部变量、模块级变量和全局变量。

1. 局部变量

局部变量（或称过程级变量）是在一个过程内用 Dim 或 Static 语句声明的变量，只能在本过程中使用的变量，别的过程不可访问。如果在过程中没有声明而直接使用某个变量，该变量也是局部变量。局部变量随过程的调用而分配存储单元，并进行变量的初始化，在此过程体内进行数据的存取，一旦该过程体结束，变量的内容自动消失，占用的存储单元释放。不同的过程中可有相同名称的变量，彼此互不相干。使用局部变量，有利于程序的调试。

微视频：
局部变量和
模块级变量

2. 模块级变量

模块级变量是指在模块内、任何过程外用 Dim、Private 语句声明的变量，它可被本模块的任何过程访问。一般若要使变量在多个过程中共享和保值，就可使用模块级变量。

例如在实验 1 中涉及的图片缩放、还原就必须使用模块级变量，保存控件原大小尺寸实现还原。在动画设计时也常需要使用模块级变量控制动画的变化进程。

3. 全局变量

在模块级用 Public 语句声明的变量，可被应用程序的任何过程或函数访问。全局变量的值在整个应用程序中始终不会消失和重新初始化，只有当整个应用程序执行结束时，才会消失。

微视频：
全局变量

在下面一个标准模块（通过"工程|添加模块"命令创建，将在第 7 章介绍）文件中进行不同级的变量声明。

```
Public Pa As Integer        ' Pa 为全局变量,作用域为整个工程
Private Mb As String        ' Mb 为模块级变量,作用域为本模块的 F1 和 F2 过程
Sub   F1( )
   Dim   Fa   As Integer    ' Fa 为过程级变量,作用域为本过程
```

```
        Dim x As Integer          ' x 为过程级变量,作用域为本过程
          …
    End Sub
    Sub   F2( )
        Dim   Fb   As Single      ' Fb 为过程级变量,作用域为本过程
          …
    End Sub
```

6.3.5 静态变量

过程级变量除了用 Dim 语句声明外，还可用 Static 语句将变量声明为静态变量，它在程序运行过程中可保留变量的值。这就是说，每次调用过程时，用 Static 声明的变量保持原来的值；用 Dim 声明的变量，每次调用过程时，重新分配内存并初始化变量。

静态变量表示形式如下：

Static 变量名［As 类型］

下面的例子对 Count 局部变量分别使用 Dim 和 Static 声明，请观察其区别。

例 6.10　编写一个程序，利用局部变量 Count 统计单击窗体的次数。

```
Private Sub Form_Click( )          Private Sub Form_Click( )
    Dim Count%                         Static Count%
    Count = Count + 1                  Count = Count + 1
    Print "已单击窗体"; Count; "次"      Print "已单击窗体"; Count; "次"
End Sub                            End Sub
```

从程序运行的结果看，在图 1.6.15 中不论单击窗体多少次，显示结果总为 1 次，主要原因是局部变量 Count 的生存期在本过程中，当过程执行时，局部变量临时分配存储单元。当过程执行结束时，Count 变量占用的存储单元释放，其值不保留。

若要保留 Count 变量的值，只要用 Static 声明 Count 为静态变量即可，效果如图 1.6.16 所示。

图 1.6.15　Dim 声明局部变量运行效果

图 1.6.16　Static 声明静态变量运行效果

思考：用户也可以将 Count 声明为模块级变量，也能达到保留值的作用。请思考用 Static 声明的局部变量与声明为模块级变量的共同特点都是保留值，区别在哪？

6.4　综合应用

本章介绍了 VB 中函数过程和子过程的定义、调用、参数传递、变量作用域等。这一章概念比较多，要搞清楚以下几个问题：

① 过程是构成 VB 程序的基本单位，编写过程的作用是将一个复杂问题分解成若干

个简单的小问题，便于"分而治之"，这种方法在以后编写较大规模的程序时非常有用。

② 函数过程与子过程的区别是函数名有一个返回值，子过程名没有返回值。因此，函数过程体必须对函数名赋值。

③ 调用过程时，主调过程与被调过程之间将产生参数传递。参数传递有值传递与地址传递。两者区别是，值传递是一种单向的数据传递，即调用时只能由实参将值传递给形参，调用结束不能由形参将操作结果返回给实参；地址传递方式是一种双向的数据传递，即调用时实参将值传递给形参，调用结束由形参将操作结果返回给实参。在过程中具体用传值还是传地址，主要考虑的因素是，若要从过程调用中通过形参返回结果，则要用传地址方式；否则应使用传值方式，减少过程间的相互关联，便于程序的调试。数组、记录类型变量、对象变量只能用地址传递方式。

本章是 VB 课程学习的难点，是前几章学习的总结。希望读者不要有畏难思想，现在的学习正处于长跑的极限，坚持下来就过去了。基础打好了，下面几章的学习就容易了。

1. 数制转换

人们习惯使用的是十进制数，计算机内存储的是二进制数，为便于表示二进制数，又引入了八进制数和十六进制数。这些不同进制数之间的转换，通过编程来实现；也可通过 VB 提供的内部函数：十进制转换为八进制函数（Oct）、十进制转换为十六进制函数（Hex）来实现。

微视频：
进制转换

例 6.11 编写一个函数，实现一个十进制正整数转换成二、八、十六进制数，并对八、十六进制数调用内部函数加以验证。

分析：这是一个数制转换问题，一个十进制正整数 m 转换成 r 进制数的思路是，将 m 不断除 r 取余数（若余数超过 9，还要进行相应的转换，例如 10 以 A 表示，11 以 B 表示，依此类推），直到商为零，以反序得到结果，即最后得到的余数在最高位。

程序运行界面如图 1.6.17 所示，程序处理示意图如图 1.6.18 所示。

图 1.6.17 程序运行界面

r	m	余数	显示
16	1000		
16	62	… 8	8
16	3	… 14	E
	0	… 3	3

图 1.6.18 程序处理示意图

程序代码如下：

```
Function TranDec(ByVal m%, ByVal r%)   As String
    Dim c As Integer
    TranDec = " "
    Do While m <> 0
        c = m Mod r
```

```
            If c > 9 Then                    ' 超过 9 转换成对应的" A ~ Z"十六进制表示形式
                TranDec = Chr( c − 10 + 65) & TranDec
            Else
                TranDec = c & TranDec
            End If
            m = m \ r
        Loop
    End Function
    Sub Command1_Click( )
        Dim m0% , r0% , i%
        m0 = Val( Text1. Text)              ' 输入十进制正整数
        r0 = Val( Text2. Text)              ' 输入 r 进制
        If r0 < 2 Or r0 > 16 Then MsgBox ( " 数制超出范围" ) : End
        Text3. Text = TranDec( m0 , r0)         ' 调用转换函数,显示转换结果
    End Sub
    Sub Command2_Click( )
        Text4. Text = Oct( Val( Text1. Text) )    ' 调用 Oct 函数转换成八进制数
    End Sub
    Sub Command3_Click( )
        Text5. Text = Hex( Val( Text1. Text) )    ' 调用 Hex 函数转换成十六进制数
    End Sub
```

2. 加密和解密

在当今的信息社会中,信息的安全性得到了广泛的重视,信息加密是一项安全性措施。信息加密有各种方法,最简单的加密方法是:将每个字母加上一个序数,该序数称为密钥。例如,加序数2,这时 "A" → "C","a" → "c","B" → "D",…, "Y" → "A","Z" → "B",如图 1.6.19 所示。解密是加密的逆操作。

例 6. 12 编写一个加密和解密的函数过程,即将输入的一行字符串中的所有字母加密,密钥为 5,加密后还可再进行解密。运行界面如图 1.6. 20 所示。

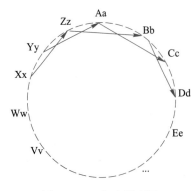

图 1.6.19 加密示意图

图 1.6. 20 运行界面

加密程序代码如下:

```
Function Code(ByVal s $, ByVal Key%) As String
    Dim c As String * 1, iAsc%
    Code = ""
    For i = 1 To Len(s)
        c = Mid $(s, i, 1)                              '取第 i 个字符
        Select Case c
            Case "A" To "Z"                            '大写字母加序数 Key 加密
                iAsc = Asc(c) + Key
                If iAsc > Asc("Z") Then iAsc = iAsc - 26   '加密后字母超过 Z
                Code = Code + Chr(iAsc)
            Case "a" To "z"                            '小写字母加序数 Key 加密
                iAsc = Asc(c) + Key
                If iAsc > Asc("z") Then iAsc = iAsc - 26
                Code = Code + Chr(iAsc)
            Case Else                                  '为其他字符时不加密
                Code = Code + c
        End Select
    Next i
End Function
Private Sub Command1_Click()                            '加密事件
    Text2 = Code(Text1, 5)                             '调用
End Sub
```

解密与加密正好是逆处理,即加密钥变为减密钥,还要考虑解密后小于"A"字母的情况。请读者自行完成事件过程。

3. 查找

查找在日常生活中经常遇到,利用计算机快速运算的特点,可方便地实现查找。查找是在线性表(在此为数组)中,根据指定的关键值,找出与其值相同的元素。一般有顺序查找和二分法查找。

微视频:
查找

　　例 6.13　编写一个顺序查找子过程,在数组中查找关键值 Key,找到返回在数组中的下标位置,找不到返回-1。

　　分析:顺序查找很简单,根据查找的关键值与数组中的元素逐一比较。顺序查找效率比较低,有 n 个数平均查找次数为 $n/2$;对数组中的数不要求有序。顺序查找的子过程及其对子过程调用如下:

```
Sub Search(a(), ByVal key%, ByRef index%)
    Dim i%
    For i = LBound(a) To UBound(a)
        If key = a(i) Then          '找到,元素的下标保存在 index 形参中,结束查找
            index = i
            Exit Sub
        End If
```

```
            Next i
            index = -1          ' 找不到,index 形参的值为-1
        End Sub
        Sub Form_Click( )
            Dim b( ) , k%, n%
            b = Array(1, 3, 5, 7, 9, 2, 4)
            k = Val(InputBox("输入要查找的关键值"))
            Call Search(b( ) , k, n)
            If n >= 0 Then MsgBox ("找到的位置为" & n) Else MsgBox ("找不到")
        End Sub
```

6.5　自主学习——二分法

计算机利用二分法可解决很多问题，例如电视上一些商品猜价节目、计算机猜数等。基本方法是折半处理，即将处理问题的范围每次缩小一半。

1. 计算机猜数

例 6.14　利用计算机做猜数游戏。由计算机产生一个 [1,100] 的任意整数 Key，当用户输入猜数 x 后，计算机根据 3 种情况：x>Key（太大）、x<Key（太小）、x = Key（成功）给出提示，如果 5 次后还没有猜中就结束游戏并公布正确答案，运行界面如图 1.6.21 所示。

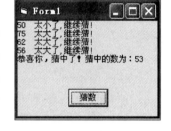

图 1.6.21　猜数游戏界面

分析：猜数实质就是二分法查找，思路是对一组有序的数据设置查找区间的下界 low、上界 high，每次猜数取其中间项 mid=(low+ high)\2，用户每次输入猜的数应该取 mid 值。

① 若 Key>mid，则后半部作为继续查找的区域，low=mid+1；

② 若 Key<mid，则前半部作为继续查找的区域，high=mid-1；

③ 若 Key=mid，查找成功，结束查找。

当然上述是用户猜数对策，在编程中是反映不出来的。

程序代码如下：

```
        Private Sub Command1_Click( )
            Dim Key As Integer, x As Integer, times As Integer
            Randomize
            Key = Rnd( ) * 100 + 1   ' 产生一个 1~100 的任意整数
            times = 1
            Do While times <= 5
             x = Val(InputBox("输入猜数 X"))
            Select Case x
                Case Key
                    Print "恭喜你,猜中了! 猜中的数为:" & x
                    Exit Do
```

```
            Case Is > Key
                Print x & "太大了,继续猜!"
            Case Else
                Print x & "太小了,继续猜!"
                'MsgBox ("太小了,继续猜!")
            End Select
            times = times + 1
        Loop
        If times > 5 Then
            'MsgBox("猜数失败,游戏结束!" & vbCrLf & "正确答案为" & Str(Key))
            Print "猜数失败,游戏结束!"
            Print "正确答案为" & Key
        End If
    End Sub
```

2. 二分法查找

利用猜数的思想,查找有序数组中的 Key,区别是 low、mid 和 high 不是具体找的数,而是在数组中的下标,算法如下:

① 开始假设待查区间的下界 low 为 0,上界 high 为 n-1。

② 求待查区间中间元素的下标 mid = (low+high)\2,x 和 a(mid) 比较。

③ 若 x=a(mid),则查找完毕,结束程序;若 x>a(mid),则继续查找的范围应为 a(mid)后面的元素,修改查找区间的下界 low = mid+1;若 x<a(mid),则继续查找的范围应为 a(mid)前面的元素,修改查找区间的上界 high = mid-1。

④ 重复第②、③步,直到找到 x;或 low>high 无查找区域,找不到。

若有一组有序数,要查找的数 x 为 21,查找过程如图 1.6.22 所示,请编写二分法查找程序。

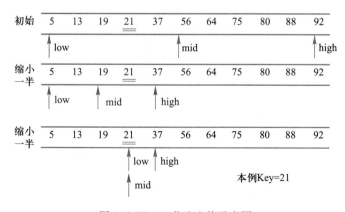

图 1.6.22　二分法查找示意图

3. 二分法求根

对二次方程求根有求根公式,可求得精确解,二次以上的高次方程求解,通常通过迭代法求得方程的近似解。常用迭代法有二分法、牛顿切线法、弦截法等。

二分法求根的思路与二分法查找的思路相似,在二分过程中不断缩小求根的区间。

即若方程 $f(x)=0$ 在 $[a,b]$ 区间有一个根，则 $f(a)$ 与 $f(b)$ 的符号必然相反（如图 1.6.23 所示）。

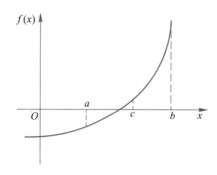

图 1.6.23   二分法求根示意图

求根方法如下：

① 取 a 与 b 的中点 $c=(a+b)/2$，将求根区间分成两半，判断根在哪个区间。有 3 种情况：

- $f(c) \times f(a)<0$，求根区间在 $[a,c]$，$b=c$，转①。
- $f(c) \times f(a)>0$，求根区间在 $[c,b]$，$a=c$，转①。
- $f(c) \leqslant \varepsilon$ 或 $|b-a|<\varepsilon$，c 或 b 为求得的根，结束。

② 这样不断重复二分过程，将含根区间缩小一半，直到满足第 1 种情况。

例 6.15   用二分法求方程 $f(x)=3x^3-4x^2-5x+13=0$ 在 $[-2,0]$ 的根。根据上述分析，程序代码如下：

```
Sub BnaryRoot(ByVal a!, ByVal b!, ByRef x!)
    Dim c!, fa!, fc!
    Do
       c = (a + b) / 2
       fa = 3 * a ^ 3 - 4 * a ^ 2 - 5 * a + 13
       fc = 3 * c ^ 3 - 4 * c ^ 2 - 5 * c + 13
       If fa * fc > 0 Then
           a = c
       ElseIf fa * fc < 0 Then
           b = c
       End If
    Loop Until Abs(b - a) < 0.000001 Or Abs(fc) < 0.000001
    If Abs(b - a) < 0.000001 Then x = b Else x = c
End Sub
Private Sub Command1_Click()
    Dim root!
    Call BnaryRoot(-2, 0, root)
    MsgBox ("求得根为:" & root)
End Sub
```

图 1.6.24   运行结果

程序运行结果如图 1.6.24 所示。

思考：本例中对方程 $f(x) = 3x^3 - 4x^2 - 5x + 13 = 0$ 求得近似根，若要求另外方程的根，求根子过程要如何修改？

习　题

1. 简述子过程与函数过程的共同点和不同点。

2. 什么是形参？什么是实参？什么是值引用？什么是地址引用？地址引用时，对应的实参有什么限制？

3. 指出下面过程语句说明中的错误。

（1）Sub f1(n%) As Integer

（2）Function f1%(f1%)

（3）Sub f1(ByVal　n%( ))

（4）Sub f1(x(i) as Integer)

4. 已知有如下求两个平方数和的 fsum 子过程：

Public Sub fsum(sum%, ByVal a%, ByVal b%)

　sum = a * a + b * b

End Sub

在事件过程中有如下变量声明：

Private Sub Command1_Click( )

　　Dim a%, b%, c!

　　a = 10：b = 20

End Sub

则指出如下过程调用语句错误所在：

（1）fsum 3, 4, 5

（2）fsum c, a, b

（3）fsum a + b, a, b

（4）Call fsum(Sqr(c), sqr(a), Sqr(b))

（5）Call fsum c,a, b

5. 在 VB 中，变量按它在程序中声明的位置可分为哪几种？

6. 要使变量在某事件过程中保留值，有哪几种变量声明的方法？

7. 为使某变量在所有的窗体中都能使用，应在何处声明该变量？

8. 在同一模块、不同过程中声明的相同变量名，两者是否表示同一个变量？有没有联系？

第 7 章
用户界面设计

　　用户界面是应用程序的一个重要组成部分，主要负责用户与应用程序之间的交互。对初学者来说，编写应用程序就是首先设计一个美观、简单、易用的界面，然后编写各控件的事件过程。所以，用户界面设计是学习程序设计必须掌握的基本技术之一。

　　本章主要介绍用户界面设计中常用的菜单、对话框和工具栏等。

7.1 菜单设计

绝大多数功能稍复杂的应用程序，除了应用基本控件外，菜单是必不可少的。另外，还可能有工具栏以及使用对话框与用户进行交互等。

例7.1 设计一个类似 Windows 记事本的应用程序，如图 1.7.1 所示。

图 1.7.1　记事本程序

这个记事本程序具有典型的用户界面，它拥有菜单和工具栏，也使用了打开文件、保存文件、字体和颜色通用对话框。

菜单有两种基本类型：一是下拉式菜单，下拉式菜单由一个主菜单和若干个子菜单组成，用户单击主菜单上的菜单项时通常会下拉出一个子菜单，如图 1.7.1（a）所示；二是弹出式菜单，也称为快捷菜单，是用户在某个对象上单击右键时所弹出的菜单，如图 1.7.1（b）所示。

对话框是用户与应用程序进行交互的重要途径之一，它有两种类型：一是通用对话框，如执行记事本程序中的"打开""另存为""颜色""字体"命令所弹出的对话框；二是自定义对话框，它是程序设计人员设计的对话框，本质上是一种设置了特殊属性的窗体，如执行记事本程序中的"帮助"子菜单中的"关于"命令。由于"关于"命令很少使用，所以不必设计在弹出式菜单和工具栏中。

在许多 Windows 应用程序中，工具栏已经成为标准元素。工具栏是包含一组图标按钮的控件，单击各个图标按钮就可以执行相应的操作。一般来说，工具栏中的每个图标按钮在菜单中都有功能一样的菜单项。

7.1.1 菜单编辑器

为便于设计菜单，VB 提供了菜单编辑器。在设计状态下，选择"工具｜菜单编辑器"命令，就可打开"菜单编辑器"对话框，如图 1.7.2 所示。

1. 菜单项的组成

在菜单项中，除了菜单项标题以外，还可以有热键和快捷键。另外，菜单项还可以是分隔线。

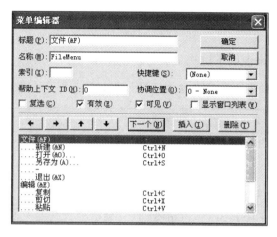

图 1.7.2 "菜单编辑器"对话框[8]

（1）热键和快捷键

若想要通过键盘选择菜单项，则需要为菜单项定义热键和快捷键。

热键是指菜单项中带有下画线的那些字符。同时按下 Alt 键和主菜单中的热键可以打开子菜单，使用其他菜单中的热键时不必按下 Alt 键。建立热键的方法是在热键字符前面加上一个"&"符号，显示时热键字符下面就有下画线。

快捷键显示在菜单项的右侧。使用快捷键可以不必打开菜单直接执行相应菜单项的操作。要为菜单项指定快捷键，只要打开快捷键（Shortcut）下拉式列表框并选择一项，则菜单项标题的右侧会显示快捷键名称。

（2）菜单分隔线

很多子菜单和弹出式菜单上使用菜单分隔线将菜单项划分为若干个逻辑组。建立菜单分隔线的方法是在标题栏输入一个"–"（减号）。

2. 主要属性

菜单项除了 Name、Visible、Enabled 属性外，还具有下列主要属性。

（1）Caption：菜单项上显示的标题文本。

若需要热键，则在热键字符之前加一个"&"符号。例如，若输入"新建（&N）"，则屏幕显示"新建（N）"，字符"N"成为该菜单项的热键。

若菜单项是分隔符，则应输入"–"（减号）。

（2）Checked：Boolean 类型。若该项设置为 True，则菜单项左侧显示一个标记"√"，表示选中了该项；否则没有标记"√"，表示没有选中。

该属性也常在程序中进行设置，其格式如下：

菜单项名 . Checked = {True | False}

3. 主要事件

菜单项的主要事件是 Click 事件。为菜单项编写程序就是编写它们的 Click 事件过程。

注意：不论下拉式菜单，还是弹出式菜单，菜单中的所有菜单项（包括分隔线）都是与命令按钮相似的对象，它们有属性、事件和方法。

7.1.2 下拉式菜单

下面通过一个实例来说明下拉式菜单的建立过程。

例7.2 将例7.1程序中的菜单结构设置如表1.7.1所示，程序界面如图1.7.1所示。

▶表1.7.1
记事本程
序菜单结构

标　题	名　称	快捷键	标　题	名　称	快捷键
文件（F）	FileMenu		编辑（E）	EditMenu	
…新建（N）	FileNew	Ctrl+N	…复制	EditCopy	Ctrl+C
…打开（O）…	FileOpen	Ctrl+O	…剪切	EditCut	Ctrl+X
…另存为（A）…	FileSaveAs	Ctrl+S	…粘贴	Paste	Ctrl+V
…分隔线	FileSeparate		格式（O）	FormatMenu	
…退出（X）	FileExit		…字体	FormatFont	
帮助（H）	HelpMenu		…颜色	FormatColor	
…关于	HelpAbout				

（1）建立控件

在窗体上放置一个文本框，并进行属性设置。

（2）设计菜单

打开菜单编辑器，按表1.7.1输入菜单项的标题、名称，并选择相应的快捷键。如果菜单项是分隔符，则输入"-"（减号）；如果需要热键，则在热键字符之前输入"&"。

说明：工具栏将在后面介绍。

（3）编写菜单项的事件过程

菜单建立好以后，还需要编写相应的事件过程。主菜单中的菜单项不需要事件过程，因为用户单击后会自动弹出子菜单。

下面是"新建""退出"菜单项的事件过程，"编辑"子菜单中的菜单项事件过程请读者参阅第2章自己完成，其余将在本章后面逐步完成。

```
'"新建"菜单项的事件过程
Sub FileNew_Click()
    Text1.Text = ""
End Sub
'"退出"菜单项的事件过程
Sub FileExit_Click()
    End
End Sub
```

7.1.3 弹出式菜单

弹出式菜单是用户在某个对象上单击右键所弹出的菜单。

1. 弹出式菜单的设计

与设计下拉式菜单一样，设计弹出式菜单也是使用菜单编辑器。由于菜单编辑器中设计的菜单通常都是作为下拉式菜单显示在窗口的顶部，因此若不希望出现在窗口的顶部，则应将 Visible 属性设置为 False，即在菜单编辑器内不选中"可见"复选框。

2. 显示弹出式菜单

显示弹出式菜单所使用的方法是 PopupMenu。当使用 PopupMenu 方法时，它忽略 Visible 的设置。该方法的使用形式如下：

［对象］PopupMenu 菜单名［,标志,X,Y］

其中菜单名是必须的，其他参数是可选的。标志、X 和 Y 参数缺省时，弹出式菜单只能在鼠标右键按下时且在鼠标指针处显示。

例 7.3 为例 7.1 中的文本框配置如图 1.7.1（b）所示的弹出式菜单。

程序代码如下：

```
Sub Text1_MouseDown(Button As Integer, Shift As Integer, X As Single, Y As Single)
    If Button = 2 Then PopupMenu FileMenu
End Sub
```

这里，Button = 2 表示按下鼠标右键，FileMenu 为文件菜单名。

7.2 对话框设计

对话框有两种类型：一是通用对话框，它是 VB 提供的一种 ActiveX 控件，编程时可以直接调用；二是自定义对话框，实质是用户建立的窗体。

7.2.1 通用对话框

VB 提供了一组基于 Windows 的通用对话框，用户可以用来在窗体上创建 6 种标准对话框，分别为打开（Open）、另存为（Save As）、颜色（Color）、字体（Font）、打印机（Printer）和帮助（Help）。

微视频：
通用对话框

通用对话框不是标准控件，而是一种 ActiveX 控件，位于 Microsoft Common Dialog Control 6.0 部件中，需要使用"工程 | 部件"命令加载。

在设计状态下，窗体上显示通用对话框图标，但在程序运行时，窗体上不会显示通用对话框，直到程序中用 Action 属性或 Show 方法激活而调出所需的对话框。通用对话框仅用于应用程序与用户之间进行信息交互，是输入输出的界面，不能真正实现打开文件、存储文件、设置颜色、设置字体、打印等操作，如果想要实现这些功能则需要编程实现。

通用对话框有下列基本属性和方法。

（1）Action 属性和 Show 方法

Action 属性和 Show 方法都可打开通用对话框，见表 1.7.2 所示。

通用对话框的类型	Action 属性	Show 方法
打开（Open）对话框	1	ShowOpen
另存为（Save As）对话框	2	ShowSave
颜色（Color）对话框	3	ShowColor

◀表 1.7.2
Action 属性和 Show 方法

续表

通用对话框的类型	Action 属性	Show 方法
字体（Font）对话框	4	ShowFont
打印机（Printer）对话框	5	ShowPrinter
帮助（Help）对话框	6	ShowHelp

说明：Action 属性不能在属性窗口内设置，只能在程序中赋值，用于调出相应的对话框。

（2）DialogTitle 属性

DialogTitle 属性是通用对话框标题属性，可以是任意字符串。

（3）CancelError 属性

CancelError 属性决定在用户选择"取消"按钮后是否产生错误警告，其值的意义如下。

① True：按下"取消"按钮，出现错误警告，自动将错误标志 Err 置为 32 755（cd-Cancel）。

② False（默认值）：按下"取消"按钮，不会出现错误警告。

为避免因为选择"取消"按钮而导致程序出错，一般采用如下的程序结构：

```
On Error GoTo UserCancel              ' 一旦程序出错转向 UserCancel
CommonDialog1. CancelError = True     ' 用户选择"取消"按钮后产生错误警告
…
Exit Sub                              ' 退出过程
UserCancel：
    MsgBox（"没有选择文件!"）
```

说明：因为 CancelError 属性为真，故系统发出错误警告。程序根据 On Error GoTo 语句的指示转向 UserCancel，避免了因为选择"取消"按钮而运行出错。

通用对话框的属性不仅可以在属性窗口中设置，也可以在如图 1.7.3 所示的"属性页"对话框中设置。

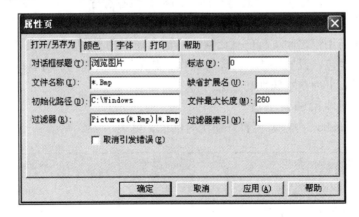

图 1.7.3 "属性页"对话框

1. 打开对话框

打开对话框是当 Action 属性为 1 时或用 ShowOpen 方法显示的通用对话框，供用户选定所要打开的文件。打开对话框并不能真正打开一个文件，它仅仅提供一个打开文件的用户界面，供用户选择所要打开的文件，打开文件的具体工作还是需要编程来完成的。

打开对话框有下列主要属性。

（1）FileName：文件名称属性，包含路径。

（2）FileTitle：文件标题属性，不含路径。它与 FileName 属性不同，FileTitle 中只有文件名，没有路径名，而 FileName 中包含所选定文件的路径。

（3）Filter：过滤器属性，用于确定文件列表框中所显示文件的类型。该属性值可以是由一组元素或用"｜"符号分开的，分别表示不同类型文件由多组元素组成。该属性的选项显示在"文件类型"列表框中。例如，如果想要在"文件类型"列表框中显示下列 3 种文件类型以供用户选择：

Documents（∗.DOC）	扩展名为 DOC 的 Word 文件
Text Files（∗.TXT）	扩展名为 TXT 的文本文件
All Files（∗.∗）	所有文件

那么，Filter 属性应设为"Documents（∗.DOC）｜∗.DOC｜Text Files（∗.TXT）｜∗.txt｜All Files｜∗.∗"。

（4）FilterIndex：过滤器索引属性，整型，表示用户在文件类型列表框中选定了第几组文件类型。如果选定了文本文件，那么 FilterIndex 值等于 2，文件列表框只显示当前目录下的文本文件（∗.TXT）。

（5）InitDir：初始化路径属性，用来指定打开对话框中的初始目录。

例 7.4　编写一个应用程序，如图 1.7.4 所示。当单击"浏览图片"按钮，弹出打开文件对话框，从中选择一个 BMP 位图文件并单击"确定"按钮后，在图形框（PictureBox）中显示该图片。窗体上有图形框、通用对话框和命令按钮 3 个控件，它们的名称分别为 Picture1、CommonDialog1 和 Command1。

图 1.7.4　打开文件对话框应用示例

（1）使用"工程｜部件"命令加载 Microsoft Common Dialog Control 6.0 部件，工具箱上出现通用对话框图标。

（2）设计程序界面并设置各控件的属性。通用对话框的属性在其属性页中设置，如

图 1.7.3 所示。

（3）编写事件过程。

"浏览图片"命令按钮的事件过程代码如下：

```
Sub Command1_Click()
        On Error GoTo UserCancel                     ' 一旦程序出错转向 UserCancel
        CommonDialog1. CancelError = True            ' 用户选择"取消"按钮后产生错误警告
        CommonDialog1. FileName = " * . Bmp"
        CommonDialog1. InitDir = "C:\Windows"
        CommonDialog1. Filter = "Pictures( * . Bmp) | * . Bmp|All Files( * . * ) | * . * "
        CommonDialog1. FilterIndex = 1
        CommonDialog1. ShowOpen                       ' 也可使用语句:CommonDialog1. Action = 1
        Picture1. Picture = LoadPicture(CommonDialog1. FileName)      ' 把图片装入图形框
        Exit Sub
        UserCancel:
              MsgBox ("没有选择文件!")
    End Sub
```

例7.5　为例 7.1 中的"打开"菜单项编写事件过程。

```
'有关文件的读写操作请参阅第 8 章
Sub FileOpen_Click()
        CommonDialog1. FileName = " * . txt"
        CommonDialog1. InitDir = "C:\"
        CommonDialog1. Filter = "Text Files( * . Txt) | * . Txt|All Files( * . * ) | * . * "
        CommonDialog1. FilterIndex = 1
        CommonDialog1. CancelError = True
        CommonDialog1. Action = 1
        Text1. Text = ""
        Open CommonDialog1. FileName For Input As #1      ' 打开文件进行读操作
        Do While Not EOF(1)
            Line Input #1, InputData                       ' 读一行数据
            Text1. Text = Text1. Text + InputData + vbCrLf
        Loop
        Close #1                                           ' 关闭文件
    End Sub
```

2. 另存为对话框

另存为对话框是当 Action 属性为 2 时或用 ShowSave 方法显示的通用对话框，供用户指定所要保存文件的路径和文件名。与打开对话框一样，另存为对话框并不能提供真正的储存文件操作，储存文件的操作需要编程来完成。

另存为对话框的属性与打开对话框基本相同，特有的重要属性是 DefaultExt，用于设置默认扩展名。

例7.6　为例 7.1 中的"另存为"菜单项编写事件过程。

' 有关文件的读写操作请参阅第 8 章

```
Sub FileSaveAs_Click( )
        On Error GoTo UserCancel
        CommonDialog1. FileName = "C:\Default. Txt"          '设置默认文件名
        CommonDialog1. DefaultExt = "Txt"                    '设置默认扩展名
        CommonDialog1. CancelError = True
        CommonDialog1. Action = 2                            '打开另存为对话框
        Open CommonDialog1. FileName For Output As #1        '打开文件供写入数据
        Print #1, Text1. Text
        Close #1                                             '关闭文件
        Exit Sub
UserCancel：
        MsgBox ("没有指定文件名!")
End Sub
```

3. 颜色对话框

颜色对话框是当 Action 属性为 3 时或用 ShowColor 方法显示的通用对话框，如图 1.7.5 所示，供用户选择颜色。

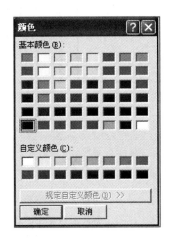

图 1.7.5 "颜色" 对话框

颜色对话框不仅提供了 48 种基本颜色，而且还允许用户自己调色，可以调制出 2^{24} 种颜色。

颜色对话框的重要属性是 Color，它返回或设置选定的颜色。

例 7.7 为例 7.1 中的 "颜色" 菜单项编写事件过程，设置文本框的前景色。

```
Private Sub FormatColor_Click( )
        CommonDialog1. CancelError=True
        '打开颜色对话框
        CommonDialog1. Action = 3
        '设置文件框前景颜色
        Text1. ForeColor = CommonDialog1. Color
End Sub
```

4. 字体对话框

字体对话框是当 Action 属性为 4 时或用 ShowFont 方法显示的通用对话框，如图 1.7.6 所示，供用户选择字体。

字体对话框的主要属性有以下几种。

（1）Flags 属性

在显示字体对话框之前必须设置 Flags 属性；否则将发生错误，如图 1.7.7 所示。Flags 属性应取表 1.7.3 所示的常数。常数 cdlCFEffects 不能单独使用，应与其他常数一起进行"Or"运算使用，因为它的作用仅仅是在对话框上附加删除线和下画线复选框以及颜色组合框。

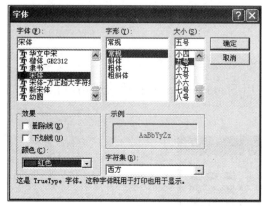

图 1.7.6　"字体"对话框

图 1.7.7　没有设置 Flags 属性

▶表 1.7.3
字体对话框 Flags 属性设置值

常　　数	值	说　　明
cdlCFScreenFonts	&H1	显示屏幕字体
cdlCFPrinterFonts	&H2	显示打印机字体
cdlCFBoth	&H3	显示打印机字体和屏幕字体
cdlCFEffects	&H100	在字体对话框显示删除线和下画线复选框以及颜色组合框

（2）FontName、FontSize、FontBold、FontItalic、FontStrikethru 和 FontUnderline

设置字体的名字、大小，字体是否为粗体、斜体，字体是否具有删除线和下画线效果。

（3）Color 属性

设置用户选定的颜色。

　　例7.8　为例 7.1 中的"字体"菜单项编写事件过程，设置文本框的字体。

```
Sub FormatFont_Click( )
    CommonDialog1. CancelError = True
    CommonDialog1. Flags = cdlCFBoth Or cdlCFEffects
    CommonDialog1. Action = 4                   ' 打开字体对话框
    If CommonDialog1. FontName <> " " Then Text1. FontName = CommonDialog1. FontName
    Text1. FontSize = CommonDialog1. FontSize
    Text1. FontBold = CommonDialog1. FontBold
```

        Text1. FontItalic = CommonDialog1. FontItalic

        Text1. FontStrikethru = CommonDialog1. FontStrikethru

        Text1. FontUnderline = CommonDialog1. FontUnderline

        Text1. ForeColor = CommonDialog1. Color

    End Sub

7.2.2 自定义对话框

自定义对话框是具有特殊属性的窗体，创建自定义对话框就是先添加一个窗体，然后根据对话框的性质设置属性。为方便创建自定义对话框，VB 提供了对话框、"关于"对话框等模板供用户使用。为简化起见，本节不使用模板，而是通过添加窗体来创建自定义对话框。在学习本节后，相信读者能掌握使用 VB 提供的各种对话框模板的方法。因为自定义对话框是一种窗体，所以带有自定义对话框的应用程序实质上是多重窗体程序（简称多重窗体）。在多重窗体中，每个窗体可以有自己的界面和程序代码，以便完成不同的功能。

1. 创建自定义对话框

创建自定义对话框的过程如下。

（1）添加窗体

单击"项目│添加窗体"命令，添加一个新的窗体。

使用"项目│添加窗体"命令时也可以将一个属于其他工程的窗体添加到当前工程中，这是因为每一个窗体都是以独立的 FRM 文件保存的，但是要注意：一个工程中所有窗体的名称（Name 属性）都应该是不同的，即不能重名。

（2）设置属性

作为对话框的窗体与一般的窗体在外观上是有所区别的，对话框没有最大化和最小化按钮，不能改变它的大小，所以对对话框应该按表 1.7.4 所示的属性设置。

属　性	值	说　明	
MaxButton	False	取消最大化按钮，防止对话框在运行时被最大化	◀表 1.7.4 对话框属性设置
MinButton	False	取消最小化按钮，防止对话框在运行时被最小化	
BorderStyle	3−FixedDialog	大小固定，防止对话框在运行时被改变大小	

（3）设置启动窗体

启动窗体是指程序开始运行时首先见到的窗体。

系统默认的启动窗体是 Form1，若要指定其他窗体为开始窗体，应使用"项目"菜单中"属性"命令，打开如图 1.7.8 所示窗口。

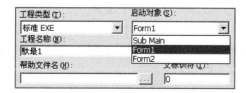

图 1.7.8 "工程│属性"窗口

2. 主要语句和方法

下面是有关窗体的主要语句和方法。

（1）Load 语句

Load 语句是把一个窗体装入内存。执行 Load 语句后，可以引用窗体中的控件及各种属性，但此时窗体没有显示出来，其格式如下：

Load 窗体名称

在首次用 Load 语句将窗体调入内存时依次发生 Initialize 和 Load 事件。

（2）Unload 语句

Unload 语句与 Load 语句的功能相反，它从内存中删除指定的窗体，其格式如下：

Unload 窗体名称

Unload 的一种常见用法是 Unload Me，其意义是关闭窗体自己。在这里，关键字 Me 代表 Unload Me 语句所在的窗体。

在用 Unload 语句将窗体从内存中卸载时会发生 Unload 事件。

（3）Show 方法

Show 方法用来显示一个窗体，它兼有加载和显示窗体两种功能。也就是说，在执行 Show 方法时，如果窗体不在内存中，则 Show 方法自动把窗体装入内存，然后再显示出来，其格式如下：

〔窗体名称〕. Show〔模式〕

其中"模式"用来确定窗体的状态，有 vbModeless(0)和 vbModal(1)两个值。

① 若"模式"为 vbModal(1)，表示窗体是"模式型"（Modal），用户无法将鼠标移到其他窗口，即只有在关闭该窗体后才能对其他窗体进行操作，如 Office 软件中"帮助"菜单的"关于"命令所打开的对话框窗口。

② 若"模式"为 vbModeless(0)，表示窗体是"非模式型"（Modeless），可以对其他窗口进行操作，如"编辑"菜单的"替换"对话框就是一个非模式对话框的实例。"模式"的默认值为 0。

"窗体名称"默认时为当前窗体。

当窗体成为活动窗口时发生窗体的 Activate 事件。

（4）Hide 方法

Hide 方法用来将窗体暂时隐藏起来，并没有从内存中删除，其格式如下：

〔窗体名称 . 〕Hide

其中"窗体名称"默认时为当前窗体。

3. 与对话框的数据传递

与对话框的数据传递，即窗体之间的相互通信，常用的有下列 3 种方法。

（1）一个窗体直接访问另一个窗体上的数据

一个窗体可以直接访问另一个窗体上控件的属性，语句形式如下：

另一个窗体名 . 控件名 . 属性

例如，假定当前窗体为 Form1，可以将 Form2 窗体上 Text1 文本框中的数据直接赋值给 Form1 中的 Text1 文本框，实现的语句如下：

Text1. Text = Form2. Text1. Text

（2）一个窗体直接访问在另一个窗体中定义的全局变量

在窗体内声明的全局变量在其他窗体是可以访问的，访问形式如下：

另一个窗体名．全局变量名

（3）在模块定义公共变量实现相互访问

为了实现窗体间相互访问，一个有效的方法是在模块中定义公共变量，作为交换数据的场所。例如添加模块 Module1，然后在其中定义变量语句为

    Public X As String

则窗体间数据的访问如图 1.7.9 所示。

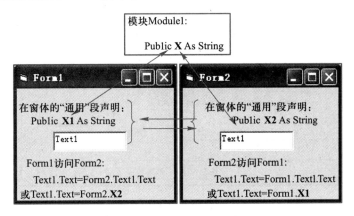

图 1.7.9　窗体间数据的访问

　　例 7.9　为例 7.1 设计一个如图 1.7.10 所示的对话框，并且就"关于(A)…"编写事件过程。

    Sub HelpAboutDialog_Click( )
        Form2. Show vbModal
    End Sub

图 1.7.10　"关于记事本程序"对话框

7.3　工具栏设计

　　工具栏是 Windows 应用程序的重要组成部分。一般来说，工具栏上的每一个图标按钮都代表了用户最常用的命令或函数，在下拉式菜单中一般都有对应的命令。

　　工具栏的控件有 ToolBar 和 ImageList。它们是 ActiveX 控件，位于 Microsoft Windows Common Control 6.0 组件中。

下面通过一个实例来说明创建工具栏的方法。

例7.10   为例7.1配置一个工具栏，如图1.7.1所示。

① 首先使用"工程|部件"命令加载 Microsoft Windows Common Control 6.0 部件，工具箱上出现 ToolBar 和 ImageList 控件图标，然后把 ToolBar 和 ImageList 控件放置在窗体上。

② 在 ImageList1 属性页的"图像"选项卡中，通过"插入图片"按钮插入需要的图片，如图1.7.11所示。

图 1.7.11   ImageList1 属性页的"图像"选项卡

③ 在 ToolBar1 属性页的"通用"选项卡中，在"图像列表"下拉列表框中选定 ImageList1，如图1.7.12所示，将 ToolBar1 与 ImageList1 绑定起来。绑定后，ImageList1 不可以修改了。

图 1.7.12   ToolBar1 属性页的"通用"选项卡

④ 在 ToolBar1 属性页的"按钮"选项卡中，首先插入7个按钮，然后将每一个按钮与对应的图像连接起来，如图1.7.13所示。

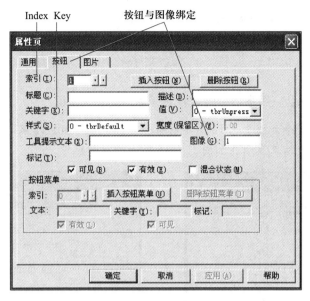

图 1.7.13 ToolBar1 属性页的 "按钮" 选项卡

⑤ 编写工具栏的事件过程。工具栏上的按钮被按下时，会触发 ButtonClick 事件。ButtonClick 事件过程中的 Button 参数代表的是被按下的按钮对象，利用其 Index 或 Key 属性就可以判断用户按下了哪个按钮，然后再进行处理。

程序代码如下：

```
Sub ToolBar1_ButtonClick(ByVal Button As MSComctlLib.Button)
    Select Case Button.Index
        Case 1
            Call FileNew_Click
        Case 2
            Call FileOpen_Click
        Case 3
            Call FileSaveAs_Click
        Case 4
            Call EditCut_Click
        Case 5
            Call EditCopy_Click
        Case 6
            Call EditPaste_Click
        Case 7
            Call HelpAboutDialog_Click
    End Select
End Sub
```

通过上述例子可以发现：

① ToolBar 是一种容器，其上可以放置按钮，按钮的图像来自 ImageList。

② 在 ToolBar 上单击会触发 ButtonClick 事件，利用 ButtonClick 事件过程中 Button 参

数的 Index 或 Key 属性可以判断用户按下了哪个按钮。

7.4 综合应用

下面通过两个综合应用案例帮助读者掌握本章的有关知识。

例 7.11 设计一个如图 1.7.14 所示的程序。"统计"和"结束"没有子菜单。当单击"统计"后,统计结果显示在如图 1.7.15 所示的对话框中。

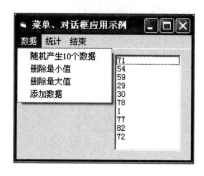

图 1.7.14 主窗体

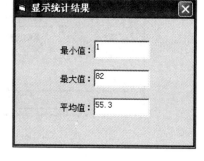

图 1.7.15 "显示统计结果"对话框

(1) 添加模块,在其中定义用于与对话框进行数据交换的全局变量

```
Public Min_Value%, Max_Value%
Public Ave_Value#
```

(2) 主窗体上的事件过程

下面是"统计"事件过程,其余的请读者自己完成。

```
Sub Statistics_Click( )
        Dim i%, Min%, Max%, Sum%
        Sum = List1.List(0)
        For i = 1 To List1.ListCount-1
            If List1.List(i) < List1.List(Min) Then
                Min = i
            End If
            If List1.List(i) > List1.List(Max) Then
                Max = i
            End If
            Sum = Sum + List1.List(i)
        Next i
        Min_Value = List1.List(Min)
        Max_Value = List1.List(Max)
        Ave_Value = Sum / List1.ListCount
        Form2.Show
End Sub
```

（3）显示统计结果对话框上的事件过程

```
Sub Form_Load( )
        Text1. Text = Min_Value
        Text2. Text = Max_Value
        Text3. Text = Ave_Value
End Sub
```

例 7.12 多重窗体应用示例。输入学生 5 门课程的成绩，计算总分及平均分并显示。

本例有 3 个窗体 Form1、Form2 和 Form3，分别作为本应用程序的主窗体、输入窗体和显示结果窗体。还有一个标准模块 Module1，对窗体间共用的全局变量进行了说明。

① Form1 窗体：如图 1.7.16（a）所示，这是主窗体，运行后看到的第一个窗体。单击"输入成绩"按钮显示 Form2，单击"计算成绩"按钮显示 Form3。

② Form2 窗体：如图 1.7.16（b）所示，这是当在主窗体上单击了"输入成绩"按钮后弹出的窗体。该窗体上有 5 个用于输入学生成绩的文本框和一个"返回"按钮。

③ Form3 窗体：如图 1.7.16（c）所示，这是当在主窗体上单击了"计算成绩"按钮后弹出的窗体。该窗体上有两个用于显示学生平均成绩和总分的文本框，以及一个"返回"按钮。

(a) 主窗体　　　　　　(b) 输入成绩窗体　　　　　　(c) 显示结果窗体

图 1.7.16 多重窗体应用示例

3 个窗体上各控件按默认约定依次命名。

在标准模块中存放多窗体间共用的全局变量声明语句为

```
Public sMath!,sPhysics!,sChemistry!,sChinese!,sEnglish!
```

对于不同窗体间的显示，可利用 Show 和 Hide 方法，如在当前主窗体中要显示输入成绩窗体的事件过程如下：

```
Sub Command1_Click( )
        Form1. Hide         ' 隐含主窗体
        Form2. Show         ' 显示 Form2 窗体
End Sub
```

不同窗体间的数据存取可通过上述介绍的方法实现。在下面的程序中，利用了 Activate 事件，这是在窗体成为活动窗口时所发生的事件。

方法一：在标准模块中声明全局变量。

```
'窗体 Form2 的 Command1_Click( ) 用于将输入的数据赋给全局变量
Sub Command1_Click( )
```

```
            sMath = Val(Text1.Text)
            sPhysics = Val(Text2.Text)
            sChemistry = Val(Text3.Text)
            sChinese = Val(Text4.Text)
            sEnglish = Val(Text5.Text)
            Form2.Hide
            Form1.Show
        End Sub


    ' Form3 窗体的 Form_Activate( ) 用于计算总分和平均分并显示
    Sub Form_Activate( )
        Dim sTotal As Single
        sTotal = sMath + sPhysics + sChemistry + sChinese + sEnglish    ' 计算总分
        Text1.Text = sTotal / 5            ' 计算平均成绩并送入文本框
        Text2.Text = sTotal                ' 将总分送入文本框
    End Sub
```

方法二：直接访问其他窗体上的数据。下面的 Form3 窗体的 Form_Activate( ) 事件过程可以实现同样的效果。

```
    Sub Form_Activate( )
        Dim sTotal As Single
        With Form2                    ' 将 Form2 中各文本框的数据相加并送 Total 变量
            sTotal = val(.Text1.Text) + val(.Text2.Text) + val(.Text3.Text) + val(.Text4.Text) + _
    val(.Text5.Text)
        End With
        Text1.Text = sTotal / 5            ' 计算平均成绩送入文本框
        Text2.Text = sTotal                ' 将总分送入文本框
    End Sub
```

7.5　自主学习

7.5.1　鼠标和键盘

尽管语音输入、手写识别等技术发展迅速，但鼠标和键盘仍然是操作计算机的主要工具，因此对鼠标和键盘进行编程是程序设计人员必须掌握的基本技术之一。

1. 鼠标

所谓鼠标事件是由用户操作鼠标而引发的能被各种对象识别的事件。除了 Click 和 DblClick 之外，重要的鼠标事件还有下列 3 个。

① MouseDown 事件：按下任意一个鼠标按钮时被触发。

② MouseUp 事件：释放任意一个鼠标按钮时被触发。

③ MouseMove 事件：移动鼠标时被触发。

在程序设计时，需要特别注意的是，这些事件被什么对象识别，即事件发生在什么对象上。当鼠标指针位于窗体中没有控件的区域时,窗体将识别鼠标事件。当鼠标指针位于某个控件上方时,该控件将识别鼠标事件。

与上述 3 个鼠标事件相对应的鼠标事件过程如下(以 Form 对象为例):

```
Sub Form_MouseDown(Button As Integer, Shift As Integer, X As Single, Y As Single)
Sub Form_MouseUp(Button As Integer, Shift As Integer, X As Single, Y As Single)
Sub Form_MouseMove(Button As Integer, Shift As Integer, X As Single, Y As Single)
```

其中

(1) Button 参数指示用户按下或释放了哪个鼠标按钮,其值的意义如表 1.7.5 所示。

值	VB 常数	含　义
1	vbLeftButton	按下或释放了鼠标左键
2	vbRightButton	按下或释放了鼠标右键
4	vbMiddleButton	按下或释放了鼠标中键

◀表 1.7.5 Button 参数的取值及其意义

例如,当 Button=2 或 Button=vbRightButton 时,表示用户按下或释放了鼠标右键。

(2) Shift 参数包含了 Shift、Ctrl 和 Alt 键的状态信息,如表 1.7.6 所示。

值	VB 常数	含　义
0		Shift、Ctrl 和 Alt 键都没有被按下
1	vbShiftMask	只有 Shift 键被按下
2	vbCtrlMask	只有 Ctrl 键被按下
3	vbShiftMask+ vbCtrlMask	Shift 和 Ctrl 键同时被按下
4	vbAltMask	只有 Alt 键被按下
5	vbShiftMask+ vbAltMask	Shift 和 Alt 键同时被按下
6	vbCtrlMask + vbAltMask	Ctrl 和 Alt 键同时被按下
7	vbShiftMask+ vbCtrlMask+ vbAltMask	Shift、Ctrl 和 Alt 键同时被按下

◀表 1.7.6 Shift 参数的取值及其意义

例如,Shift 为 2 表示用户仅仅按下了 Ctrl 键;Shift 为 6 表示用户同时按下了 Ctrl 键和 Alt 键。

(3) X,Y 表示当前鼠标的位置

例如,如果按住 Ctrl 键,然后在坐标为(2 000,3 000)的地方单击鼠标右键,则立即调用过程 Form_MouseDown,释放鼠标右键时调用过程 Form_MouseUp。调用这两个过程时,上述 4 个参数的值分别为 vbRightButton、vbCtrlMask、2 000 和 3 000。

例 7.13 显示鼠标指针所指的位置。

用两个文本框(Text1 和 Text2)显示鼠标指针所指的位置。

MouseMove 事件过程如下:

```
Sub Form_MouseMove(Button As Integer, Shift As Integer, X As Single, Y As Single)
    Text1. Text = X
    Text2. Text = Y
```

End Sub

上述程序的运行情况如图 1.7.17 所示。

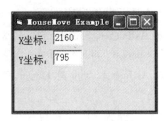

图 1.7.17   MouseMove 事件

例 7.14   设计一个简单的画图程序。

程序运行时，按住鼠标右键移动画圆，按住鼠标左键移动画线，如图 1.7.18 所示。

图 1.7.18   简单画图程序

首先在"通用声明"中说明如下变量：

```
Dim DrawState As Boolean
Dim PreX As Single
Dim PreY As Single
```

各事件过程代码如下：

```
Sub Form_Load( )
      '将 DrawState 初始化为 False,表示提笔
      DrawState = False
End Sub
Sub Form_MouseDown( Button As Integer, Shift As Integer, X As Single, Y As Single)
    If Button = 1 Then
          '当鼠标左键被按下时,把 DrawState 设为 True,表示落笔开始画线
          DrawState = True
          '设置画图状态
          ' PreX 和 PreY 保存线条的起点
          PreX = X
          PreY = Y
    End If
    If Button = 2 Then
          '当鼠标右键被按住移动时,画一个直径为 280 的圆
          Circle (X, Y), 280
    End If
```

```
    End Sub
Sub Form_MouseMove(Button As Integer, Shift As Integer, X As Single, Y As Single)
        '当鼠标移动时,如果处于画线状态
        '则用 Line 方法在 (PreX,PreY) 与 (X, Y) 之间画一条直线
        If DrawState = True Then
            Line (PreX , PreY )-(X, Y)
            PreX = X
            PreY = Y
        End If
    End Sub
Sub Form_MouseUp(Button As Integer, Shift As Integer, X As Single, Y As Single)
        If Button = 1 Then
            DrawState = False
            '当鼠标左键被释放时,解除画线状态
        End If
    End Sub
```

2. 键盘

在很多情况下，用户只需使用鼠标就可以操作 Windows 应用了，但是有时也需要用键盘进行操作。尤其是对于接收文本输入的控件，如文本框，需要控制和处理输入的文本，这就更需要对键盘事件进行编程。

在 VB 中，重要的键盘事件有以下 3 个。

① KeyPress 事件：用户按下并且释放一个会产生 ASCII 码的键时被触发。

② KeyDown 事件：用户按下键盘上任意一个键时被触发。

③ KeyUp 事件：用户释放键盘上任意一个键时被触发。

（1）KeyPress 事件

并不是按下键盘上的任意一个键都会引发 KeyPress 事件，KeyPress 事件只对会产生 ACSII 码的按键有反应，包括数字、大小写的字母、Enter、Backspace、Esc、Tab 等键。对于例如方向键（↑、↓、←、→）这样的不会产生 ASCII 码的按键，KeyPress 事件不会发生。

KeyPress 事件过程形式如下：

Sub Form_KeyPress(KeyAscii As Integer)　　　' 窗体的事件过程

Sub object_KeyPress([Index As Integer,]KeyAscii As Integer)　　' 控件的事件过程

其中参数 KeyAscii 为与按键相对应的 ASCII 码值。

KeyPress 事件过程接收到的是用户通过键盘输入的 ASCII 码字符。例如，当键盘处于小写状态，用户在键盘按"A"键时，KeyAscii 参数值为 97；当键盘处于大写状态，用户在键盘按"A"键时，KeyAscii 参数值为 65。

（2）KeyUp 和 KeyDown 事件

当控制焦点在某个对象上，同时用户按下键盘上的任一键时，便会引发该对象的 KeyDown 事件，释放按键便触发 KeyUp 事件。

KeyUp 和 KeyDown 的事件过程形式如下:

Sub Form_KeyDown(KeyCode As Integer, Shift As Integer)

Sub object_KeyDown([index As Integer,] KeyCode As Integer, Shift As Integer)

Sub Form_KeyUp(KeyCode As Integer, Shift As Integer)

Sub object_KeyUp([index As Integer,] KeyCode As Integer, Shift As Integer)

其中

① KeyCode 参数值是用户所操作的那个键的扫描代码，它告诉事件过程用户所操作的物理键。例如，不论键盘处于小写状态还是大写状态，用户在键盘上按下"A"键时，KeyCode 参数值相同。对于有上档字符和下档字符的键，其 KeyCode 也是相同的，为下档字符的 ASCII 码。表 1.7.7 列出部分字符的 KeyCode 和 KeyAscii 码以供区别。

<table>
<tr><th>键（字符）</th><th>KeyCode</th><th>KeyAscii</th></tr>
<tr><td>"A"</td><td>&H41</td><td>&H41</td></tr>
<tr><td>"a"</td><td>&H41</td><td>&H61</td></tr>
<tr><td>"5"</td><td>&H35</td><td>&H35</td></tr>
<tr><td>"%"</td><td>&H35</td><td>&H25</td></tr>
<tr><td>"1"（大键盘上）</td><td>&H31</td><td>&H31</td></tr>
<tr><td>"1"（数字键盘上）</td><td>&H61</td><td>&H31</td></tr>
</table>

▶表 1.7.7
KeyCode 与
KeyAscii 码

② Shift 是一个整数，与鼠标事件过程中的 Shift 参数意义相同。

默认情况下，当用户对当前具有控制焦点的控件进行键盘操作时，控件的 KeyPress、KeyUp 和 KeyDown 事件被触发，但是窗体的 KeyPress 与 KeyUp 和 KeyDown 不会发生。为了启用这 3 个事件，必须将窗体的 KeyPreview 属性设为 True，而默认值为 False。

利用这个特性可以对输入的数据进行验证、限制和修改。例如，如果在窗体的 KeyPress 事件过程中将所有的英文字符都改成大写，则窗体上的所有控件接收到的都是大写字符，程序代码如下:

```
Sub Form_KeyPress(KeyAscii As Integer)
    If KeyAscii >= Asc("a") And KeyAscii <= Asc("z") Then
        KeyAscii = KeyAscii + Asc("A") - Asc("a")
    End If
End Sub
```

例 7.15 编写一个程序，当按下 Alt+F5 组合键时终止程序的运行。

先把窗体的 KeyPreview 设置为 True，再编写如下的程序:

```
Sub Form_KeyDown(KeyCode As Integer, Shift As Integer)
' 按下 Alt 键时, Shift 的值为 4
    If (KeyCode = vbKeyF5) And (Shift And vbAltMask) Then    ' F5 键的 KeyCode 码为 vbKeyF5
        End
    End If
End Sub
```

7.5.2 应用程序向导

使用过 Office 软件的用户都知道，虽然各种应用程序功能不同，但界面都相同，即都由菜单、工具栏等界面构成。为了提高应用程序开发的效率，VB 提供了"VB 应用程序向导"这个非常方便的程序生成器，用来生成一个应用程序的界面，图 1.7.19 是生成的一个多文档编辑器。

在 VB 中单击"文件｜新建工程"命令，就会打开"新建工程"对话框，如图 1.7.20 所示，选择"VB 应用程序向导"，然后在该向导的指示下设计应用程序的界面。

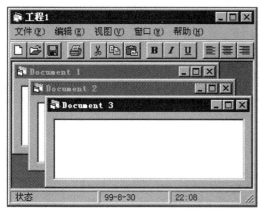

图 1.7.19 多文档编辑器

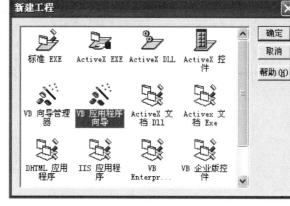

图 1.7.20 "新建工程"对话框

1. 选择操作界面

一般提供了 3 种常用的操作界面，如图 1.7.21 所示，分别是：

① "多文档界面"：可同时打开多个文档，如 Office 应用程序。

② "单文档界面"：只能打开一个文档，如 Notepade 文本编辑器。

③ "资源管理器样式"：类似于 Windows 资源管理器一样，有 TreeView 等控件。

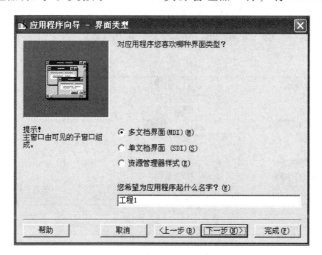

图 1.7.21 选择应用程序操作界面

2. 选择菜单和子菜单项

应用程序向导提供了文件、编辑、视图、工具、窗口和帮助6个菜单名,每个菜单名下有若干个菜单项,如图1.7.22所示,可自由选择、取消菜单名或菜单项。由此可见,应用程序向导替用户省去了编辑菜单的时间。

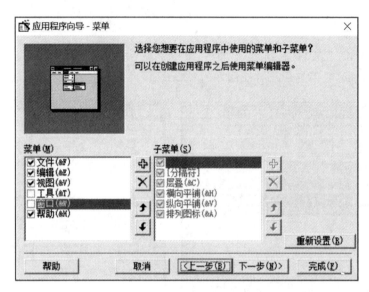

图1.7.22　选择菜单和子菜单项

3. 选择工具栏按钮

应用程序向导提供的工具栏有13个按钮(除分隔按钮外),如图1.7.23所示。用户也可根据需要增加(右移所选按钮)或删除(左移所选按钮)按钮。

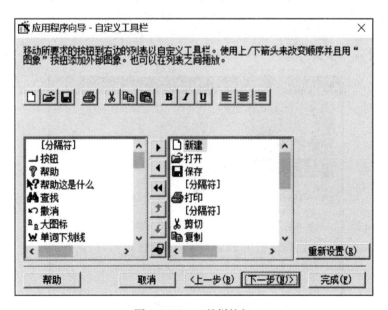

图1.7.23　工具栏按钮

4. 生成 WWW 浏览器

在"Internet 连接"对话框中，应用程序向导还提供了是否访问 Internet 的选项。若选中，可生成一个 WWW 浏览器，效果如图 1.7.24 所示。

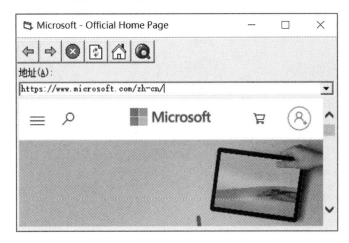

图 1.7.24　WWW 浏览器界面

应用程序向导还提供了加入其他窗体的功能，使应用程序更完美，以及与数据库的链接功能等。

说明：

① 使用应用程序向导的过程中，任何时候单击"完成"按钮，表示以默认的方式快速生成应用程序。

② 生成应用程序主要是节省了用户设计界面的工作量，这仅仅是完成了应用程序的框架，很多过程还是要用户根据实际情况来加以完善的。

习　题

1. 从设计角度说明下拉式菜单和弹出式菜单有什么区别。
2. 热键和快捷键在使用上有什么区别？如何实现？
3. 弹出式菜单如何显示？
4. 在程序设计时，如何处理用户在通用对话框中单击了"取消"按钮？
5. 什么是模式对话框？什么是非模式对话框？两者有什么区别？
6. 简述窗体之间数据互访的方法。
7. 当用户在工具栏上单击了一个按钮，程序如何判断是哪一个按钮被单击？
8. 计算机键盘上的"4"键的上档字符是"$"，当同时按下 Shift 和键盘上的"4"键时，KeyPress 事件发生了几次？过程中的 KeyAscii 的值是多少？
9. 在 KeyDown 事件过程中，如何检测 Ctrl 和 F3 键是否同时被按下？
10. KeyDown 与 KeyPress 事件的区别是什么？

第 8 章
数据文件

　　计算机文件是存储在外存储器（如磁盘）上的用文件名标识的数据集合。通常情况下，计算机处理的大量数据都是以文件的形式组织存放的，操作系统也是以文件为单位对数据进行管理的。因此，文件是计算机中一个极其重要的概念，其处理技术也是程序设计人员必须要掌握的。

8.1   数据文件概述

在第 5 章中，大量不同类型的数据是用自定义数组来存储的，如例 5.14，但这种处理方法的缺点是当退出应用程序时，存放在数组中的数据随着存储空间的回收而丢失。数据若要长期保存，多次使用，不因退出程序或断电而消失，则应保存在文件或数据库中。本章介绍文件处理技术，数据库技术将在第 9 章介绍。

8.1.1   引例——学生信息处理程序

例 8.1   用文件解决数据长期保存问题。设计一个如图 1.8.1 所示的程序，若单击"添加数据"按钮，则添加一个学生的学号、姓名、性别和成绩；若单击"显示和统计"按钮，则在右侧显示所有学生的信息以及计算的总分和平均成绩。

图 1.8.1   顺序文件的读写

根据迄今为止所学的知识，学生信息存储在以下自定义数组中：

```
Type StudType                        '定义结构类型 StudType
    Dim No As String * 4             '学号
    Dim Name As String * 8           '姓名
    Dim Sex As String * 1            '性别
    Dim Score As Integer             '成绩
End Type
Dim Students(99) As StudType         '定义记录数组 Students
```

采用上述方法存在一个问题，即系统运行结束后，结构数组所占有的内存空间将释放，在其中存储的所有学生信息都将丢失。

为了永久保存，学生信息应该保存在文件或数据库中，因为文件和数据库都是存储在外存储器（如磁盘）上的，可以永久保存。

8.1.2   文件分类

在计算机系统中，文件种类繁多，处理方法和用途也各不相同。文件的分类标准主要有下列 3 种。

1. 按文件的内容分类

按文件的内容分类可分为程序文件和数据文件，如图 1.8.2 所示。程序文件存储的是程序，包括源程序和可执行程序，例如 VB 工程中的窗体文件（.frm）、C++ 源程序文件（.cpp）、可执行程序文件（.exe）等都是程序文件。数据文件存储的是程序运行所需要的各种数据，例如文本文件（.txt）、Word 文档（.doc）、Excel 工作簿（.xls）都是数据文件。

Winword.exe   Test.doc

图 1.8.2　程序文件和数据文件

2. 按存储信息的形式分类

按存储信息的形式分类可分为 ASCII 码文件和二进制文件。ASCII 码文件存放的是各种数据的 ASCII 码，可以用记事本打开；二进制文件存放的是各种数据的二进制代码，不可以用记事本打开，必须由专用程序打开。例如整数 123，若以 ASCII 码形式存储，则存储的是这 3 个字符的 ASCII 码，需要 3 个字节；若以二进制形式存储，则一般需要两个字节，如图 1.8.3 所示。

整数123的ASCII码存储形式　　　整数123的二进制存储形式

图 1.8.3　ASCII 码文件和二进制文件的数据存储形式

3. 按访问模式分类

按访问模式分类可分为顺序文件、随机文件和二进制文件。

（1）顺序文件

顺序文件是要求按顺序进行访问的文件，每条记录可以不等长。读出时从头到尾按顺序读，写入时也一样，不可以在数据间乱跳。顺序文件的优点是结构简单，访问模式简单；缺点是必须按顺序访问，不能同时进行读、写两种操作。

在 VB 中，顺序文件其实就是文本文件，所有类型的数据写入顺序文件前都被转换为文本字符，文本文件具有行结构，如图 1.8.4 所示。每一行的长度通常是不同的，每一行的结束都有两个字符：回车和换行，图中用↵表示。

（2）随机文件

随机文件是由长度相同的记录所组成的集合。

记录是计算机处理数据的基本单位，通常由若干个相互关联的数据项组成。例如，在学生成绩管理程序中，每个学生的信息（如学号、姓名、性别、成绩）组成一条记录，如图 1.8.5 中的一行。

随机文件是由记录所组成的集合。例如，某班有 100 个同学，则 100 个同学的记录组成了这个班的成绩文件，如图 1.8.5 所示。从图中可以看出，随机文件相当于一个自定义数组存储在外存中。

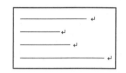

学号	姓名	性别	成绩

图 1.8.4　顺序文件的结构　　　　　　图 1.8.5　随机文件的结构

　　每条记录有记录号，通过记录号可以随机读写任意一条记录。因此，与顺序文件相比，它的优点是存取某条记录速度快，更新容易。

　　需要注意的是，记录与记录之间没有特殊的分隔符，也没有存储记录号。

　　（3）二进制文件

　　这是按访问模式分类的二进制文件，与按存储信息的形式分类的二进制文件在概念上是有区别的。从存储信息的形式来说，随机文件也应归到二进制文件，因为随机文件存储的也是各种数据的二进制代码。

　　从访问模式来说，二进制文件是最原始的文件类型，是由一系列字节组成的，没有什么格式，要求以字节为单位定位数据位置，允许程序直接访问各个字节数据，也允许程序按所需的任何方式组织和访问数据。这类文件的灵活性最大，但是编程的工作量也最大。

　　事实上，任何文件都可以当作二进制文件来处理。二进制文件与随机文件很类似，如果把二进制文件中的每一个字节看作是一条记录的话，则二进制文件就成了随机文件。

8.1.3　文件访问流程

　　一般来说，处理数据文件的程序由三部分组成，如图 1.8.6 所示。首先要打开文件，然后进行读写等操作，最后要关闭文件。

　　打开文件时，系统为文件在内存中开辟了一个专门的数据存储区域，称为文件缓冲区。每一个文件缓冲区都有一个编号，称为文件号。文件号就代表文件，对文件的所有操作都是通过文件号进行的。文件号由程序员在程序中指定，也可以使用函数（VB 中使用 FreeFile( )函数）自动获得。

　　对文件的操作主要有两类：一是读操作，也称为输入，即将数据从文件（存放在外存上）读入到变量（内存）供程序使用；二是写操作，也称为输出，即将数据从变量（内存）写入文件（存放在外存上）。

图 1.8.6　处理数据文件的流程

　　将数据写入文件时，先是将数据写入文件缓冲区暂存，等到文件缓冲区满了或文件关闭时才一次性输出到文件中。反之，从文件读数据时，先是将数据送到文件缓冲区，然后再提交给变量，如图 1.8.7 所示。这样处理的目的是为了减少直接读写外存的次数，节省操作时间。

　　文件操作结束后一定要关闭文件，因为有部分数据仍然在文件缓冲区中，所以不关闭文件会有数据丢失情况发生，尽管大多数情况下操作系统会自动关闭文件。

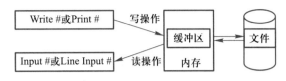

图 1.8.7 文件读写与文件缓冲区

8.2 访问文件

下面分别介绍顺序文件、二进制文件的访问。由于实际应用时,随机文件往往被数据库代替,所以随机文件的访问放在自主学习中。

8.2.1 顺序文件

在 VB 中,顺序文件是最常用的一种文件类型,它有 3 个特点。

① 顺序文件的访问规则最简单,就是按顺序进行访问。读数据时从头到尾按顺序读,写入时也一样,不可以跳过前面的数据而直接读写某个数据。

② 写顺序文件时,各种类型的数据自动转换成字符串后写入文件。因此,从本质上来说,顺序文件其实就是 ASCII 码文件,可以用记事本打开。

③ 读顺序文件时,可以按原来的数据类型读,原来是什么类型,读出来仍然是什么类型;也可以按通常的文本文件来进行处理,即一行一行地读或一个字符一个字符地读。

下面详细介绍读写顺序文件所用的主要语句和函数。

1. 打开文件

在对文件进行操作之前,必须打开文件,同时通知操作系统对文件所进行的操作是读出数据还是写入数据。打开文件的语句是 Open,其常用形式如下:

Open 文件名 For 模式 As [#] 文件号

说明:

① 文件名可以是字符串常量,也可以是字符串变量。

② "模式"为下列 3 种形式之一

● Output:对文件进行写操作。若文件已经存在,则文件中所有内容将被清除。

● Input:对文件进行读操作。

● Append:在文件末尾追加记录。

③ 文件号是一个 1~511 的整数。当打开一个文件并为它指定一个文件号后,该文件号就代表该文件,直到文件被关闭后,此文件号才可以被其他文件使用。在复杂的应用程序中,可以利用 FreeFile 函数获得可利用的文件号,以免使用相同的文件号。

例如,如果要打开 C:\VB 的 Scores. dat 文件,供写入数据,指定文件号为#1,则语句为

```
Open "C:\VB\Scores. dat" For Output As #1          ' 指定文件号为 1
```

若要使用 FreeFile 函数获得文件号,则语句为

```
FileNo = FreeFile( )      ' 用 FreeFile 函数获取文件号送入变量 FileNo
Open "C:\VB\Scores. dat" For Output As FileNo        ' 指定文件号为 FileNo
```

2. 写操作

将数据写入顺序文件所用的命令是 Write #或 Print #命令。

（1）Write # 文件号，［输出列表］

"输出列表"一般是指用 "，" 分隔的数值或字符串表达式。Write #是以紧凑格式存放数据的，即在数据项之间插入 "，"，并给字符串加上双引号，数值数据没有双引号。

例如，执行下面的语句，然后用记事本打开 Scores. dat，可以看到如图 1.8.8 所示的结果。

```
Write #1, "121023", "王海涛", 66        ' 写入第一个学生的数据
Write #1, "122498", "周文英", 88        ' 写入第二个学生的数据
```

从图 1.8.8 中可以看到：

① 一个 Write #语句在文件中只写入一行数据，本例使用了两个 Write #语句，所以文件中有两行数据。

② Write #语句用紧凑格式将数据写入文件，即在数据项之间插入 "，"，并给字符串加上双引号。

③ 学生成绩是整型数据，在写入文件时被转换成 ASCII 字符。

（2）Print # 文件号，［输出列表］

"输出列表"是指［｛Spc(n)｜Tab[(n)]｝］［表达式列表］[；｜，]，其意义见 4.1.4 小节的 Print 方法。Print #语句的功能基本上与 Write #相同，主要区别在于字符串没有加双引号，数据之间没有 "，"。

例如，执行下面的语句，然后用记事本打开 Scores. dat，可以看到如图 1.8.9 所示的结果。

```
Print #1, "121023", "王海涛", 66
Print #1, "122498", "周文英", 88
Print #1, "121023"; "王海涛"; 66
Print #1, "122498"; "周文英"; 88
```

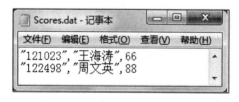

图 1.8.8　文件 C:\Scores. dat 中的内容（一）

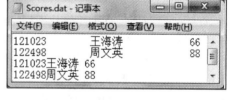

图 1.8.9　文件 C:\Scores. dat 中的内容（二）

在实际应用中，经常要把文本框中的内容以文件的形式保存在磁盘上，方法如下：

```
' 假定文本框的名称为 Text1,文件名为 Test. dat
Open "Test. dat" For Output As #1
Print #1, Text1. Text
Close #1
```

3. 读操作

读顺序文件时常用的语句和函数有以下 4 个。

（1）EOF(文件号)

读顺序文件时需要利用 EOF( )函数判断是否到达末尾，避免因试图在文件结尾处进行读而产生错误。到达文件末尾时，EOF( )函数返回 True；否则返回 False。

EOF( )函数适用于随机文件和二进制文件。对于随机文件和二进制文件，当最近一次执行的 Get( )函数无法读到一个完整记录时，EOF( )函数返回 True；否则返回 False。

（2）LOF(文件号)

LOF( )函数将返回文件的字节数。例如，LOF(1)返回 1 号文件的长度，如果返回 0，则表示该文件是一个空文件。

在应用时需要注意的是，LOF( )函数返回的是以字节为单位的文件大小，不是所包含的字符数。例如，假定一个文件的内容为"1949 年中华人民共和国成立"，LOF( )函数的值为 24，而实际只有 14 个字符。

（3）Input # 文件号，变量列表

当需要从顺序文件中按原来的数据类型读出数据时，应使用 Input #语句。它从文件中读出数据，并将读出的数据赋给指定的变量。

为了能够用 Input #将文件中的数据正确地读出，在将数据写入文件时，要使用 Write #语句而不是使用 Print #语句。因为 Write #语句能够将各个数据项正确地区分开。

例如，若执行下列语句，可以从图 1.8.8 所示的文件 C:\VB\Scores. dat 中读出数据，计算平均成绩并显示在窗体上。通常文件中会有很多同学（多行）的数据，故可使用循环。

```
Open " C:\VB\Scores. dat" For Input As #1      ' 打开文件 C:\Scores. dat 用于读,文件号为 1
Dim No$, Name$, Score%                         ' 定义 3 个变量,用于存放读出的数据
Dim Count%, Sum%, Average!                     ' 分别用于统计人数、总成绩和平均成绩
Do While Not EOF(1)                            ' 判断 1 号文件是否结束,若不结束则继续
    Input #1, No, Name, Score                  ' 从 1 号文件中读出一个同学的数据(一行数据)
    Count = Count + 1                          ' 统计人数
    Sum = Sum + Score                          ' 累加成绩
Loop
Average = Sum / Count                          ' 计算平均成绩
Print Average                                  ' 在窗体上输出平均成绩
Close #1                                        ' 关闭文件
```

在实际应用中，需要读者注意两点：一是读出时变量的数据类型需要与写入时的数据类型一致；二是若用 Print 写入，则很难正确地按原来数据类型读出。

（4）Line Input #文件号，字符串变量

若将顺序文件纯粹当作文本文件处理时，可以使用 Line Input #语句从文件中读出一行数据，并将读出的数据赋给指定的字符串变量。读出的数据中不包含回车符及换行符。

例如，将 C:\VB\Scores. dat 的内容读入文本框 Text1 中，可以使用如下程序代码：

```
Text1. Text= " "
Open " C:\VB\Scores. dat " For Input As #1       ' 打开文件
Do While Not EOF(1)                              ' 判断文件是否结束
```

```
            Line Input #1, LineData                    ' 读一行数据送入变量 InputData
            Text1. Text = Text1. Text + LineData +vbCrLf  ' 将读出的一行数据添加到文本框末尾
        Loop
        Close #1                                        ' 关闭文件
```

4. 关闭文件

文件读写之后，还必须关闭；否则会造成数据丢失等现象。因为实际上 Print #或 Write #语句是将数据送到缓冲区中，关闭文件时才将缓冲区中数据全部写入文件。关闭文件所用的语句是 Close，其形式如下：

Close [[#]文件号][,[#]文件号] ……

例如，Close #1，#2，#3 命令是关闭 1 号、2 号和 3 号文件。

如果省略了文件号，Close 命令将会关闭所有已经打开的文件。

例 8.2　编写事件过程，完成例 8.1，程序代码如下：

```
Sub Command1_Click( )
    Open "C:\Scores. txt" For Append As #1          ' 打开文件供添加数据
    Write #1, Text1. Text, Text2. Text, IIf( Option1. Value, "男 ", " 女 "), Val( Text3. Text)
    Close #1
End Sub
Sub Command2_Click( )
    Open "C:\Scores. txt" For Input As #1           ' 打开文件供读取数据
    Dim No$, Name$, Sex$
    Dim Score%, Sum%, count%
    Text4. Text = ""
    Do While Not EOF( 1)
        Input #1, No, Name, Sex, Score              ' 读一行(学号、姓名、性别、成绩)
        Sum = Sum + Score                           ' 累加成绩
        Count = Count + 1                           ' 统计人数
        Text4. Text = Text4. Text & No & " " & Name + " " & Sex & " " & Score & vbCrLf
    Loop
    Label6. Caption = Sum
    Label7. Caption = Sum / Count
    Close #1
End Sub
```

说明：

① 不论是将数据写入顺序文件，还是从顺序文件中读出数据，打开文件都是使用 Open 语句，只是模式不同。

② 顺序文件是文本文件，各种类型的数据写入文件时被自动转换成字符串。例如，成绩是整型数据，写入顺序文件时就被转换成字符串。

③ 顺序文件中的数据通常有两种处理方法：一是按原来的数据类型读出，然后进行各种处理；二是纯粹当作文本文件进行处理。

④ 为了将文件中的数据按原有数据类型读出，所以定义了变量，每一行的 3 个数据读出后送入相应的变量。

⑤ 读写文件结束后，要使用 Close 语句将文件关闭；否则会发生数据丢失现象。

8.2.2 二进制文件

二进制文件的访问单位是字节，文件一旦打开，可以同时进行读写。

在二进制文件中，可以把文件指针移到文件的任何地方。文件刚刚被打开时，文件指针指向第一个字节，以后将随着文件处理命令的执行而移动。

1. 二进制文件的打开和关闭

二进制文件的打开仍然使用 Open 语句，其形式如下：

Open 文件名 For Binary As # 文件号

关闭二进制文件与关闭顺序顺序完全相同。

2. 二进制文件的写操作

二进制文件的写操作使用 Put 语句，其形式如下：

Put［#］文件号,［位置］,变量名

其中 Put 命令是将一个字节的数据写入指定位置处。如果忽略位置，则表示从当前位置处写入一个字节。

3. 二进制文件的读操作

二进制文件的读操作使用 Get 语句，其形式如下：

Get［#］文件号,［位置］,变量名

其中 Get 命令是在二进制文件中将一个字节从指定位置读入变量中。如果忽略位置，则表示从当前位置处读出一个字节。

下面将结合一个实例说明二进制文件的使用。

例 8.3 编写一个复制文件的程序，将文件 C:\Student. dat 复制为 C:\Student. bak，程序代码如下：

```
Dim char As Byte
Dim FileNum1 As Integer,FileNum2 As Integer
FileNum1 = FreeFile
Open "C:\Student. dat" For Binary As # FileNum1        '打开源文件
FileNum2 = FreeFile
Open "C:\Student. bak" For Binary As # FileNum2        '打开目标文件
Do While Not EOF(FileNum1)
    Get #FileNum1, , char                              '从源文件读出一个字节
    Put #FileNum2, , char                              '将一个字节写入目标文件
Loop
Close #FileNum1                                        '关闭源文件
Close #FileNum2                                        '关闭源文件
```

8.3 综合应用

下面通过两个综合应用案例帮助读者掌握本章的有关知识。

例 8.4 设计一个如图 1.8.10 所示的函数积分计算程序。函数由用户选择，程序区

间和等分数量由用户输入。若单击"计算函数值"按钮，则首先计算函数值，然后在列表框中显示函数值，最后将函数值写入文件（文件前3个数据为下限、上限和等分数量）；若单击"计算积分"按钮，则首先从文件中读取有关数据，然后计算积分，最后将积分显示在右侧的文本框中。

微视频：
文件综合应用

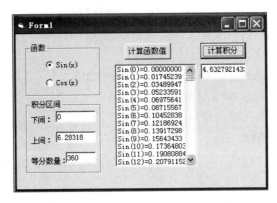

图 1.8.10　函数积分计算程序

程序代码如下：

```
' 声明窗体级动态数组 data
Dim data( ) As Double
' 计算函数值按钮事件过程
Sub Command1_Click( )
    Dim L As Double, U As Double, N As Double
    L = Text1.Text                          ' 变量 L 存放积分区间的下限
    U = Text2.Text                          ' 变量 U 存放积分区间的上限
    N = Text3.Text                          ' 变量 N 存放积分区间等分数
    ReDim data(N-1) As Double               ' 改变数组大小
    If Option1.Value Then
        For i = 0 To N-1
            data(i) = Sin((U-L) / N * i)    ' 计算 Sin( )函数值
        Next i
    Else
        For i = 0 To N-1
            data(i) = Cos((U-L) / N * i)    ' 计算 Cos( )函数值
        Next i
    End If
    List1.Clear                             ' 清空列表框
    For i = 0 To N - 1                       ' 函数值显示在列表框中
        If Option1.Value Then
            List1.AddItem "Sin(" & i & ")= " & Format(data(i), "0.00000000")
        Else
            List1.AddItem "Cos(" & i & ")= " & Format(data(i), "0.00000000")
        End If
```

```
        Next i
        Open "C:\data. dat" For Output As #1          ' 打开文件供添加数据
        Write #1, L, U, N                             ' 前 3 个数据为下限、上限和等分数量
        For i = 0 To N-1                              ' 将函数值写入文件
            Write #1, data(i)
        Next i
        Close #1
End Sub
' 计算积分按钮事件过程
Sub Command2_Click( )
        Open "C:\data. dat" For Input As #1           ' 打开文件供读取数据
        Dim L As Double, U As Double, N As Double
        Input #1, L, U, N                             ' 读前 3 个数据(下限、上限和等分数量)
        ReDim data(N-1) As Double                     ' 改变数组大小
        For i = 0 To N-1                              ' 读文件中的函数值
            Input #1, data(i)
        Next i
        Close #1
        Dim s As Double
        s = 0
        For i = 0 To N-1
            s = s + data(i)
        Next i
        s = s * (U- L) / N
        Text4. Text = s                               ' 将积分显示在文本框中
End Sub
```

例 8.5 设计一个如图 1.8.11 所示的文件加密程序。左侧的文本框显示打开的文件内容，右侧的文本框显示经加密的内容，窗体底部的进度条显示文件读或写操作的进度。

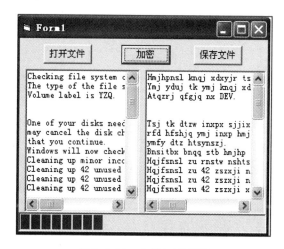

图 1.8.11　文件加密程序

　　窗体上除了图中所见的控件之外，还有通用文件对话框 CommonDialog1，程序代码如下：

```
' "打开文件"按钮事件过程
Sub Command1_Click( )
    Dim InputData As String * 1
    CommonDialog1. ShowOpen
    Fname = CommonDialog1. FileName
    Open Fname For Input As #1
    Text1. Text = " "
    With ProgressBar1
        . Min = 0
        . Max = LOF(1)
        . Visible = True
        . Value = 0
    End With
    Do While Not EOF(1)
        InputData = Input(1, #1)
        Text1. Text = Text1. Text + InputData
        ProgressBar1. Value = ProgressBar1. Value + 1
    Loop
    ProgressBar1. Visible=False
    Close #1
End Sub
' "加密"事件过程 Command2_Click 请参考第 6 章例 6. 12
' "保存文件"按钮事件过程
Sub Command3_Click( )
    CommonDialog1. ShowSave
    Open CommonDialog1. FileName For Output As #1
    Print #1 , Text1. Text
    Close #1
End Sub
```

8.4　自主学习——随机文件

　　访问顺序文件需要从头到尾按顺序进行访问，若需要直接、快速地访问文件中的某些数据，就需要用随机文件来实现。

　　在随机文件中，每一条记录都有记录号且长度全部相同，数据类型是由 Type 语句定义的用户自定义数据类型，所以访问随机文件的程序框架由以下 4 部分组成：

　　① 定义记录类型及其变量。

　　② 打开随机文件。

　　③ 将记录写入随机文件，或者从随机文件中读出记录。

　　④ 关闭随机文件。

（1）随机文件的打开和关闭

打开文件仍然使用 Open 语句，其形式如下：

Open 文件名 For Random As # 文件号 [Len = 记录长度]

文件名可以是字符串常量，也可以是字符串变量。随机文件打开后，可以进行写入与读出操作。Open 语句中要指明记录长度，默认值是 128 个字节。

关闭文件仍然使用 Close 语句。

（2）随机文件的写操作

随机文件的写操作使用 Put 语句，其形式如下：

Put [#]文件号,[记录号],变量名

其中

① Put 命令是将一个记录变量的内容写入所打开的磁盘文件中指定的记录位置处。

② 记录号是大于 1 的整数。如果省略记录号，则表示在当前记录后写入一条记录。

（3）随机文件的读操作

随机文件的读操作使用 Get 语句，其形式如下：

Get [#]文件号,[记录号],变量名

其中

① Get 命令是把随机文件中一条由记录号指定的记录内容读入记录变量中。

② 记录号是大于 1 的整数。如果省略记录号，则表示读出当前记录后的那一条记录。

例 8.6 编写一个随机文件应用程序。要求将两个同学的记录（由学号、姓名和成绩组成）写入随机文件 C:\Scores.dat 中，记录号分别为 1 和 4，然后从 C:\Scores.dat 中读出第 4 条记录并显示在窗体上。

① 添加标准模块，在其中定义记录类型和记录变量。

```
Type StudType                          ' 定义记录类型 StudType
    No As String * 6                   ' No 用于存放学号,长度为 6
    Name As String * 8                 ' Name 用于存放姓名,长度为 8,最多 4 个汉字
    Mark As Integer                    ' Mark 用于存放成绩
End Type                               ' 记录类型 StudType 定义结束
Public Std As StudType
```

② 将两个同学的记录写入随机文件。

```
Open "C:\Scores.dat" For Random As #1 Len = Len(Std)    ' 打开随机文件 Scores.dat
With Std                                                 ' 将数据赋给记录变量
    . No = "121023"
    . Name = "王海涛 "
    . Mark = 66
End With
Put #1, 1, Std                                           ' 将记录写入 1 号文件,记录号为 1
With Std                                                 ' 将数据赋给记录变量
    . No = "122498"
    . Name = "周文英 "
    . Mark = 88
```

```
End With
Put #1, 4, Std                      ' 将记录写入 1 号文件,记录号为 4
Close #1                            ' 关闭随机文件
End Sub
```

③ 从随机文件 C:\Scores. dat 中读出第 4 条记录并显示在窗体上。

```
Open "C:\Scores. dat" For Random As #1 Len = Len(Std)    ' 打开文件供添加数据
Get #1, 4, Std                          ' 从 1 号文件中读出第 4 条记录
Print Std. No, Std. Name, Std. Mark     ' 将记录变量 Std 中的数据输出到窗体上
Close #1                                ' 关闭随机文件
```

说明:

① 记录的长度是固定的,因此若数据项是 String 类型,则说明时要指定其长度。

② 在打开随机文件的 Open 语句中,模式为 Random,需指定记录长度。随机文件打开后可同时进行读写。

③ 读写随机文件所用的语句是 Get 和 Put。

④ 随机文件 C:\Scores. dat 中有 4 条记录,其中第 2、3 条是空记录,存储位置仍然保留,如图 1.8.12 所示。

121023	王海涛	66	空记录	空记录	122498	周文英	88
记录 1			记录 2	记录 3	记录 4		

图 1.8.12　随机文件 C:\Scores. dat 中的数据

空间用于存放随机文件中的记录。记录类型说明已在第 5 章介绍,这里不再重复。

例 8.7　编写如图 1.8.13 所示的学生信息管理程序。窗体上"追加记录"(Command1)按钮的功能是将一个学生的信息作为一条记录添加到随机文件末尾,"显示记录"(Command2)按钮的功能是在窗体上显示指定的记录。

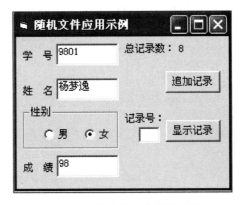

图 1.8.13　学生信息管理运行界面

用于输入学号、姓名、成绩和记录号的 4 个文本框的名称分别为 Text1、Text2、Text3 和 Text4,"男"单选按钮和"女"单选按钮的名称分别为 Option1 和 Option2,显示总记录数的标签为 Label1,程序代码如下:

```
' 在标准模块中定义记录类型
Type StudType
    iNo As Integer
    strName As String * 20
    strSex As String * 1
    sMark As Single
End Type
' 在窗体的"通用"段中定义记录变量
Dim Student As StudType
Dim Record_No As Integer
' 在窗体中定义事件过程
Sub Form_Load( )
    Open "C:\Student.dat" For Random As #1 Len = Len(Student)        ' 打开随机文件
    Label1.Caption = LOF(1) / Len(Student)        ' 计算总记录数并显示
    Close #1                                       ' 关闭文件
End Sub
' 添加记录
Sub Command1_Click( )
    With Student                                   ' 使用 With 语句将输入数据赋给记录变量
        .iNo = Val(Text1.Text)
        .strName = Text2.Text
        .strSex = IIf(Option1.Value, "1", "0")
        .sMark = Val(Text3.Text)
    End With
    Open "C:\Student.dat" For Random As #1 Len = Len(Student)        ' 打开随机文件
    Record_No = LOF(1) / Len(Student) + 1          ' 计算新记录的记录号
    Label1.Caption = Record_No                     ' 更新总记录数
    Put #1, Record_No, Student                     ' 添加记录
    Close #1                                        ' 关闭文件
End Sub
' 显示记录
Sub Command2_Click( )
    Open "C:\Student.dat" For Random As #1 Len = Len(Student)        ' 打开文件
    Record_No = Val(Text4.Text)                    ' 将 Text4 中的记录号赋给 Record_No
    Get #1, Record_No, Student                     ' 按记录号读记录
    Text1.Text = Student.iNo                        ' 将记录中的学号送到文本框 Text1 中
    Text2.Text = Student.strName                    ' 将记录中的姓名送到文本框 Text2 中
    If Student.strSex = "1" Then                    ' 将记录中的性别信息
        Option1.Value = True                        ' 用单选按钮的形式显示
    Else
        Option2.Value = True
    End If
    Text3.Text = Student.sMark                      ' 将记录中的成绩送到文本框 Text3 中
```

```
        Close #1                              ' 关闭文件
    End Sub
```

习　题

1. 什么是文件？ASCII 码文件与二进制文件有什么区别？
2. 根据文件的访问模式不同，文件可分为哪几种类型？
3. 构造满足下列条件的 Open 语句。
    （1）建立一个新的顺序文件 Seqnew. dat，供用户写入数据，指定文件号为 1。
    （2）打开一个已有的顺序文件 Seqold. dat，用户从该文件中读出数据，指定文件号
        为 2。
    （3）打开一个已有的顺序文件 Seqappend. dat，用户在该文件后面添加数据，文件
        号通过调用 FreeFile 函数获得。
4. 写出程序代码片段，将文本文件 Text. dat 中的内容读入变量 strTest$ 中。
5. Print #和 Write #语句的区别是什么？各有什么用途？
6. 说明 EOF( )函数的功能。
7. 随机文件和二进制文件的读写操作有何不同？
8. 写出程序代码片段，将磁盘上的两个文件合并（提示：把它们作为二进制文件处理）。
9. 为什么有时不使用 Close 语句关闭文件会导致文件数据的丢失？

第 9 章
ADO 数据库编程基础

  几乎所有的应用程序都离不开数据的存取操作，使用数据库存储管理数据比通过文件来存储管理有更高的效率。VB 提供了强有力的数据库存取功能，将 Windows 的各种特性与数据库管理功能有机地结合在一起。通过使用 ADO 对象来访问数据库，用户可以在程序中浏览、编辑各种数据库的数据。

  本章介绍利用 Adodc 数据控件开发数据库应用程序的一般方法。

9.1 VB 数据库应用程序

9.1.1 引例——学生基本信息管理

例9.1   在数据文件一章中介绍了如何编写学生信息管理程序。这里通过手动方式设计一个简单的学生基本情况管理系统，具有数据输入、修改、删除和浏览功能，程序运行效果如图 1.9.1 所示。

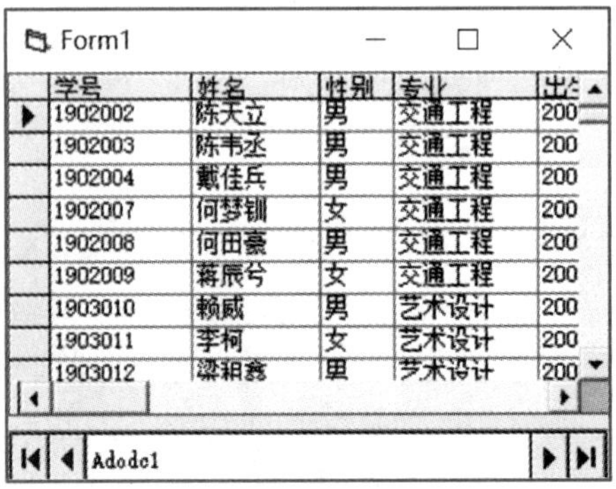

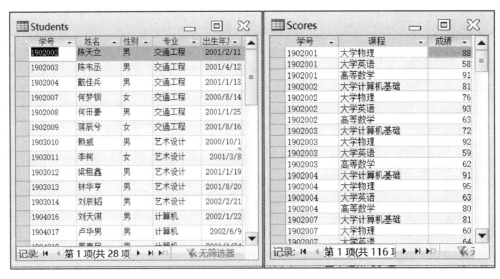

图 1.9.1   简单的数据库应用程序

（1）准备数据库

本例 Access 数据库文件名为 classes.accdb，有两张表：Students 学生信息表、Scores 成绩表，如图 1.9.2 所示。

图 1.9.2   classes.accdb 数据库的两张表

（2）用户界面设计

为实现本程序的功能，需要使用 Adodc 和 DataGrid 两个控件，这两个控件都属于

ActiveX 控件，使用前通过选择"工程|部件"命令，打开"部件"对话框，选定所需要的 ADO Data Control 和 DataGrid Control，即可将两个控件添加到工具箱中，如图 1.9.3 所示。将 Adodc 数据控件与 DataGrid 控件添加到窗体上，如图 1.9.4 所示。

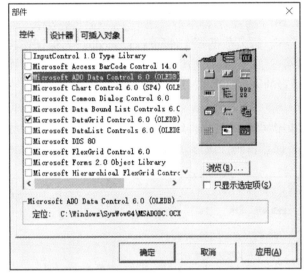

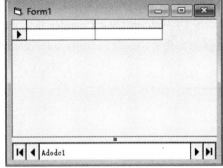

图 1.9.3　添加 ADO 与 DataGrid 控件到工具箱　　　　图 1.9.4　窗体上的 Adodc 与 DataGrid 控件

（3）Adodc 数据控件连接数据库获取数据

Adodc 数据控件具有打开数据库的能力，通过设置控件属性就可连接到 classes. accdb 数据库。鼠标右键单击 Adodc 控件，选择快捷菜单中的"ADODC 属性"命令，打开属性页对话框，如图 1.9.5 所示。

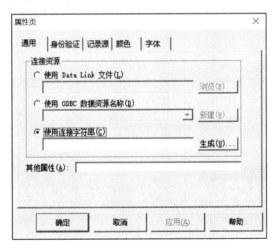

图 1.9.5　"属性页"对话框

① 连接数据库

● 选择数据资源连接方式。系统提供了 3 种数据源的连接方式，常规下选取"使用连接字符串"方式。连接字符串包含了用于与数据源建立连接的相关信息。

● 选择数据库类型。单击图 1.9.5 的"生成"按钮,打开如图 1.9.6 所示的"数据链接属性"对话框。对于连接 Access 低版本的数据库,即扩展名为 mdb,需要选择 Microsoft Jet 4.0 OLE DB Provider。而 2007 以上版本数据库,扩展名为 accdb,则选择如图 1.9.6 所示选项。

● 指定数据库文件名。在选择了 OLE DB 提供者后,单击"下一步"按钮或选择"连接"选项卡,进入如图 1.9.7 所示的对话框,输入数据库文件 classes. accdb。为保证连接有效,可单击右下方的"测试连接"按钮,如果测试成功则关闭该对话框,返回到如图 1.9.8 所示的属性页对话框显示连接设置的内容,即 ConnectionString 属性的内容为

$$Provider = Microsoft. ACE. OLEDB. 12. 0; Data Source = classes. accdb; Persist Security Info = False$$

它由三部分组成:Provider 指定连接提供程序的名称;Data Source 用于指定要连接的数据源文件;Persist Security Info 表示是否保存密码,该部分可以不设置。

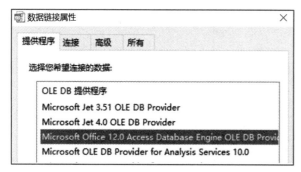

图 1.9.6 "数据链接属性"对话框   图 1.9.7 指定数据库文件名

该属性值使得 Adodc1 控件可借助 Microsoft. ACE. OLEDB. 12. 0 驱动程序打开 classes. accdb 数据库。

注意:在图 1.9.7 中数据库名称前无目录路径,形成相对路径。所设计的窗体文件与数据库文件在同一文件夹内,这样,当程序和数据库文件放置在任何一个文件夹内时,都能正确连接该数据库。

② 获取记录源

在"记录源"选项卡中，在"命令类型"下拉列表框中指定用于获取记录源的命令类型，本例选择"2-adCmdTable"选项（表类型）；"表或存储过程名称"框指定具体可访问的记录源，本例选择"Students"表，如图 1.9.9 所示。操作完成后，返回该表所有记录的数据，并将这些数据构成记录集对象 Recordset。

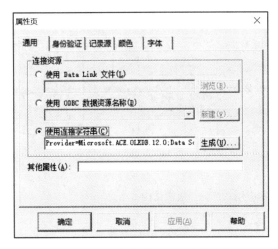

图 1.9.8　连接成功显示连接字符串

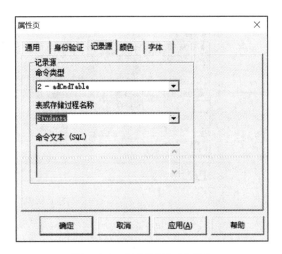

图 1.9.9　"记录源"选项卡

（4）DataGrid 网格控件数据显示

Adodc 数据控件不具备数据显示的功能，需要借助网格控件 DataGrid 来实现。选定 DataGrid 控件，在属性窗口将 DataSource 属性设置为 Adodc1 控件名，就可将 Adodc 控件返回的记录集绑定到网格上，利用 DataGrid 控件的水平、垂直滚动条可快速浏览数据；也可利用 Adodc 控件上的 4 个箭头进行浏览。

（5）数据维护

可直接对在网格显示的数据进行以下维护操作。

● 新增：有 ✳ 标记的行，可以输入新记录，输入数据后移动记录指针就可将新记录写入数据库。

● 修改：直接改变网格内的值，只要移动记录指针，即可将修改后的数据存入数据库中。

● 删除：鼠标单击网格左边的 ▶ 标志，选中该记录，按 Delete 键即可删除所选记录。

从以上过程来看，不需要编写任何代码就完成了一个具有数据显示和维护功能的简单应用程序。这仅是个示例，在实际应用中还是需要灵活地编写代码。

9.1.2　数据库应用程序的三层次结构

从引例可以看到，数据库应用程序从系统结构上可以分为三层。

（1）后台：数据库，提供前台应用程序所需要的数据源及访问数据源的基本操作。

（2）前台：应用程序功能界面，主要是用 VB 完成满足一定应用需求的应用程序功能设计及相应的界面设计。

（3）中间层：使用 ADO 对象模型实现前台功能界面和后台数据库之间通信，这是应用程序开发的关键。

三层之间的结构关系如图 1.9.10 所示，ADO 数据库应用系统的三层体系结构决定了一个数据库应用系统的具体设计过程。

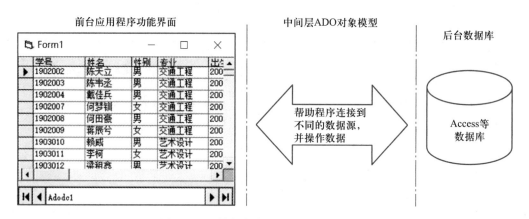

图 1.9.10　数据库应用系统的三层次结构

9.1.3　ADO 对象模型

ADO 是 ActiveX Data Object 的缩写，是一种访问各种数据类型的连接机制，通过其内部的属性和方法提供统一的数据访问接口。

ADO 对象模型主要由 Connection、Command 和 Recordset 三个对象成员，以及几个集合对象所组成。图 1.9.11 示意了这些对象之间的关系。

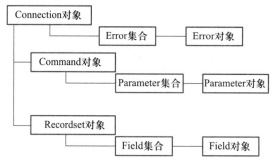

图 1.9.11　ADO 对象模型

① Connection：连接对象，应用程序通过连接访问数据库。

② Command：命令对象，从连接到的数据源获取所需数据的命令信息，如利用 SQL 命令等。

③ Recordset：记录集对象，获得的一组记录组成的集合。记录集是内存中来自基本表或命令执行的结果的集合，它也由记录（行）和字段（列）构成，可以把它当作一个数据表来进行操作。其中的 Field 字段对象，包含记录集中某个字段的信息。

9.2 数据和数据绑定控件

9.2.1 Adodc 数据控件

为便于用户使用 ADO 数据访问技术，VB 提供了一个 Adodc 控件，它将 ADO 对象的主要操作封装在控件内，有一个易于使用的界面，可以用较少的代码创建数据库应用程序，允许将 VB 的窗体与数据库方便地进行连接。

使用 Adodc 数据控件获取数据库中记录的集合，通常需要经过以下几步：

① 在窗体上添加 Adodc 控件。

② 通过 Adodc 控件连接属性与数据提供者之间建立连接。

③ 使用 ADO 命令对象操作数据源，从数据源中产生记录集并存放在内存中。

④ 建立记录集与数据绑定控件的关联，在窗体上显示数据。

在例 9.1 的建立过程中，已经看到如何通过手动操作实现这些过程，本节介绍除了在界面上建立控件外，其余功能通过代码来实现。

1. Adodc 数据控件的属性、方法和事件

Adodc 数据控件常用属性、方法和事件如表 1.9.1 所示。

属性/方法/事件	描　　述
ConnectionString 属性	包含用于连接数据源的相关信息，使连接概念得以具体化
CommandType 属性	指定 RecordSource 获取数据源的命令类型 CommandType 属性常用值为 2 或 8，其取值含义如表 1.9.2 所示
RecordSource 属性	确定具体可访问的数据来源，这些数据构成记录集对象 Recordset。该属性值可以是数据库中的单个表名，也可以是一个 SQL 语言的查询字符串
Recordset 属性	ADO 控件实际可操作的记录集对象，是一个如电子表格结构的集合。该属性只能在程序运行时使用，通过 Recordset. Fields("字段名")获得字段值
Refresh 方法	刷新 Adodc 控件的连接属性，并能重建记录集对象
MoveComplete 事件	当记录指针移动（如利用 4 个方向移动按钮）时发生

◄表 1.9.1
Adodc 控件常用属性、方法和事件

说明：

① ConnectionString 属性对扩展名为 accdb 的数据库文件的值如下：

　　　　Provider=Microsoft. ACE. OLEDB. 12. 0;Data Source=文件名 . accdb

若为扩展名为 mdb 的数据库文件，则连接属性值为

　　　　Provider=Microsoft Jet 4. 0 OLE DB. 4. 0; Data Source=文件名 . mdb

其中 Provider 指定连接提供程序的名称；Data Source 指定要连接的数据源文件。属性值可通过图 1.9.8 方式直接获取。

② CommandType 属性值和 RecordSource 属性设置关系见表 1.9.2。

属性值	常　量	描　述
1	adCmdText	RecordSource 设置为命令文本，通常使用 SQL 语句
2	adCmdTable	RecordSource 设置为单个表名
4	adCmdStoredProc	RecordSource 设置为存储过程名
8	adCmdUnknown	命令类型未知，RecordSource 通常设置为 SQL 语句

例如，若要获取数据库中的单个表"Students"全部数据，一般则设置 CommandType 属性值为 2，RecordSource 属性为"Students"。

若要用所有"物理"专业的学生数据构成记录集对象，则设置 CommandType 属性值为 1 或 8，RecordSource = "Select * From Students Where 专业 = '物理' "。

2. 应用举例

例9.2　在例 9.1 的基础上去掉步骤（3）和（4）的手动操作，通过代码实现使得应用程序更便于建立和通用，具体要实现以下功能代码：

① 通过代码使得 Adodc 数据控件连接数据库，而不是手动设置属性的方式。

② 通过代码使得 DataGrid 网格控件与 Adodc1 数据控件绑定，使网格能显示当前记录集的内容。

③ 在界面中添加两个命令按钮，通过单击不同的命令按钮，在数据网格中显示 classes. accdb 数据库中 Students 表或 Scores 表的内容，如图 1.9.12 所示。

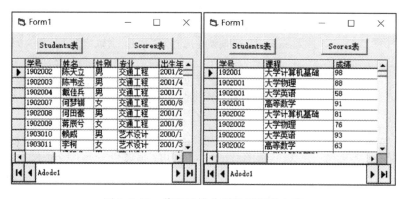

图 1.9.12　代码连接分别显示两表内容

实现的程序代码如下：

```
Private Sub Form_Load( )    '该事件过程用代码完成数据库的连接,并将 DataGrid 绑定到 Adodc1
                            '连接到与工程同一文件夹下的 classes. accdb 数据库文件
    Adodc1. ConnectionString = "Provider=Microsoft. ACE. OLEDB. 12. 0;Data Source=classes. accdb"
    Adodc1. CommandType = adCmdTable         '设置为单个表名
    Adodc1. RecordSource = "Students"        '初始 Students 表默认设置
    Set DataGrid1. DataSource = Adodc1. Recordset
                            '设置 DataGrid 控件的 DataSource 属性为 Adodc1,实现数据绑定
End Sub
```

```
Private Sub Command1_Click( )
    Adodc1.RecordSource = "Students"          ' 显示学生情况表
    Adodc1.Refresh
End Sub
Private Sub Command2_Click( )
    Adodc1.RecordSource = "Scores"            ' 显示学生成绩表
    Adodc1.Refresh
End Sub
```

注意：当两表切换显示时，用 Refresh 方法刷新，重建控件的记录集对象。如果不使用 Refresh 方法，内存中的记录集的内容不发生变化。

9.2.2 数据绑定

在 VB 中，Adodc 数据控件不能直接显示记录集对象中的数据，必须通过能与其绑定的控件来实现。绑定控件是指任何具有 DataSource 属性的控件。

数据绑定是一个过程，即在运行时绑定控件自动连接到 Adodc 控件生成的记录集中的某字段，从而允许绑定控件上的数据与记录集数据之间自动同步。绑定控件、数据控件和数据库三者的关系如图 1.9.13 所示。

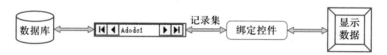

图 1.9.13　绑定控件、数据控件和数据库三者的关系

绑定控件通过 Adodc 控件使用记录集内的数据，再由 Adodc 控件将记录集连接到数据库中的数据表。

Windows 窗体按两种类型控件分类实现数据绑定：网格控件的多字段数据绑定、非网格控件的单字段数据绑定。

1. 网格控件的多字段数据绑定

这种方式有时称为复杂数据绑定，实际使用时却简单，利用整个表或 SQL 语句等形成的记录集将多个数据字段绑定到一个控件，在窗体上以表格形式显示记录集中的多行和多列。

该类绑定控件有 DataGrid 和 MSHFlexGrid，常用 DataGrid，优点是使用简单、功能强，既可对数据浏览，又可对数据进行编辑。这在例 9.1 和例 9.2 中已经显现。实现绑定关键有两个步骤。

① Adodc 是数据库连接的控件：前面已经介绍的 Adodc 控件的 ConnectionString、CommandType、RecordSource 属性和 Refresh 方法。

② DataGrid1 是显示数据表中数据的控件：DataGrid1 需要设置的是来自 Adodc1 的数据源，即

```
Set DataGrid1.DataSource = Adodc1.Recordset
```

例9.3　设计窗体，在数据网格中显示 classes.accdb 数据库中 Students 表内男学生的姓名、学号、性别和出生年月，如图 1.9.14 所示。

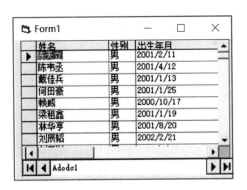

图 1.9.14　在网格上显示部分记录

程序代码如下：

```
Private Sub Form_Load( )
    Adodc1. ConnectionString = "Provider=Microsoft. ACE. OLEDB. 12. 0;Data Source=classes. accdb"
    Adodc1. CommandType = adCmdText          ' 设置为 SQL 命令构成记录集
    Adodc1. RecordSource = "select 姓名,性别,出生年月 from students where 性别='男' "
    Adodc1. Refresh
    Set DataGrid1. DataSource = Adodc1. Recordset
End Sub
```

注意： 对于 SQL 命令的详细介绍见本章自主学习。

2. 非网格控件的单字段数据绑定

这种方式就是将具有 DataSource 属性的每个控件逐一绑定到对应数据字段，也就是每个控件仅显示记录集中的一个字段，在窗体上以一屏显示一条记录集中的有关字段。

最常用的数据绑定是使用文本框、标签、列表框或组合框等。在窗体上要显示 n 项数据，就需要使用 n 个绑定控件。要使绑定控件能自动连接到记录集的某个字段，通常需要对控件的两个属性进行设置。

① DataSource 属性：通过指定一个有效的 Adodc 控件将绑定控件连接到数据源。

② DataField 属性：设置记录集中有效的字段，使绑定控件与其建立联系。

下面通过建立学生 Students 信息窗来说明数据绑定的操作过程。

例 9.4　设计一个窗体，用以浏览 classes. accdb 数据库中 Students 表的内容，如图 1.9.15 所示。

① 界面设计。在窗体上添加 Adodc 控件、两个文本框、两个组合框、1 个日历控件 DTPicker、5 个标签控件。

注意： 使用日历控件 DTPicker 需要通过"工程|部件"命令，打开"部件"对话框，选定 Microsoft Windows Common Controls-2 6. 0 控件，添加到工具箱中。

② 建立连接和产生记录集。参照例 9.1 中的数据控件连接设置操作，将 Adodc1 控件连接到数据库 classes. accdb，记录源为 Students 表。

③ 数据绑定。将两个文本框、两个组合框、1 个日历控件 DTPicker 的 DataSource 属性都设置成 Adodc1。通过单击这些绑定控件的 DataField 属性选择 Students 表所对应的字段，使之建立约束关系，如图 1.9.16 所示。

图 1.9.15　简单数据绑定　　　　图 1.9.16　记录源提供的字段

④ 程序运行。可以使用数据控件对象上的 4 个箭头按钮遍历整个记录集。本例不需要任何编程就完成了单字段的数据绑定，若要在 Adodc 控件上显示总记录数和当前记录，只要增加如下事件过程代码：

> Private Sub Adodc1_MoveComplete(ByVal adReason As ADODB. EventReasonEnum, ByVal pError _
> 　　　　As ADODB. Error, adStatus As ADODB. EventStatusEnum, ByVal pRecordset _
> 　　　　As ADODB. Recordset)
> 　　　Adodc1. Caption = Adodc1. Recordset. AbsolutePosition& "/" & Adodc1. Recordset. RecordCount
> End Sub

程序运行效果如图 1.9.15 所示。

说明：

① 在浏览数据时，若改变了某个字段的值，只要移动记录，即可将修改后的数据存入数据库中。如果在设计时将 Adodc 控件的 EofAction 属性设置为 2（adDoAddNew），则应用程序就具有添加新记录的功能。当记录指在最后一条记录上时，再单击下一条记录的按钮，即可进入到增加记录的状态。

② 使用组合框目的是在添加或修改该字段值时，可根据该组合框的 List 属性中事先设置的值选择，简化输入，便于规范。

9.3　记录集对象

9.3.1　记录集的相关概念

1. 记录集常用属性和方法

记录集（Recordset）对象是由 Adodc 控件返回代表选定的记录集，它既是 Adodc 控件的一个属性，也是一个对象，并且有自己的属性和方法。通过 Adodc 控件操作数据库，主要利用 Recordset 对象的属性和方法来对数据库中的数据进行操作。Recordset 对象常用的属性和方法见表 1.9.3。

▶表 1.9.3
Recordset
对象常用的
属性和方法

属性/方法	描　述
AbsolutePosition 属性	返回当前记录指针值，第 n 条记录的记录指针值为 n，该属性为只读属性
BOF 属性	值为 True，记录指针处于记录集的首记录前
EOF 属性	值为 True，记录指针处于记录集的尾记录后
RecordCount 属性	返回记录集中的记录数，该属性为只读属性
Move 方法组	MoveFirst、MoveLast、MoveNext、MovePrevious、Move[n]方法分别将记录指针移至第 1 条、最后、下一条、上一条和第 n 条记录
Find 方法	查找与指定条件相符的第 1 条记录，并使之成为当前记录，找不到 EOF 为 True。例 Adodc1. Recordset. Find "姓名 = '李柯' "
AddNew 方法	在记录集中增加一个新行
Delete 方法	删除记录集中的当前记录
Update 方法	确定所做的修改并保存到数据源中
CancelUpdate 方法	取消未调用 Update 方法前对记录所做的所有修改

说明：

① 使用 Recordset 对象时，前面必须加 Adodc 控件名。

② Find 方法查找条件可以是常量，但实用性不强。一般使用交互查询，条件可通过文本框输入，所以若查找的字段为字符串类型，则构建的条件在文本框或变量两旁加限定符单引号。例如

    Adodc1. Recordset. Find "姓名 =" & " ' " Text1. Text & " ' "

如果查询的字段类型为数值型，则文本框或变量两侧不加单引号；当使用 Like 运算符时，常量值可以包含 ∗，∗代表任意字符，使查询具有模糊功能。

例如，Adodc1. Recordset. Find "姓名 Like '李 ∗ ' "，将在记录集内查找姓"李"的学生。

2. 数据浏览和查询

例 9.5　设计窗体，在例 9.4 的基础上用命令按钮替代数据控件上的 4 个箭头按钮和一个查找按钮的功能，通过 Text4 文本框控件输入姓名，使用 Find 方法查找记录并显示。

5 个命令按钮通过控件数组完成，按钮数组名为 Command1，利用该事件的 Index 参数由用户操作决定执行哪个按钮代码。Adodc1 数据控件的 Enabled 属性设置为 False（不可操作），如图 1.9.17 所示。

图 1.9.17　用代码浏览记录集

程序代码如下:

```
Private Sub Command1_Click(Index As Integer)
    Adodc1. Enabled = False
    Select Case Index
    Case 0
        Adodc1. Recordset. MoveFirst                          '首记录
    Case 1
        Adodc1. Recordset. MovePrevious                       '上一条
        If Adodc1. Recordset. BOF Then Adodc1. Recordset. MoveFirst
    Case 2
        Adodc1. Recordset. MoveNext                           '下一条
        If Adodc1. Recordset. EOF Then Adodc1. Recordset. MoveLast
    Case 3
        Adodc1. Recordset. MoveLast                           '尾记录
    Case 4
        If Text4. Text <> " " Then                            ' 在 Text4 中输入要查找的姓名
            Adodc1. Recordset. MoveFirst                      '移动记录指针到第一条记录上
            Adodc1. Recordset. Find "姓名='" & Text4. Text & "'"
            ' 用 . Find 方法查找指定科目
        End If
        If Adodc1. Recordset. EOF Then MsgBox "无此姓名!" & _
Adodc1. Recordset. AbsolutePosition, , "提示"
    End Select
End Sub
```

注意: 在使用 Move 方法将记录向前或向后移动时, 需要考虑 Recordset 对象的边界, 如果越出边界, 就会引起一个错误。可在程序中使用 BOF 和 EOF 属性检测记录集的首尾边界, 如果记录指针位于边界(BOF 或 EOF 为真), 则用 MoveFirst 方法定位到第 1 条记录或用 MoveLast 方法定位到最后一条记录。

9.3.2 记录集的编辑

虽然 Adodc 和 DataGrid 控件具有增加、删除、修改功能, 但这些功能只能用于简单问题的处理, 当进入新增状态时必须输入数据; 否则会发生"无法插入空行。行必须至少有一个列值集。"的错误。所以更灵活的方法是使用记录集对象提供的方法来进行增加、删除、修改操作。

1. 新增记录

增加一条新记录通常要经过以下 3 步:

① 调用 AddNew 方法, 在记录集内增加一条空记录。

② 给新记录各字段赋值。可以通过绑定控件直接输入, 也可使用程序代码给字段赋值, 用代码给字段赋值的格式为

Recordset. Fields("字段名") = 表达式

③ 调用 Update 方法, 确定所做的添加, 将缓冲区内的数据写入数据库。

2. 删除记录

从记录集中删除记录通常要经过以下 3 步：

① 定位被删除的记录使之成为当前记录。

② 调用 Delete 方法。

③ 移动记录指针。

注意： 在使用 Delete 方法时，当前记录立即删除，不给出任何警告或者提示。删除一条记录后，被数据库所约束的绑定控件仍旧显示该记录的内容。因此，必须移动记录指针刷新绑定控件，一般采用移至下一条记录的处理方法。在移动记录指针后，应该检查 EOF 属性。

3. 修改记录

Adodc 数据控件有较高的智能，当改变数据项的内容时，Adodc 自动进入编辑状态，在对数据编辑后，只要改变记录集的指针或调用 Update 方法，即可确定所做的修改。

注意： 如果要放弃对数据的所有修改，必须在 Update 前使用 CancelUpdate 方法。

下面的例子说明使用记录集对象的方法来实现数据库应用程序的增、删、改功能。

例 9.6 在例 9.5 的基础上加入"添加""删除""更新"和"放弃"4 个按钮的控件数组 Command2，通过对按钮的编程实现增、删、改功能，如图 1.9.18 所示。

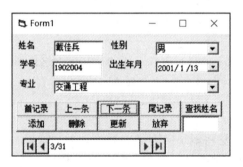

图 1.9.18 编程实现增、删、改功能

程序代码如下：

```
Private Sub Command2_Click(Index As Integer)
    Dim ask As Integer
    Select Case Index
        Case 0
            Adodc1. Recordset. AddNew                ' 调用 AddNew 方法
        Case 1
            ask = MsgBox("删除否?", vbYesNo)          ' MsgBox 对话框出现 Yes、No 按钮
            If ask = 6 Then                          ' 选择了 MsgBox 对话框中 Yes 按钮
                Adodc1. Recordset. Delete            ' 调用 Delete 方法
                Adodc1. Recordset. MoveNext          ' 移动记录指针刷新显示屏
                If Adodc1. Recordset. EOF Then Adodc1. Recordset. MoveLast
            End If
        Case 2
            Adodc1. Recordset. Update                ' 调用 Update 方法
```

```
            Case 3
                Adodc1. Recordset. CancelUpdate              ' 调用 CancelUpdate 方法
        End Select
    End Sub
```

9.3.3 查询与统计

在数据库应用程序中，查询与统计功能通常可通过命令对象执行 SQL 语句产生特定的记录集来实现。需要将 Adodc 数据控件的 CommandType 属性设置为 2 或 8（adCmdText 或 adCmdUnknown），在程序运行时用 SQL 语句设置 RecordSource 属性，并用 Refresh 方法激活。

1. 查询

查询条件由 Select 语句的 Where 短语构成，使用 And 与 Or 逻辑运算符可组合出复杂的查询条件，也可实现两表查询。

例 9.7 设计一个实现查询的程序。要求对 classes. accdb 数据库的 Students 表进行如下查询。

① 输入一个日期，查询该日期以后出生的学生。

② 实现学生姓名模糊查询。

程序运行效果如图 1.9.19 和图 1.9.20 所示。

图 1.9.19 按出生年月查询

图 1.9.20 姓名模糊查询

程序设计分析如下：

查询的条件通过文本框输入，称为交互查询，所以构建的 SQL 命令在文本框两旁加限定符。

所谓模糊查询是查字段中含有出现的字符，这要使用 Like 运算符，其形式为
Like'%内容%'

说明：

① 单引号'是限定符。Like 只能实现文本类型的模糊查找，所以只能是单引号。

② 百分号%是通配符，表示这个位置可以是任意个数的任意字符。

③ 内容代表了模糊查询包含的内容，可以是常量、变量或者控件属性，如查询内容来自文本框 Text1，即"Like'%" & Text1. Text & "%'"。

数据库连接的事件过程见例 9.3，查询代码如下：

```
Private Sub Command1_Click( )
    If Text1 > " " Then                ' 根据 SQL 命令设置数据源
        Adodc1. RecordSource = " Select  *  From Students Where 出生年月 >=#" & Text1. Text & "#"
        Adodc1. Refresh                ' 用 Refresh 方法激活
    End If
End Sub
Private Sub Command2_Click( )
    If Text1 > " " Then                ' 根据 SQL 命令设置数据源
        Adodc1. RecordSource = " Select  *  From Students   Where 姓名 Like'%" & Text1. Text & "%'"
        Adodc1. Refresh                ' 用 Refresh 方法激活
    End If
End Sub
```

2. 统计

利用 SQL 命令中提供的合计函数和 Select 中的 Group 子句，可实现各种统计功能。SQL 命令的详细介绍见本章自主学习。

　　例 9.8　设计一个具有对两表进行统计功能的程序，程序运行效果如图 1.9.21 所示。要求如下：

① 按专业统计各专业的男女学生人数。

② 按学号统计每位学生选修的课程数和平均分数。

分析：统计功能均在 Select 命令中用 Group By 子句和合计函数来实现。其中① 仅涉及单表操作，即对 Students 表统计；② 因涉及学生姓名和课程成绩等，涉及两表操作。

操作结果均在网格控件上显示，所以界面设计涉及一个 DataGrid 网格控件、一个 Adodc 数据控件和两个 Button 命令按钮。

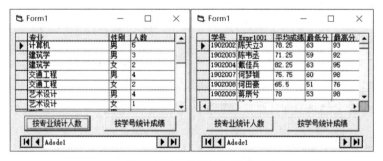

图 1.9.21　统计运行效果

统计事件过程代码如下：

```
Private Sub Command1_Click( )
    Adodc1. RecordSource = "Select 专业,性别,count( * ) as 人数 From Students Group By 专业,性别"
    Adodc1. Refresh
    Set DataGrid1. DataSource = Adodc1. Recordset
End Sub
Private Sub Command2_Click( )
    sql = "Select Students. 学号,first(姓名),avg(成绩) as 平均成绩,min(成绩) as 最低分, _
```

max(成绩) as 最高分"

sql=sql&" from Students,scores Where Students. 学号= scores. 学号 Group By Students. 学号"

    Adodc1. RecordSource = sql

    Adodc1. Refresh

    Set DataGrid1. DataSource = Adodc1. Recordset

  End Sub

在对数据的查询和统计中可以看到，对数据源的连接，网格控件的显示数据程序代码都是相同的，区别就是根据查询和统计要求构建正确的 SQL 命令。对于 SQL 命令不熟悉的读者可自学本章最后自主学习的介绍。

9.4 综合应用

例9.9 设计一个上市公司信息查询系统，要求具有记录的增加、编辑、删除、查询、统计等功能，查询提供模糊查询、选择查询和组合查询等方式；统计也可按各种分类进行相应的统计。查询主界面如图 1.9.22 和图 1.9.23 所示，统计界面如图 1.9.24 所示，股票数据维护运行界面如图 1.9.25 所示。

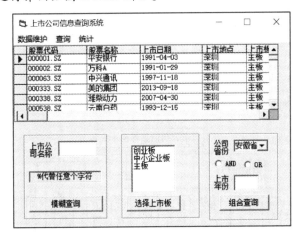

图 1.9.22 上市公司信息查询系统主界面

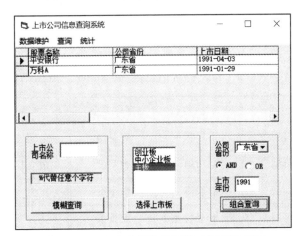

图 1.9.23 上市公司信息模糊查询运行界面

图 1.9.24   上市公司统计运行界面

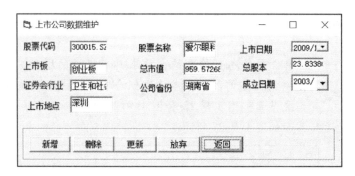

图 1.9.25   上市公司股票数据维护运行界面

（1）模块设计

通过系统分析，股票信息查询系统模块结构如图 1.9.26 所示。

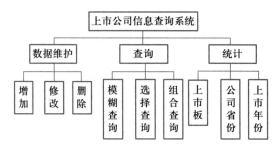

图 1.9.26   股票信息查询系统模块结构图

（2）数据库设计

建立 Access 数据库 stock. accdb，包含信息表 stocktable。数据结构如表 1.9.4 所示。

字段名	字段类型	字段名	字段类型	字段名	字段类型
股票代码	字符型	上市板	字符型	公司省份	字符型
股票名称	字符型	总市值	数字型	成立日期	日期型
上市日期	日期型	总股本	数字型		
上市地点	字符型	证券会行业	字符型		

▶ 表 1.9.4 stocktable 表的数据结构

（3）编程设计

① 窗体、主菜单与数据库连接设计的代码实现。根据图1.9.22所示，在主窗体上添加 Adodc 控件、DataGrid 控件、框架、列表框、组合框、单选按钮、文本框、标签和命令按钮等，参见图1.9.24和图1.9.25。

数据库连接设计、列表框和组合框初始数据的代码实现如下：

```
Private Sub Form_Load( )
    Dim mpath$, mlink$
    mpath = App. Path                                  '获取程序所在的路径
    If Right(mpath, 1) <> "\" Then mpath = mpath + "\"    '判断是否为子目录
    '以下两行代码可合成一句,mlink 存放 ConnectionString 属性的设置值
    mlink = "Provider=Microsoft. ACE. OLEDB. 12. 0;"     '指定提供者
    mlink = mlink + "Data Source=" + mpath + "stock. accdb"   '在数据库文件名前插入路径
    Adodc1. ConnectionString = mlink                    '设置连接属性
    Adodc1. CommandType = adCmdUnknown                '指定记录集命令类型(可在设计时指定)
                                                       '将无重复上市板名称放到 List1 列表框
    Adodc1. RecordSource = "Select DISTINCT 上市板 From stocktable "
    Adodc1. Refresh
    List1. Clear
    Do While Not Adodc1. Recordset. EOF
        List1. AddItem Adodc1. Recordset. Fields(0)
        Adodc1. Recordset. MoveNext
    Loop
                                                       '将无重复上市公司省份放到 Combo1 组合框
    Adodc1. RecordSource = "Select DISTINCT 公司省份 From stocktable "
    Adodc1. Refresh
    Combo1. Clear
    Do While Not Adodc1. Recordset. EOF
        Combo1. AddItem Adodc1. Recordset. Fields(0)
        Adodc1. Recordset. MoveNext
    Loop
    Combo1. Text = Combo1. List(0)
                                                       '初始显示所有信息
    Adodc1. RecordSource = "Select * From stocktable Order By 股票代码"
                                                       '按代码从小到大排序显示
    Adodc1. Refresh
    Set DataGrid1. DataSource = Adodc1
End Sub
```

② 模糊查询实现。根据文本框输入的某个字，显示包含该字的上市公司信息。

实现模糊查询用 Like 运算符，构造查询条件的形式为 Like '%字符%'。

```
Private Sub Command1_Click( )
    sql = "Select * From stocktable Where 股票名称 Like '%" & Text1. Text & "%'"
    Adodc1. RecordSource = sql
```

```
        Adodc1. Refresh
    End Sub
```

③ 选择分类查询的实现。按照上市板选择分类查询是通过初始化 Form_Load 事件过程，在 List1 中自动形成上市板分类信息，选择所需的类别，显示该类上市公司的信息。

```
    Private Sub Command2_Click( )
        sql = "Select * From stocktable Where 上市板='" & List1. Text & "'"
        Adodc1. RecordSource = sql
        Adodc1. Refresh
    End Sub
```

④ 组合查询。按照上市公司省份和上市年份的信息，可采用初始化 Form_Load 事件过程，在 Combo1 中自动形成上市公司省份信息和用户输入年份的信息，有 4 种组合方式：同时显示上市公司省份信息和上市年份信息，只显示上市公司省份或上市年份一种信息，或都没有选择和输入信息。要针对这 4 种情况，构成不同的 SQL 查询命令，然后将查询结果以表格形式显示。

```
    Private Sub Command3_Click( )
        gs = Combo1. Text                       '上市公司信息
        rq = Val(Text2)                         '上市年份,大于 1990 年
        If gs > " " And rq > 1990 Then          '同时有上市公司信息和上市年份信息
            If Option1. Value Then              '查询选择 AND 逻辑运算符
                tj = " Select 股票名称,公司省份,上市日期,总市值   From stocktable "
                tj =tj &   "Where 公司省份='" & gs & "' and year(上市日期)= " & rq & ""
            Else                                '查询选择 OR 逻辑运算符
                tj = " Select 股票名称,公司省份,上市日期,总市值   From stocktable "
                tj =tj &   "Where   公司省份='" & gs & "' or   year(上市日期)= " & rq & ""
            End If
        ElseIf gs > " " Then                    '只有上市公司选择信息
                tj = " Select 股票名称,公司省份,总市值   From stocktable Where 公司省份='" & gs & "'"
        ElseIf rq > 1990 Then                   '只有上市年份输入信息
                tj = " Select 股票名称,公司日期,总市值   From stocktable Where"
                tj=tj&" year(上市日期) = "& rq
        Else
                tj = " Select * From stocktable"
        End If
        Adodc1. RecordSource = tj
        Adodc1. Refresh
    End Sub
```

⑤ 分类统计。按上市板分类统计上市公司数、平均市值、最小市值和最大市值。这里用到了 Group By 子句进行分类，avg( )、min( )、max( )等合计函数。

```
    Private Sub Option1_Click( )
        If Option1. Value Then
            sql = "Select 上市板,count( * ) as 上市数,avg(总市值) as 平均总市值,"
            sql=sql+"min(总市值) as 最小市值, max(总市值) as 最大市值 from stocktable"
```

```
sql=sql+" Group By 上市板"
Adodc1. RecordSource = sql
Adodc1. Refresh
End If
End Sub
```

这里仅是统计的举例，其余统计功能请读者自行发挥和完成。

⑥ 股票数据维护窗体的设计请参照例 9.5 相关代码，不再赘述。

9.5 自主学习

9.5.1 Select 语句的使用

结构化查询语言（Structure Query Language，SQL）是现代数据库体系结构的基本构成部分之一。SQL 定义了建立和操作关系数据库的方法，通过 SQL 命令，可以从数据库的多个表中获取数据，也可对数据进行更新。从数据库中获取数据是数据库的核心操作，它通常被称为查询数据库。使用 SQL 实现数据查询只需要一条 Select 语句。

使用 Select 语句可返回一个查询结果，语句常用的语法形式为

```
Select[Distinct] 目标列 From 表(或查询)          '基本部分,选择字段
    [Where 条件表达式]                          '选择满足条件的记录
    [Group By 列名1 [Having 过滤表达式]]         '分组并且过滤
    [Order By 列名2 [Asc|Desc]]                 '排序
```

它包含 4 个部分，其中 Select 和 From 是基本部分，不可缺少的，其余部分是可以省略的，称为子句。

1. 选择字段

选择字段实质上是从表中在垂直方向上进行选择。

基本部分的"目标列"指明了查询结果要显示的字段清单，即在二维表中选择表中的列（字段），[Distinct]可选项表示显示的字段值内容唯一，省略则不唯一。From 指明要从哪些表中查询数据。

例 9.10 列出所有学生记录。

```
Select * From Students
```

说明：在关系中，当求解的数据结果涉及整个属性列集，可以简单地用" * "表示，也可以一一列出其字段名，中间以逗号分隔。运行结果如图 1.9.2 中的 Students 表。

上例等价于：

```
Select 学号,姓名,性别,专业,出生年月 From Students
```

2. 选择记录

Where 子句指明选择满足条件的记录，即在二维表中选择表中的行（记录）。Where 子句还有另一个作用是建立多个表或查询之间的连接，这一点将在后面详细介绍。

例 9.11 查询年龄小于等于 18 岁的学生，显示学生的学号、姓名、专业、出生年月和年龄。

Select 学号,姓名,专业,出生年月, Year(Date( ))-Year(出生年月) From Students

Where Year(Date( ))-Year(出生年月)<19

说明:在数据库设计时,一般表结构中不放年龄而放出生年月字段,因为年龄是相对的而出生年月是绝对的。在查询时可通过函数 Date( )取当前日期、函数 Year( )取日期值的年份,通过运算获得年龄,运行结果见图 1.9.27(a)。

这里还要说明的是,命令中的"As 年龄"表示显示的标题是年龄,但年龄没有值。若省略,则系统默认显示标题为 Expr1004,运行结果见图 1.9.27(b)。

学号	姓名	专业	出生年月	年龄
1902008	何田豪	交通工程	2001/1/25	18
1903011	李柯	艺术设计	2001/3/8	18
1903012	梁租鑫	艺术设计	2001/1/19	18
1903013	林华亨	艺术设计	2001/8/20	18
1903014	刘辰韬	艺术设计	2002/2/21	17
1904016	刘天淇	计算机	2002/1/22	17
1904017	卢华男	计算机	2002/6/9	17
1904018	罗惠民	计算机	2001/1/24	18
1904019	王磊	计算机	2002/11/25	17
1904020	王志豪	计算机	2001/1/26	18
1905024	魏磊磊	建筑学	2001/7/27	18

学号	姓名	专业	出生年月	Expr1004
1902008	何田豪	交通工程	2001/1/25	18
1903011	李柯	艺术设计	2001/3/8	18
1903012	梁租鑫	艺术设计	2001/1/19	18
1903013	林华亨	艺术设计	2001/8/20	18
1903014	刘辰韬	艺术设计	2002/2/21	17
1904016	刘天淇	计算机	2002/1/22	17
1904017	卢华男	计算机	2002/6/9	17
1904018	罗惠民	计算机	2001/1/24	18
1904019	王磊	计算机	2002/11/25	17
1904020	王志豪	计算机	2001/1/26	18
1905024	魏磊磊	建筑学	2001/7/27	18

(a)运算获得年龄   (b)系统默认显示标题

图 1.9.27 例 9.11 运行结果

3. 分组统计

Group By 子句用来对查询结果进行分组,把在某一列上值相同的记录分在一组,一组产生一条记录。如果字段的取值有 n 种,则可产生 n 条记录。这如同 Excel 中的分类汇总。

分组统计时常用的合计函数如表 1.9.5 所示。

▶表1.9.5 常用合计函数

合 计 函 数	描　　述
avg	用来获得特定字段中的值的平均数
count	用来返回选定记录的个数
sum	用来返回特定字段中所有值的总和
max	用来返回指定字段中的最大值
min	用来返回指定字段中的最小值

例 9.12 统计各个专业的学生人数。运行结果见图 1.9.28(a)。

Select 专业,count(*) As 人数 From Students Group By 专业

Group By 后可以有多个列名,分组时把在这些列上值相同的记录分在一组。图 1.9.28(b)是在专业分组的基础上按性别再分组,实现的命令如下:

Select 专业,性别,count(*) As 人数 From Students Group By 专业,性别

进一步要求:仅显示出统计人数大于两人的专业、人数。这就在 Group By 子句后加 Having 过滤条件:Having count(*)>2。

运行效果如图 1.9.28(c)所示。

(a) 统计各专业人数　　(b) 再按性别分组　　(c) 加Having过滤条件

图 1.9.28　例 9.12 运行结果

4. 排序

Order By 子句用于指定查询结果的排列顺序。Asc 表示升序，Desc 表示降序。

Order By 可以指定多个列作为排序关键字。例如，Order By 专业 Asc，出生年月 Desc 表示查询结果首先按专业升序排序，如果专业相同，则再按出生年月降序排序。专业是第一排序关键字，出生年月是第二排序关键字。

例 9.13　查询每位同学选修的课程数、平均成绩，并对平均分从高到低排列。

> Select 学号,count(*) As 课程数,int(avg(成绩)) As 平均成绩 From　Scores
>
> Group By 学号 Order By　avg(成绩)　Desc

说明：用 Order By 实现查询后的数据排序，Desc 表示降序排列，Asc 与之相反；关于 As 后面的"平均成绩"仅是显示的标题名，没有值，因此，在 Order By 子句对平均成绩进行排序必须重复调用 avg(成绩)函数。运行结果如图 1.9.29 所示。

5. 连接查询

在查询关系数据库时，有时需要的数据分布在几个表或视图中，此时需要按照某个条件将这些表或视图连接起来，形成一个临时的表，然后再对该临时表进行简单查询。

对于运行结果图 1.9.29 增加显示学生的姓名，运行结果如图 1.9.30 所示。

查询1		
学号 ▾	课程 ▾	平均成绩 ▾
1504020	3	89
1504019	4	86
1503013	4	85
1503014	4	85
1505025	3	85
1506030	4	83
1504018	4	82

记录：Ⅰ◀　第 1 项(共 29 项) ▶ ▶Ⅰ　🦅无筛选器

查询1			
学号 ▾	学生姓 ▾	课程 ▾	平均成绩 ▾
1504020	王志豪	3	89
1504019	王磊	4	86
1503013	林华亨	4	85
1503014	刘辰韬	4	85
1505025	吴凡	3	85
1506030	许世琦	4	83
1504018	罗惠民	4	82

记录：Ⅰ◀　第 1 项(共 28 项) ▶ ▶Ⅰ　🦅无筛选器

图 1.9.29　例 9.13 运行结果　　　　图 1.9.30　增加学生姓名运行结果

在例 9.13 中显示的学生学习情况没有显示出学生的姓名，因为姓名在 Students 表中，如何从两张（甚至多张）表中获得所需的信息，可通过表间利用共同的字段值连接起来实现。本例中连接条件为 Students. 学号＝Scores. 学号。

> Select Scores. 学号,first(姓名) As 学生姓名 ,count(*) As 课程数,int(avg(成绩)) As 平均成绩

From   Scores,Students Where Students. 学号 = Scores. 学号
Group By Scores. 学号 Order By   avg(成绩)   Desc

9.5.2 ADO 对象的使用

Adodc 数据控件虽然实现方法简单，但是却不灵活。为建立更具灵活性的应用程序，可以使用 ADO 对象。ADO 对象访问数据库的步骤，与用 Adodc 数据控件访问数据库的步骤是相同的。使用前需要通过代码创建数据对象、连接对象、命令对象和记录集对象等。创建数据对象的语句格式如下：

Dim 数据对象 As New ADODB. 对象

使用 Open 方法打开连接，产生记录集。下面通过示例来说明使用代码创建数据对象，实现数据库访问的过程。

例 9.14 用 ADO 对象访问数据库 classes. accdb，界面如图 1.9.31 所示。

图 1.9.31 用 ADO 对象访问数据库

在窗体上添加 5 个文本框、5 个标签和 5 个命令按钮。标签控件分别给出相关的说明，文本框的 DataField 属性分别设置 Students 表对应的字段名。

1. 引用 ADO 对象库

在工程中使用 ADO 对象，必须先通过"工程 | 引用"命令来引用 Microsoft ActiveX Data Objects 2. x Library 对象库，如图 1.9.32 所示。然后 Connection、Recordset、Fields 等对象才能在程序中被引用；否则会产生"用户类型未定义"的错误。

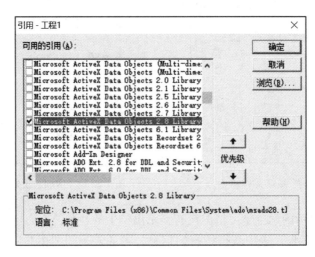

图 1.9.32 引用 ADO 对象

注意: VB 6.0 内置了 Microsoft ActiveX Data Objects 2.8 Library 对象库，其他版本的对象库是否存在取决于计算机上所安装的软件。

2. 创建 ADO 连接对象和记录集对象

由于多个事件要使用记录集等对象，在窗体的通用部位创建一个全局性质的连接对象 cnn 和记录集对象 rs:

```
Dim cnn As New ADODB. Connection

Dim rs As New ADODB. Recordset
```

这里 ADODB 是 Microsoft ActiveX Data Objects 2.8 Library 对象库在程序设计中的简称。

3. 产生记录集并绑定到控件

Load 事件过程中完成数据库的连接和控件绑定:

```
Private Sub Form_Load( )
    strcnn = "Provider=Microsoft. ACE. OLEDB. 12.0; Data Source = classes. accdb" '定义连接参数
    cnn. Open strcnn                                  ' 打开连接
    strsql = "Select * From Students"                 ' 定义命令参数
    rs. Open strsql, cnn, adOpenDynamic, adLockOptimistic  ' 产生记录集
    Set Text1. DataSource = rs                         ' 数据绑定
    Text1. DataField = "姓名"                          ' 该行等 5 个文本框可以在属性窗设置
    Set Text2. DataSource = rs
    Set Text3. DataSource = rs
    Set Text4. DataSource = rs
    Set Text5. DataSource = rs
End Sub
```

产生记录集的 Open 命令中的参数 adOpenDynamic，表示所产生的数据记录类型是动态集，对记录集的变更操作能立即反馈，记录的位置可以自由移动。

参数 adLockOptimistic 表示修改记录时的锁定方式。

4. 实现对数据记录的浏览

代码与例 9.5 基本相同，只要将 Adodc1. Recordset 改成 rs 即可，各个命令按钮的 Click 事件代码如下:

```
首记录:rs. MoveFirst
上一条:rs. MovePrevious
        If rs. BOF Then rs. MoveFirst
下一条:rs. MoveNext
        If rs. EOF Then rs. MoveLast
尾记录:rs. MoveLast
```

5. 查找

查找的相关代码如下:

```
Dim mno As String
mno = InputBox("请输入姓名", "查找窗")          ' 将输入值存到变量内
rs. Find "姓名 like '%" & mno & "%'"
If rs. EOF Then MsgBox "无此姓名!"
```

习　题

1. 简述使用 Adodc 数据控件访问数据库的步骤。

2. 什么是数据绑定？怎样实现控件的数据绑定？

3. 如何用代码实现记录指针的移动？

4. 如何实现对记录集的增、删、改功能？

5. 简述 SQL 中常用的 Select 语句的基本格式和用法。

6. 在 Select 语句中如何用分组实现统计？

7. 如何用 ADO 对象实现数据库连接、创建记录集对象，并实现数据绑定？

第 10 章
图形应用程序开发

电子教案

俗话说"一幅画胜过千言万语"，图形和图像可以帮助人们设计产品、理解数据、仿真自然景物、设计虚拟现实等。VB提供了丰富的图形功能，通过图形方法在窗体或图片框上绘制各种类型的图形，在自主学习中介绍图形的一些简单处理技术。

10.1   图形绘制基础

10.1.1   引例——绘制正弦曲线

VB 提供了一个简单的二维图形处理功能，方便图形应用程序的开发。在 VB 中绘制图形，其过程一般分为 4 个步骤：

① 先定义图形载体窗体对象或图片框对象的坐标系。

② 设置线宽、线型、色彩等属性。

③ 指定画笔的起点、终点位置。

④ 调用绘图方法绘制图形。

下面通过一个示例来说明该过程。

例 10.1   在窗体上绘制 $(-2\pi, 2\pi)$ 区间的正弦曲线，如图 1.10.1 所示。

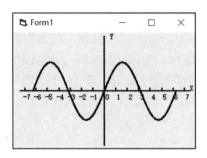

图 1.10.1   绘制的正弦曲线

在窗体上绘图，需要定义窗体的坐标系。要绘制的正弦曲线在 $(-2\pi, 2\pi)$ 区域，考虑到图形显示完整性，X 轴的范围可定义在 $(-8, 8)$，Y 轴的范围可定义在 $(-2, 2)$。用 Scale$(-8, 2)$-$(8, -2)$ 定义坐标系。直线绘制可以用 Line 方法。X 轴上坐标刻度线两端点的坐标满足 $(i, 0)$-$(i, y0)$。其中 $y0$ 为一定值。可用循环语句，变化 i 的值来标记 X 轴上的坐标刻度。类似地可处理 Y 轴上标记坐标刻度。

坐标轴上刻度线的数字标识，可通过 CurrentX、CurrentY 属性设定当前位置，然后用 Print 输出对应的数字。正弦曲线可离散化成若干个点，用 Pset 方法按 Sin 的值画出点，当相邻两点的间距适当小时，可产生光滑曲线效果。

程序代码如下：

```
Private Sub Form_Click( )
        Form1. AutoRedraw = True                ' 使得在该事件里的绘图或 Print 方法有效显示
        Form1. Scale(-8, 2) - (8, -2)           ' 定义窗体坐标系
        DrawWidth = 2                           ' 设置绘制的线宽
        Line (-7.5, 0) - (7.5, 0)：Line (0, 1.9) - (0, -1.9)       ' 画 X 轴与 Y 轴
        CurrentX = 7. 5：CurrentY = 0. 2：Print "X" ' 在指定位置输出字符 X 与 Y
        CurrentX = 0. 5：CurrentY = 2：Print "Y"
        For i =-7 To 7                          ' 在 X 轴上标记坐标刻度,线长 0.1
            Line (i, 0) - (i, 0.1)
```

```
            CurrentX = i-0.2; CurrentY = -0.1; Print i
        Next i
        For x =-6.283 To 6.283 Step 0.01
            y = Sin(x)                              ' 计算 Sin(x)
            Pset (x, y)                             ' 画一点
        Next x
    End Sub
```

10.1.2 坐标系统

1. VB 坐标系

二维图形的绘制需要一个可绘图的对象，例如窗体、图片框。为了能在窗体或图片框内定位图形，需要一个二维坐标系。

在 VB 中，默认的坐标原点为对象的左上角，横向向右为 X 轴的正向，纵向向下为 Y 轴的正向。图 1.10.2 说明了窗体和图片框的默认坐标系。窗体的 Height 属性值包括了标题栏和水平边框线的宽度，同样 Width 属性值包括了垂直边框线宽度。实际可用高度和宽度由 ScaleHeight 和 ScaleWidth 属性确定，而窗体的 Left、Top 属性指示窗体在屏幕内的位置。

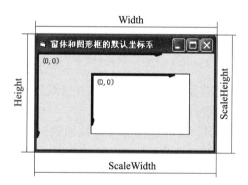

图 1.10.2　窗体和图形框的默认坐标系

2. 自定义坐标系

要使所绘制的图形产生与数学坐标系相同的效果，则需要重新定义对象的坐标系。Scale 方法是建立用户坐标系最方便的方法，其语法如下：

［对象.］Scale［(xLeft,yTop) - (xRight,yBottom)］

其中

① 对象可以是窗体、图片框或打印机。如果省略对象，则为带有焦点的窗体对象。

② (xLeft, yTop) 表示对象的左上角的坐标值，(xRight, yBottom) 为对象的右下角的坐标值。

③ 窗体或图片框的 ScaleMode 属性决定了坐标所采用的度量单位，默认值为 twip。

例 10.2　在 Form_Paint 事件中通过 Scale 方法定义窗体 Form1 的坐标系，将坐标原点平移到窗体中央，Y 轴的正向向上，使它与数学坐标系一致。

要使窗体坐标系与数学坐标系一致，坐标原点在窗体中央，显示 4 个象限，只需要指

定窗体对象的左上角的坐标值（xLeft，yTop）和右下角的坐标值（xRight，yBottom），使 xLeft = -xRight；yTop = -yBottom。

```
Private Sub Form_Paint( )
    Cls
    Form1. Scale (-300, 200)-(300, -200)          ' 对象名 Form1 可省略
    Line (-300, 0)-(300, 0)                       ' 画 X 轴
    Line (0, 200)-(0, -200)                       ' 画 Y 轴
    CurrentX = 0：CurrentY = 0：Print 0           ' 标记坐标原点
    CurrentX = 260：CurrentY = 50：Print "X"      ' 标记 X 轴
    CurrentX = 10：CurrentY = 180：Print "Y"      ' 标记 Y 轴
End Sub
```

程序执行后的效果如图 1.10.3 所示。

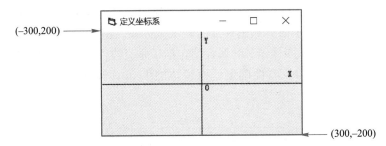

图 1.10.3　Form1 窗体自定义坐标系

本例的 Form_Paint 是窗体重绘事件。当窗体发生变化时，如窗体移动、改变大小等都会触发这个 Paint 事件，重新绘制图形。

任何时候在程序代码中使用 Scale 方法都能有效地和自然地改变坐标系统。当 Scale 方法不带参数时，则取消用户自定义的坐标系，而采用默认坐标系。

10.2　绘图属性和方法

10.2.1　绘图属性

VB 常用绘图属性见表 1.10.1。

▶表 1.10.1
　VB 常用绘
图属性

属　性	说　　明	举　　例
CurrentX CurrentY	当前坐标，用于绘图或书写文字显示在对象上的定位	Picture1. CurrentX = Picture1. Width ╱ 2 Picture1. CurrentY = Picture1. Height ╱ 2 Picture1. Print 0　' 图片框原点显示 "0"
DrawWidth DrawStyle	线的宽度，像素单位线型，0～6，当 DrawWidth = 1 才有效	DrawStyle 属性值和效果如图 1.10.4 所示
FillStyle FillColor	封闭图形的填充图案，有 8 种 封闭图形的填充颜色	

图 1.10.4　DrawStyle 属性设置及效果

说明：VB 默认采用对象的 ForeColor 属性（前景色）绘图，也可以通过颜色函数指定色彩。颜色函数有以下几种。

（1）RGB 函数

格式：RGB(红,绿,蓝)

红、绿、蓝三基色的成份使用 0~255 的整数。例如，RGB(0,0,0)返回黑色，而 RGB (255,255,255)返回白色。从理论上来说，用三基色混合可产生 256×256×256 种颜色，但是实际使用时受到显示器硬件的限制。

（2）QBColor 函数

格式：QBColor(颜色码)

颜色码使用 0~15 的整数，其对应关系如表 1.10.2。

◀表 1.10.2
颜色码与
颜色对应表

颜色码	0	1	2	3	4	5	6	7	8	9	10	11	12	13	14	15
颜　色	黑	蓝	绿	青	红	品红	黄	白	灰	亮蓝	亮绿	亮青	亮红	亮品红	亮黄	亮白

（3）系统常量

以 vb 开头后跟颜色英文单词。例如，红色用 vbRed，蓝色用 vbBlue，vbButtonFace 表示系统表面色。

10.2.2　绘图方法

微视频：
绘图方法

1. Line 方法

Line 方法用于绘制直线或矩形，其语法格式如下：

[对象.] Line [[Step](x1,y1)]-[Step](x2,y2)[,颜色][,B[F]]

其中

① 对象指示 Line 在何处产生结果，它可以是窗体或图片框对象，默认为当前窗体。

②(x1,y1)为线段的起点坐标或矩形的左上角坐标。

③(x2,y2)为线段的终点坐标或矩形的右下角坐标。

④ 关键字 Step 表示采用当前作图位置的相对值。

⑤ 关键字 B 表示画矩形。

⑥ 关键字 F 表示用画矩形的颜色来填充矩形，F 必须与关键字 B 一起使用。如果只用 B 不用 F，则矩形的填充由 FillColor 和 FillStyle 属性决定。

Line 方法的参数使用效果如图 1.10.5 所示。

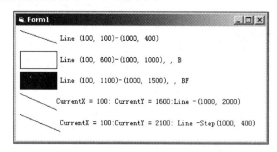

图 1.10.5　Line 方法

2. Circle 方法

Circle 方法用于绘制圆、椭圆、圆弧和扇形，其语法格式如下：

［对象．］Circle［Step］（x,y）,半径[,[颜色][,[起始点][,[终止点][,长短轴比率]]]]

其中

① 对象指示 Circle 在何处产生结果，可以是窗体、图片框或打印机，默认为当前窗体。

② （x,y）为圆心坐标，关键字 Step 表示采用当前作图位置的相对值。

③ 圆弧和扇形通过参数起始点、终止点控制，采用逆时针方向绘弧。起始点、终止点以弧度为单位，取值在 $0 \sim 2\pi$。当在起始点、终止点前加负号时，表示画出圆心到圆弧的径向线。参数前出现的负号，并不能改变绘图时坐标系中旋转方向，总是从起始点按逆时针方向画到终止点。

④ 椭圆通过长短轴比率控制，默认值为 1 时，画出的是圆。

图 1.10.6 给出了用 Circle 方法画圆、椭圆、圆弧和扇形的示例。

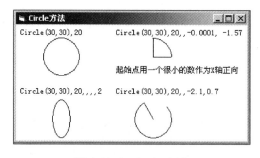

图 1.10.6　Circle 方法

注意：

① 使用 Circle 方法时，如果想省掉中间的参数，分隔的逗号不能省。例如，画椭圆省掉了颜色、起始点、终止点 3 个参数，则必须加上 4 个连续的逗号，它表明省略了中间 3 个参数。

② 如果要画 X 上的径向线，起始点可以用一个很小的数代表 0，或使用 2π。

3. Pset 方法

Pset 方法用于在窗体、图片框或打印机指定位置上画点，其语法格式如下：

　　　　［对象.］Pset［Step］(x，y)［,颜色］

其中

　　① 参数(x,y)为所画点的坐标。

　　② 关键字 Step 表示采用当前作图位置的相对值。

　　利用 Pset 方法可画任意曲线。当采用背景颜色画点时起到清除点的作用。

10.3　综合应用

　　本节综合应用前面介绍的绘图对象的属性和方法，分别按实际应用中涉及的艺术图、函数图、统计图和动画等分类列举，对于分形图的绘制则在第 11 章递归及其应用中介绍。

　　在绘制图形时，为在绘图对象上合理地显示图形大小，绘图的参数（如定位点、半径、矩形等）不应用常数表示，应与绘图对象的大小，即高度、宽度等有关。

10.3.1　绘制艺术图

微视频：
绘制艺术图

　　艺术图利用数学公式和计算机重复运算，达到产生各种具有美感效果的艺术图案，广泛用于广告、装饰、平面设计、防伪设计等领域。本节介绍简单的艺术图案的实现。

　　例 10.3　在窗体绘制如图 1.10.7 所示的简单艺术图图案。

　　分析：在 Form_Click 事件中设定圆的半径 r 为窗体高度的四分之一，圆心在窗体的中心，通过文本框指定圆周上的等分数。第二个圆的半径 $r1$ 为第一个圆的半径 r 的 90%，如图 1.10.8 所示。

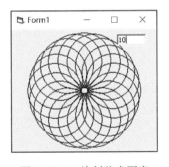

图 1.10.7　绘制艺术图案

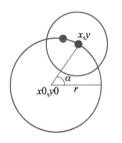

图 1.10.8　艺术图构建图解

　　程序代码如下：

```
Private Sub Form_Click()
    Const PI = 3.14159
    Dim r, x, y, x0, y0
    n = Val(Text1.Text)              ' 指定圆周上的等分数
    Form1.Cls                        ' 清除窗体上原来画过的画面
    r = Form1.ScaleHeight / 4        ' 圆的半径
    x0 = Form1.ScaleWidth / 2        ' 圆心
    y0 = Form1.ScaleHeight / 2
    st = PI / n                      ' 将圆周等分为 n 份
```

```
      For i = 0 To 2 * PI Step st              ' 循环绘制圆
          x = r * Cos(i) + x0                  ' 取圆周上的等分点
          y = r * Sin(i) + y0
          Circle (x, y), r * 0.9              ' 以半径 r1 绘制圆
      Next i
  End Sub
```

如果要绘制彩色艺术图案，可在 Circle 语句上使用颜色参数。

例 10.4　利用 Line 方法在窗体上绘制 k 朵花瓣艺术图案，如图 1.10.9 所示。参数方程为

$$x = A \times (1 + Sin(k \times a)) \times Cos(a)$$
$$y = A \times (1 + Sin(k \times a)) \times Sin(a)$$

提示：A 为 Picture1. ScaleWidth / 4，参数 k 为花瓣数，本例为 4，如图 1.10.9（左）所示；若在有错位角（如 $\pi/5$）两个图形的花瓣之间直接连线，可画出如图 1.10.9（中）所示的立体感示意图；将左与中两功能合并，则可画出立体感效果更好的图形，如图 1.10.9（右）所示。

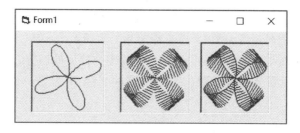

图 1.10.9　简单艺术图效果

程序代码如下：

```
  Private Sub Picture1_Click()              ' 最左图的四叶花瓣, 方法是通过 Line 画小线段实现
      Picture1. ForeColor = vbRed
      Picture1. Scale (-4, 4)-(4, -4)
      r = Picture1. ScaleWidth / 4 * (1 + Sin(0))
                                            ' 花瓣半径, 图片宽度必须是 ScaleWidth 而非 Width
      X1 = r * Cos(0)                       ' 计算小线段起点
      Y1 = r * Sin(0)
      For a = 0 To 2 * 3.14 Step 0.04
         r = Picture1. ScaleWidth / 4 * (1 + Sin(4 * a))   ' 计算小线段终点
         X2 = r * Cos(a)
         Y2 = r * Sin(a)
         Picture1. Line (X1, Y1)-(X2, Y2)  ' 画小线段
         X1 = X2: Y1 = Y2                   ' 终点作为下一小线段的起点
      Next
  End Sub
  Private Sub Picture2_Click()   ' 中间有立体感效果的图, 方法是通过有两个错位花瓣点间连线
```

```
        Picture2. ForeColor = vbRed
        Picture2. Scale (-4, 4)-(4, -4)
        For a = 0 To 2 ∗ 3. 14 Step 0. 04
            r = Picture2. ScaleWidth / 4 ∗ (1 + Sin(4 ∗ a))
            X1 = r ∗ Cos(a)                              ' 计算花瓣 1 的点
            Y1 = r ∗ Sin(a)
            X2 = r ∗ Cos(a + 3. 14 / 5)                  ' 计算有错位花瓣 2 的点
            Y2 = r ∗ Sin(a +3. 14 / 5)
            Picture2. Line (X1, Y1)-(X2, Y2)             ' 两花瓣两个点之间连线
        Next
    End Sub
```

图中最右边的效果更好的艺术图, 实际上是左边两个图的合成, 请读者自行完成。

10.3.2 绘制函数图

所谓函数图是已知数学公式 $y=f(x)$, 绘制其图形。例如数学中的三角函数图、定积分图等。

绘制函数图的基本方法是: 根据函数图 x 和 y 数值区域, 自定义坐标系能方便地在区域内绘图。根据已知 x 值通过函数求得 $f(x)$ 值, 然后对相邻点依次连接, 当取样点间距很小时构成光滑的函数曲线图。

例 10.5 用 Line 方法在图片框 PictureBox 上绘制函数 $f(x)=x^2$ 在 $[0.3,1.5]$ 的积分面积区域, 填充为蓝色。

要在图片框上绘图, 需要定义图片框的坐标系。按图 1.10.10 (a) 所示, 绘制函数 $f(x)=x^2$ 在区间 $[0.3,1.5]$ 的积分面积区域, 可用蓝色直线填充积分面积区域, 使用 Line 方法前必须指明图片框对象名, 即使用语句 Picture1. Line (i, 0)-(i, f(i))。

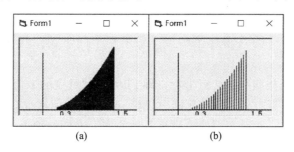

图 1.10.10　绘制积分面积区域

程序代码如下:

```
    Private Sub Picture1_Click()
        Picture1. Scale (-0.5, 2.5)-(2, -0.2)         ' 定义 Picture1 坐标系
        Picture1. Line (-1, 0)-(2, 0)                 ' 在 Picture1 上画 X 坐标轴
        Picture1. CurrentX = 0. 3                      ' 定位显示积分 X 起点和终点值
        Picture1. CurrentY = -0. 02
        Picture1. Print 0. 3
        Picture1. CurrentX = 1. 5
```

```
        Picture1. CurrentY = -0.01
        Picture1. Print 1.5
        Picture1. Line (0, 2)-(0, -2)                          ' 在 Picture1 上画 Y 坐标轴
        xw = 255 / (1.5 - 0.3)
        For x = 0.3 To 1.5 Step 0.005
            Picture1. Line (x, 0)-(x, x * x),vbBlue             ' 用蓝色直线填充积分面积区域
        Next x
    End Sub
```

进一步思考：

（1）若要显示如图 1.10.10（b）所示的效果，上述代码哪条语句只要进行微小的改动？

（2）计算面积值，可根据定积分的定义，用多个小矩形的面积 "$f(x)$×步长" 之和获得近似值。本例中，在循环体内加入语句 "s = s + x * x * 0.005" 即可计算出封闭图形面积。

例 10.6   用 Pset 方法绘制方程组 $y1 = -5x^2 + 2x + 3$ 和 $y2 = x + 1$ 的曲线，并求解方程，结果如图 1.10.11 所示。

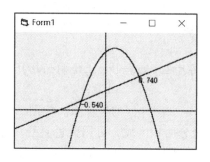

图 1.10.11   用 Pset 绘制方程的曲线

通过循环用 Pset(x,y) 在窗体上画点，采用较小的步长，就可使离散的点连接成曲线。

方程组求解实质是找曲线的交点坐标，即 $y1 = y2$ 时对应的 x 值。由于作图时是采用离散的点连接成曲线，存在误差，故判断时只要 $y1$ 与 $y2$ 的值接近就认为相等，误差控制值应不小于循环的步长；否则无法找到满足条件的点。本例使用语句 Abs(y1-y2)<0.001 获得对应的 x 值。

程序代码如下：

```
    Private Sub Form_Load( )
        Form1. AutoRedraw = True
        Dim x!, y1!, y2!
        Scale (-2, 4)-(2, -2)
        Line (-2, 0)-(2, 0)
        Line (0, 4)-(0, -2)
        For x = -2 To 2 Step 0.0001
            y1 = -5 * x * x + 2 * x + 3
```

```
                    y2 = x + 1
                    Pset (x, y1)
                    Pset (x, y2)
                    If Abs(y1 − y2) < 0.001 Then
                        Print Format(x, "#0.000")        ' 控制 x 的输出格式
                    End If
                Next x
            End Sub
```

注意：

（1）如果将绘制过程放在 Form_Load 事件内，必须设置窗体的 AutoRedraw 属性为 True；否则所绘制的图形或者 Print 方法输出的文字无法在窗体上显示。

（2）绘制函数图可以用 Pset 方法画点，采用较小的步长，就可使离散的点连接成曲线；也可以用 Line 方法，通过得到函数的各取样点坐标，然后对相邻点依次连接，当取样点间距很小时构成光滑的函数曲线图，这在例 10.4 中体现。

10.3.3　绘制统计图

统计图能更形象、直观地反映数据的统计规律或发展趋势，供决策分析使用，如 Excel 中常用的各种统计图表，VB 绘图方法也能绘制各类统计图。

例 10.7　在窗体上定义菜单，从数据文件中读入数据，绘制直方图、饼图、折线图、散点图等，如图 1.10.12 所示。

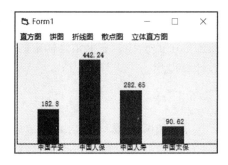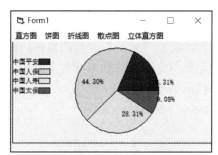

图 1.10.12　绘制统计图之直方图和饼图

分析：

① 读取绘图数据和定义坐标系。绘图数据为保险类上市公司的股票名称、总股本（亿股）数据，数据结构如图 1.10.13 所示。因多个绘图事件要用到此数据，编写一个公用过程 zbx 从文件保险.txt 读出绘图数据。为提高程序的通用性，采用动态数组存放数据，分别存放在数组 a$() 和 b%() 中。找出绘图数据中的最大值 max，根据该值设置 Scale 方法中的参数。

程序代码如下：

```
    Dim a$(), b%(), n, max              ' 数组 a,b 必须在窗体的通用处声明
    Public Sub zbx()                    ' 定义坐标系和显示绘图数据
        Cls
        n = 0: max = 0                  ' 设置记录数的初值
```

```
Open "保险.txt" For Input As #1          ' 打开数据文件,该文件与程序存放在同一目录
Do While Not EOF(1)
    n = n + 1                           ' 记录数加 1
    ReDim Preserve a(n)                 ' 增加一个数组元素
    ReDim Preserve b(n)
    Input #1, a(n), b(n)                ' 从文件内读出数据保存到数组
    If b(n) > max Then max = b(n)       ' 找出绘图数据中的最大值 max
Loop
Close #1
Form1.FontSize = 8
Scale (-3, max * 1.2)-(max * 1.2, -max * 0.1)    ' 根据 max 的值定义坐标系
DrawWidth = 1
Line (0, 0)-(max * 1.2, 0): Line (0, max * 1.2)-(0, 0)
End Sub
```

图 1.10.13 绘图数据结构

② 绘制直方图。直方图可用带参数 BF 的 Line 语句来绘制。绘制过程是给出直方图中每个矩形框的左下角和右上角的坐标,左下角坐标中的 $y=0$,右上角坐标中的 y 为绘图数据,矩形框的宽度可根据坐标系宽度和记录数计算得到。

程序代码如下:

```
Private Sub menu1_Click()
    zbx                                 ' 调用 zbx 事件绘制坐标系,显示绘图数据
    w = max / 2 / n                     ' 根据记录数计算矩形框的宽度
    X1 = w                              ' 设定直方图在 X 轴上的起始位置
    For i = 1 To n
        X2 = X1 + w                     ' 直方图中矩形框的第 2 坐标点
        Y2 = b(i)                       ' 直方图中每个矩形框的高度
        Line (X1, 0)-(X2, Y2), QBColor(9), BF  ' 画出矩形框
        CurrentX = X1                   ' 指定总股本显示位置
        CurrentY = Y2 + max * 0.1
        Print b(i)                      ' 显示总股本
        CurrentX = X1: CurrentY = -1    ' 指定股票名称显示位置
        Print a(i)                      ' 显示股票名称
        X1 = X2 + w                     ' 设置下一条记录的起点位置
    Next i
End Sub
```

③ 绘制饼图。饼图绘制用 Circle 语句,先要根据坐标系对象的 ScaleHeight 属性计算出圆心位置,由于改变了 y 轴的方向,窗体的 ScaleHeight 属性返回负值。

绘图时需要计算出每个绘图数据在圆内占的百分比,定出该数据对应扇形的起始角和终止角,结合 FillStyle 和 FillColor 属性填充扇形内部区域。FillStyle = 0,用色彩填充,其他值填充网格。起始角和终止角前必须加一个负号,才能画出圆心到圆弧的径向线。如果还要在扇形上标记百分比,可在扇形的中间位置上用 Print 方法打印数据,(起始角+终止角)/2 为扇形的中间位置对应的角度。

程序代码如下:

```
Private Sub menu2_Click( )
    zbx
    x = Abs( Me. ScaleHeight / 2) - 10            ' 设定饼图的圆心位置
    r = max / 4                                   ' 设定饼图的半径
    Sum = 0
    For i = 1 To n                                ' 计算绘图数据总和
        Sum = Sum + b( i)
    Next i
    Form1. FillStyle = 0                          ' 设定窗体填充属性
    a1 = 0. 000001                                ' 设定饼图扇形的起始角
    For i = 1 To n
        a2 = a1 + 2 * 3. 14159 * b( i) / Sum      ' 计算扇形的终止角
        FillColor = QBColor( i + 8)               ' 设定填充颜色
        Circle ( x, x), r, , -a1, -a2             ' 画扇形,角度前必须加负号
        CurrentX = x + r * Cos(( a2 + a1) / 2)    ' 定位,用于显示百分比
        CurrentY = x + r * Sin(( a2 + a1) / 2)
        Print Format( b( i) / Sum * 100, "0.00"); "%"
        a1 = a2                                   ' 将终止角变为下一个扇形的起始角
    Next i
    CurrentY = max                                ' 显示图例
    For i = 1 To n
        CurrentX = 0                              ' 图例 x 起始位置
        Print a( i);                              ' 显示股票名称
        FillColor = QBColor( i + 8)               ' 图例颜色要与上面对应饼块颜色一致
        Line -Step( 30, -30), , B                 ' 显示矩形代表饼块
        CurrentY = max - i * 50                   ' 下一个图例的 y 定位
    Next
End Sub
```

进一步思考:

若要绘制如图 1.10.14 的折线图和立体直方图,如何实现?请读者用 Line 方法和 Pset 方法自行完成。

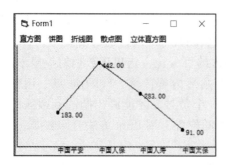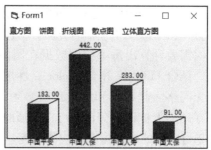

图 1.10.14　绘制统计图形之折线图和立体直方图

10.3.4　模拟动画

模拟动画在编写多媒体应用程序时应用得非常广泛。在 VB 程序设计中，动画的实现实质是在定时器事件中按时间间隔触发某些行为而实现动画效果。最常用的动画效果就是对整体或局部画面进行绘制—删除—绘制的过程，删除整体画面是清除画面内容再重画。

　　例 10.8　设计程序模拟行星运动，如图 1.10.15 所示。

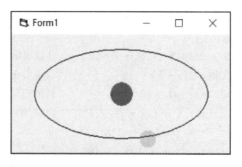

图 1.10.15　模拟行星运动

　　① 蓝色圆表示地球、红色圆表示太阳，椭圆表示运动轨迹。

　　② 地球绕太阳转的运动轨迹为 x = a * cos(alfa)，y = b * sin(alfa)。为了表示地球在运动，必须通过两个动作来实现：在原位置删除地球（用背景色重画地球），在新位置绘制地球实现动画。

　　③ 当窗体的 DrawMode 属性值设置为 7（Xor）或 6（Invert）后，在相同位置上重复绘制相同图形，可起到擦除的作用。本例采用在同一位置上将行星画两次，再改变位置，产生动态效果。

```
Private Sub Form_Click( )
        Scale (-2000, 1000) - (2000, -1000)          '定义坐标系
        Me.FillStyle = 0                              '设置填充模式
        Me.FillColor = vbRed                          '设置填充颜色
        Circle (0, 0), 200, vbRed                     '画太阳
        Me.FillStyle = 1                              '改变为透明方式
        Circle (0, 0), 1600, vbBlue, , , 0.5          '画行星运动轨道,长短轴比为2:1
```

```
        Form1. DrawMode = 7                    ' 设置为 Xor 模式(或 6)
        Timer1. Interval = 200                 ' 每秒触发 5 次 Timer1_Timer( )事件
        Timer1. Enabled = True                 ' 启动定时器
        Me. FillStyle = 0                      ' 为画行星设置填充模式
    End Sub
```

为了能在两个时间段内在同一位置上重复画行星，可以定义静态变量作为控制标志。在 Timer1_Timer 事件内交替改变控制标志值，当控制标志值为 True 时，改变行星在轨道上的圆心角。

```
    Private Sub Timer1_Timer( )
        Static alfa, flag                      ' 定义静态变量
        flag = Not flag                        ' 改变控制标志值
        If flag Then alfa = alfa + 0. 314      ' 根据控制标志改变圆心角
        If alfa > 6. 28 Then alfa = 0          ' 运动一周后重设圆心角为 0
        x = 1600 ∗ Cos( alfa)                  ' 计算行星在轨道上的坐标
        y = 800 ∗ Sin( alfa)                   ' y 轴上半径为 800
        Circle ( x, y), 150                    ' 画行星
    End Sub
```

10.4 自主学习

VB 不仅能在窗体或图片框中绘制各种图形，还具有图像处理的能力。VB 图像处理通过 PaintPicture 方法来完成。PaintPicture 方法可将一个图像对象的全部或部分复制成另一个对象。

1. PaintPicture 方法

PaintPicture 方法的格式如下：

dpic. PaintPicture spic, dx, dy, dw, dh, sx, sy, sw, sh, rop

其中

dpic 为图像传送目标对象，可以是窗体、图片框或打印机对象，默认为 Form 对象。

spic 为图像源，可以是图片框、图像框或窗体的 Picture 属性。

sx，sy 是剪贴区起始坐标（x 轴和 y 轴）；sw，sh 是源图像的宽和高。

dx，dy 是目标图像起始坐标（x 轴和 y 轴）；dw，dh 是目标图像的宽和高。

当目标图像的宽度或高度与源图像宽度或高度之比不等于 1 时，将拉伸或压缩目标图像。宽度或高度值为负数时，对应坐标轴的方向反向。

rop 指定图像源的像素与目标图像像素组合模式。总共有 256 种组合源像素与目标像素方法，表 1. 10. 3 列出了几种常用的方法。

常　　量	数　　值	说　　明
vbDstInvert	&H00055009	逆转目标图像
vbNotSrcCopy	&00330008	复制反转的源图像到目标图像
vbSrcCopy	&H00cc0020	复制源图像到目标图像，默认值
vbSrcInvert	&H00660046	用 Xor 组合源图像与目标图像

◀表 1. 10. 3
几种常用
像素组合方法

例 **10.9**　本例使用 PaintPicture 方法翻转放大图像。在窗体内放置 1 个图片框、3 个命令按钮，分别用于控制位图复制、水平翻转和垂直翻转，运行效果如图 1.10.16 所示。

图 1.10.16　运行效果

在 Form 窗体的通用部分声明两个全局变量 sw,sh 用于保存源图像的宽和高，并在 Form_Load 事件内对 sw,sh 设置初值。

```
Private Sub Form_Load( )
    sw = Picture1. ScaleWidth
    sh = Picture1. ScaleHeight
End Sub
```

要实现复制功能，只要设置目标矩形区域与要传送的图形区域具有相同的宽度和高度即可。

Command1_Click 事件用于复制 Picture1 中的图像到 Form1 窗体(1000,0)坐标处，语句为

```
PaintPicture Picture1, 1000, 0, sw, sh, 0, 0, sw, sh, vbSrcCopy
```

图像源默认值为 0,0,sw,sh，目标图像的宽度和高度默认值为 sw,sh。故命令可简化为

```
PaintPicture Picture1, 1000, 0
```

改变传送源或目标区域的定位坐标系，就可翻转图像。将传送源或目标图像宽设置为负数，则水平翻转图像；如果将高度设置为负数，则上下翻转图像。

例如

```
PaintPicture Picture1, 2200, 0, -sw, sh, 0, 0, sw, sh, vbSrcCopy
```

目标图像宽度为负数，PaintPicture 将像素从窗体坐标(2200,0)开始向左复制，直到坐标(2200-sw,sh)，实现水平翻转，如图 1.10.17 所示。

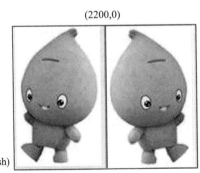

图 1.10.17　水平翻转

也可以将传送源的起始位置设置在图像另一角（sw，0），传送源的宽度为-sw，使 X 轴反向，实现水平翻转，代码如下：

```
PaintPicture Picture1, 1000, 0, sw, sh, sw, 0, -sw, sh, vbSrcCopy
```

图像的垂直翻转请读者自行完成。

2. 应用

例 10.10　利用 PaintPicture 方法实现图像推拉效果与拖尾效果。

图像推拉效果、拖尾效果实际上就是图像的放大或缩小显示。利用 PaintPicture 方法改变目标图像的大小，图像推拉效果需要注意保持图像的中心点不变；拖尾效果无需保持中心点不变，在图像的放大过程中，向一个方向逐渐改变图像的起始位置。

在窗体内放置 1 个图片框，装入源图像并设置为隐藏，两个命令按钮分别控制推拉和拖尾效果。

程序代码如下：

```
Private Sub Command1_Click( )
    ' 推出效果
    Cls
    sw = Picture1. Width
    sh = Picture1. Height
    For i = 0 To 1000 Step 0. 2
        x = 2000 - (sw + i) / 2          ' 中心点坐标(2000,2000)
        y = 2000 - (sh + i) / 2
        PaintPicture Picture1, x, y, sw + i, sh + i
    Next i
End Sub
Private Sub Command2_Click( )
    ' 拖尾效果
    Cls
    sw = Picture1. Width
    sh = Picture1. Height
    For i = 0 To 1000 Step 0. 1
        PaintPicture Picture1, i, i, sw + i, sh + i
    Next i
End Sub
```

习　题

1. 怎样建立用户坐标系？
2. 窗体的 ScaleHeight、ScaleWidth 属性和 Height、Width 属性有什么区别？
3. RGB 函数中的参数按什么颜色排列，其有效的数值范围是多少？怎样用 RGB 函数实现色彩的渐变？
4. 怎样设置 Line 控件对象的线宽？

5. 当用 Line 方法画线之后，CurrentX 与 CurrentY 在何处？
6. 当用 Circle 方法画圆弧和扇形时，若起始角的绝对值大于终止角的绝对值，则圆弧角度在何范围？
7. 使用 Pset 绘制像素点的大小由何因素确定？
8. 怎样用 Point 方法比较两张图片？
9. 怎样通过 PaintPicture 方法实现图像操作？

第 11 章
递归及其应用

电子教案

递归是程序设计中一种重要的方法，当一个问题可以转化为规模较小的同类子问题时，就可以使用递归。递归方法结构清晰、可读性强、符合人的思维方式。但对于初学者，递归看起来难以琢磨，办法就是首先理解递归过程的设计，然后通过较多的示例训练来应用，就可体会到递归的魅力。

本章首先介绍递归的概念。然后详细分析递归过程的设计，突出以问题分解、抽象出递归模式和自动化实现三部曲。最后将前几章介绍的常用算法进行分类，利用递归方法来实现，有助于掌握递归方法和理解计算思维的本质。

11.1　递归概念

通过日常生活中的递归现象，对递归有个感性认识；通过分析求阶乘的例子，理解递归的概念和思维方式。

11.1.1　初识递归

在日常生活中，可以看到一些递归现象，例如两面镜中的自己产生一连串的"像中像"，如图 1.11.1 所示。又如大家熟悉的老和尚给小和尚讲故事"从前有座山，山里有个庙，庙里有个老和尚给小和尚讲故事。故事讲的是：从前有座山，山里有个庙，庙里有个老和尚给小和尚讲故事……"。这些是图形、语言上的递归，并且是无穷的递归。

图 1.11.1　递归现象

在数学中，一个递归函数是指在函数中包含了相同的函数，但它具有终止条件，因而不会无限递归。通常，理解递归最好的方法是从数学函数开始，因为数学函数中递归结构很清晰地看到问题的描述。

例 11.1　求阶乘函数 $n!=n\times(n-1)\times(n-2)\times\cdots\times1$，其递归定义形式为

$$n!=\begin{cases}1 & n=1\\ n\times(n-1)! & n>1\end{cases}$$

这个定义是递归的，因为它根据 $(n-1)!$ 定义了 $n!$，这是递归的基本特征。按照同样的过程由 $(n-2)!$ 定义了 $(n-1)!$。依此类推，直到结果用 $1!$ 为 1 来表示为止。

在计算机中，可用递归函数来实现，用 fac(n) 表示求 $n!$ 值，求阶乘的函数代码如下：

```
Function fac(ByVal n%) As Single
    If (n = 1) Then
        fac = 1
    Else
        fac = n * fac(n - 1)      ' 或 Return n * fac(n-1)
    End If
End Function
```

当主调程序调用语句 MsgBox("4!=" & fac(4))，则在信息对话框显示：4!=24。

11.1.2 递归概念

什么是递归？在程序设计中，递归是在一个函数（或子过程）的过程体中直接或间接地调用自身的一种算法。从上面求阶乘的 fac(n)函数过程看到，在函数体内调用了自身 fac(n-1)。

在函数体的内部直接或间接调用自己，称为直接递归调用或间接递归调用，如图 1.11.2 所示，一般常用的是直接递归调用。

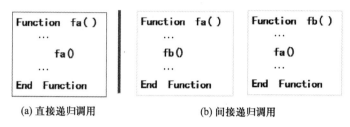

(a) 直接递归调用   (b) 间接递归调用

图 1.11.2   递归调用

在 VB 中，提供了递归机制，允许一个过程（可以是函数过程或子过程）在过程体的内部调用自身，统称为递归过程。

11.1.3 递归的思维方式

对于同样求阶乘问题，在循环控制结构时介绍利用循环语句来实现，这是一种迭代方法，现在利用递归方法来实现。求阶乘的两种解决方法如图 1.11.3 所示。

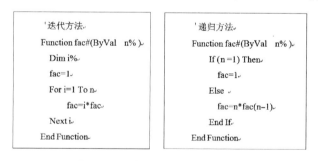

图 1.11.3   求阶乘的两种解决方法

（1）迭代方法

计算方法从底层开始，求 $1!=1, 2!=2×1!, 3!=3×2!, \cdots, n!=n×(n-1)!$。特点是自底向顶地计算，效率高，符合计算机方式。

（2）递归方法

从顶层开始，求 $n!=n×(n-1)!, (n-1)!=(n-1)×(n-2)!, \cdots, 2!=2×1!, 1!=1$，自顶向下逐步分解问题。然后自下向顶计算，得到最终 $n!$ 的结果。特点是虽然效率低，增加了内存的开销，时间、空间复杂度不如迭代方式，如果使用不当容易发生栈溢出（这在下一节详细介绍）。但从问题抽象、概括的角度来看符合人的思维方式，程序清晰。有些问题离开递归无法解决，如后面介绍的汉诺塔问题、分形图等。

通过 n 阶乘的递归方法，请思考用递归解决问题的方法反映了一种什么样的思维方式?

实质是"分而治之"的思想,即大问题分解为本质相同的小问题,直到当问题很小时有一个解决方法为止。例如,求 n 阶乘问题分解如图 1.11.4 所示。

图 1.11.4 问题分解

问题分解正是计算思维的方法,也是递归的核心思想。有许多问题具有递归的特性,用递归描述它们就非常方便。递归方法能够简洁地描述问题和设计算法。但对于初次接触递归的人,这个概念感觉比较难理解。在下一节将对递归的内部运行机制进行深入分析,给出递归的设计方法,可以帮助大家正确理解和应用递归解决实际问题。实际上,一旦理解了就会觉得简单,并体会到递归解决问题的魅力。

11.1.4 递归类型

在程序设计中,典型的递归类型有以下三类(或称三种情况)。

1. 问题定义是递归的

例如 n 阶乘、斐波那契数列、组合数等,这类问题在描述时就是用的递归定义。

例 11.2   已知 n 项的斐波那契数列:1,1,2,3,5,8,13……从第 3 项开始,每一项是前两项和,即 $t_n = t_{n-1} + t_{n-2}$。用递归函数定义如下:

$$fib(n) = \begin{cases} 1 & \text{当 } n=1,2 \text{ 时} \\ fib(n-1)+fib(n-2) & \text{当 } n \geqslant 3 \text{ 时} \end{cases}$$

斐波那契数列递归定义是将规模为 n 的问题分解为 $n-1$ 和 $n-2$ 两个子问题,只要这两个子问题解决,那么问题就解决了。当然子问题还要分解,直到当 $n=1$、2 时不能再分解并有确定值。

2. 数据结构是递归的

在数据结构的定义中引用自身的结构,常见于节点的结构定义,如图 1.11.5 所示。在结构类型的定义中,应用了指向自身结构的指针。利用这样的递归结构,可以用递归方法方便地建立链表或树结构,如图 1.11.6 所示。

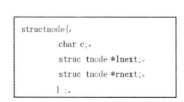

图 1.11.5 节点的结构定义

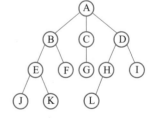

图 1.11.6 利用节点构建的树结构

3. 问题解法是递归的

有些问题的解决用递归来实现容易得多。例如著名的八皇后、汉诺塔等经典问题。图 1.11.7 是 n 皇后问题的运行界面,从图可见,当输入 n 为 10 时,有 724 个方案。关于该问题的解决请参阅有关资料。这里将简要地介绍汉诺塔问题,本节最后将详细介绍与图学理论相关的分形图的递归的生成。

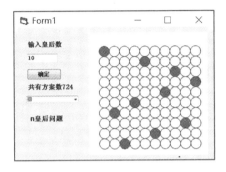

图 1.11.7 *n* 皇后问题的运行界面

例 11.3 著名的汉诺塔问题又称"世界末日问题"。该问题有 3 个柱 A、B、C。A 柱上有 64 个大小不等并从大到小排列的金盘，要求将 A 柱上的盘移动到目标柱 C，可借助中转柱 B，如图 1.11.8 所示。

移动规则：

① 每次移动 1 个盘子。

② 任何时候大的在下，小的在上。

③ 移动时可以借助 B 柱，但不能放于其他地方。

图 1.11.8 汉诺塔模型

当 *n* 分别等于 1、2、3 时，盘移动的过程如图 1.11.11 所示。当 *n* 比较大时，汉诺塔问题看上去有点难解，但采用递归方法来解决，算法是非常简单的。若有 $n(n>1)$ 个盘从 A 柱移动到目标柱 C，问题分解为 3 件事，如图 1.11.9 和图 1.11.10 所示。

① $n-1$ 个盘从 A 柱移动到中转柱 B 上（子问题 1）。

② 最底层第 *n* 块盘（最大的圆盘）从 A 柱移动到目标柱 C。

③ $n-1$ 个盘从中转柱 B 移动到目标柱 C（子问题 2）。

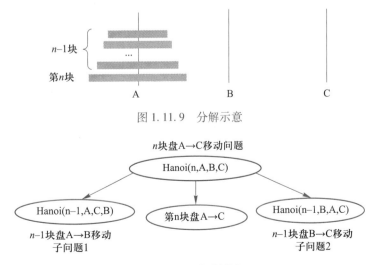

图 1.11.9 分解示意

图 1.11.10 问题分解

不难发现，将 n 块盘的移动问题可以分解为两个，即 $(n-1)$ 块盘移动的子问题和第 n 块盘的直接移动，而子问题与原问题本质是等价的。但问题的规模减小了，问题的解决方法是可用递归来实现的。

在算法实现中，假定 A、B、C 三个柱子分别以字符表示，移动过程以字符串形式存放在列表框中，相应的移动递归子过程如下：

```
Dim t As Long    '模块级变量t,保值
Private Sub Command1_Click( )
    Dim n%
    Dim A$, B$, C$
    n = Val(Text1.Text)
    List1.Clear
    t = 0
    A = "A"
    B = "B"
    C = "C"
    Call Hanoi(n, A, B, C)
    Label2.Caption = "移动了" & t & "次"
End Sub
Private Sub Hanoi(ByVal n%, ByVal A$, ByVal B$, ByVal C$)
    If n = 1 Then
        List1.AddItem (n & "从" & A & "→" & C)        '第n块从A移动到C
    Else
        Call Hanoi(n - 1, A, C, B)                    'n-1块从A移动到B借助C
        List1.AddItem (n & "从" & A & "→" & C)        '第n块从A移动到C
        Call Hanoi(n - 1, B, A, C)                    'n-1块从B移动到C借助A
    End If
    t = t + 1                                         '模块级变量t用来统计移动次数
End Sub
```

例如，当 n 分别为 1、2、3 时，运行结果如图 1.11.11 所示。

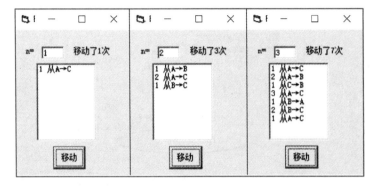

图 1.11.11　当 $n=1$、2、3 时的移动结果

由图 1.11.11 可见，当有 n 块盘时，移动的次数为 2^n-1 次。若按照每秒移动 1 个盘，64 个金盘全部移完需要 $2^{64}-1=18\,446\,744\,073\,709\,551\,615\,s \approx 5\,845.54$ 亿年，目前地球寿命

46 亿年，因此该问题称为"世界末日问题"。

11.2 如何设计递归程序

看似简洁的递归程序，在程序运行时是如何完成调用自身的呢？递归调用何时停止？搞清楚内部运行机制，对理解和编写正确的递归程序是有益的。下面以求阶乘为例分析递归的执行过程。

11.2.1 递归执行过程分析

在递归函数过程 fac(n) 的定义中，当 $n>1$ 时，连续调用 fac 自身共 $n-1$ 次，直到 $n=1$ 为止。现设 $n=4$，下面就是 fac(4) 的执行过程，如图 1.11.12 所示。

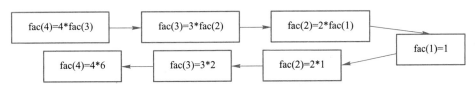

图 1.11.12 fac(4) 的递推和回归过程

递归执行过程的两个基本要素是递推和回归。

（1）递推→：实质就是问题"分解"的过程，自顶向下，从大问题到小问题，从未知到已知，直到满足递归终止条件（即递归出口）。

（2）回归←：就是"求值"的过程，自底向上，小问题返回给大问题答案，从已知到最终结果。

那么在程序的实际执行时的递推和回归过程是如何进行的呢？

递推和回归的过程是利用栈来实现的。栈是计算机中特殊的存储区，主要功能是暂时存放数据和地址。栈的特点是先进后出，它有压栈和弹出两个基本操作。每一次的递推过程实质是压栈操作，将函数的参数、变量和返回地址等数据保存在栈中，如图 1.11.13 所示。每一次回归的过程就是栈的弹出操作，将栈中保存的数据释放。

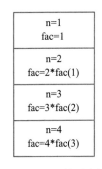

图 1.11.13 栈示意图

实际上，函数被调用时执行的代码是原函数的一个副本。当一个函数被调用 4 次，则函数就会有 4 个副本在内存运行，每个副本都有自己的栈空间和数据，因此互不影响，这就是递归程序的运行机制。对于求 4 阶乘的递归程序的运行机制如图 1.11.14 所示。

思考：

① 若调用时 n=-4，则程序运行结果是什么？

② 函数体若少了 If(n = 1) Then fac = 1 语句，即函数体仅有 fac = n * fac(n-1) 语句，则程序运行结果又如何？

从上面的程序可以看到递归函数（或子过程）具有以下两个特点：

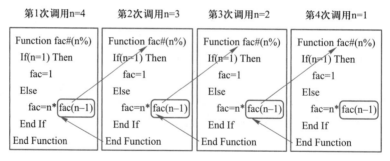

图 1.11.14　求 4!的递归程序的运行机制

① 具备递归结束条件及结束时的值。

② 具备递归形式表示，并且递归向结束条件的方向发展。

要说明的是，通过求阶乘为例分析了递归程序的执行过程，进而证明其正确性。这样可能让学习者有错觉，是否以后每个递归程序都要如此分析？是否要将简单问题复杂化？恰恰相反，递归的使用目的正是为了使程序设计者避开细节过程，重点放在问题的分解、递归的特点上来设计递归程序。通过一个简单递归问题分析执行的正确性，从而假设递归过程总是能够正确地返回结果，使得问题解决更简化。

11.2.2　递归程序的设计过程

通过前面的分析和计算思维解决问题的思路，将递归程序的设计过程分成 3 个步骤：问题分解、抽象出递归模式和自动化即算法实现。

1. 问题分解

不是所有的问题都可以用递归来解决的，首先要分析求解问题用递归来解决的可行性。递归的作用在于，随着问题解决的进行，它将变得越来越简单。因此，对一个要解决的问题可以从以下递归的两个特点考虑是否适合用递归：

① 当问题很小时，是否有一个直接结果，即递归终止条件。

② 如果问题不小时，是否可以将其分解成规模较小的问题，并且这些规模较小的问题可以用同样的方法继续分解，即递归形式。

如果对于这两个方面的回答是肯定的，那么就已经有了一个解决方案。在问题分解中，需要注意两点：一是子问题的规模要变小，例如 n 阶乘的子问题是 $n-1$ 的阶乘，它的规模更小，而不是规模更大的 $n+1$。二是问题小到一定程度时不能再小，直接得出结果，例如当 $n=1$ 时不能再小了，得出结果是 1。

2. 抽象出递归模式

递归模式就是根据问题分解和构成递归两个特点，正确地将它们之间的逻辑关系进行归纳和抽象。图 1.11.15（a）和（b）所示的是求阶乘和斐波那契数列的递归模式。

$$fac(n)=\begin{cases}1 & n=1 \\ n\times fac(n-1) & n>1\end{cases} \qquad fib(n)=\begin{cases}1 & n=1、2 \\ fib(n-1)+fib(n-2) & n\geq3\end{cases}$$

(a) 阶乘的递归模式　　　　　　　　(b) 斐波那契数列的递归模式

图 1.11.15　递归模式

　　抽象出递归模式是递归程序设计实现的难点和关键，这一步理解和掌握了，编写递归函数代码就水到渠成了。

　　3. 自动化即算法实现

　　为便于递归函数编写，根据递归的两个特点构建出递归函数模板，也就是递归函数的一般形式，如图 1.11.16 所示。

```
Function  函数名(参数列表)
    If  控制参数=出口 Then
        函数名=直接结果
    Else
        函数名=递归调用
    End If
End Function
```

图 1.11.16　递归函数模板

其中参数列表形式为

[基本参数,]控制参数

　　控制参数必须有，控制递归向递归终止条件方向发展；基本参数是函数调用时用到的其他参数，不是必需的。

　　算法实现这一环节只要根据递归模式，套用递归函数模板，就可快速地编写出递归函数代码。对于递归子过程方法也是类似的，只要掌握递归子过程名没有值，要从子过程获得值，必须通过引用（ByRef，在 VB 中默认是 ByRef）参数传递的方式。

　　例 11.4　对于已知斐波那契数列的递归模式（如图 1.11.15），套用递归函数模板很容易实现斐波那契数列递归函数的编程，如图 1.11.17 所示。

```
Function fib%( n%)
    If n=1 Or n=2 Then
        fib = 1
    Else
        fib = fib(n-1)+ fib(n-2)
    End If
End Function
```

图 1.11.17　斐波那契数列递归函数

　　思考：根据递归子过程的特点，请将斐波那契的递归函数尝试改写成递归子过程。

11.3　递归应用举例

　　为便于读者的学习和掌握递归应用，本节按以前介绍过的常用算法进行分类，介绍几种典型的递归算法。在这些例子中重点放在问题分解、抽象出递归模式，有了递归模式，算法实现是很容易的。

11.3.1 整数数据处理

整数数据处理是指程序设计中常见的整数处理的一些算法，如求最大公约数、整数位数、各位数字之和、数的逆序和数制转换等。这类案例的递归算法设计思想如下：

① 问题分解，通过整除和取余，将被处理的整数分解成商和余数。

② 根据处理的要求，建立被处理的整数、商和余数的逻辑关系，抽象出递归模式。

③ 利用函数模板，将递归模式编写成递归算法。

例 11.5 求正整数 m 的各位数字之和，例如 $m=5\,678$，则结果为 $5+6+7+8=26$。

问题分解：若数 m 仅有一位，那么它的结果就是本身，这是递归终止条件；否则对 m 分解：m Mod 10 得余数 r 就是该数的最后一位进行累加，m 整除 10 得商作为 m 的新值使得 m 规模缩小，继续分解直到 m 为个位数。

递归模式如下：

$$SumDigit(m)=\begin{cases}m & m<10\\ m \text{ Mod } 10 +SumDigit(m\backslash10) & m\geqslant10\end{cases}$$

递归函数代码如下：

```
Function SumDigit%(ByVal m%)
    If m < 10 Then
        SumDigit = m
    Else
        SumDigit = m Mod 10 + SumDigit(m\10)    ' 完成两个任务将余数累加以及递归调用
    End If
End Function
```

思考：若要求正整数的位数，该函数如何进行微小的改动？

例 11.6 将正整数 d 转换成 r 进制（$r<10$）字符串。例 $d=1\,000$，$r=8$，则结果为 $1\,750$。

问题分解：若 $d<r$，则 d 结果就是本身；否则对 d 进行分解：d 整除 r 得商，使得 d 规模缩小，d Mod r 得余数连接。

递归模式如下：

$$Tran(d,r)=\begin{cases}d & d<r\\ Tran(d\backslash r,\ r) \text{ \& } d \text{ Mod } r & d\geqslant r\end{cases}$$

递归函数代码如下：

```
Function Tran(ByVal d%, ByVal r%) As String
    If d < r Then
        Tran = d
    Else
        Tran = Tran(d \ r, r) & (d Mod r)    ' ①完成两个任务递归调用和将余数连接
    End If
End Function
```

思考:

(1) 若在式①中将取余数放在递归调用前,即(d Mod r) & Tran(d \ r, r),结果相同吗?为什么?

(2) 若要考虑 r 为十六进制,递归模式如何?对应的 Tran 函数又是如何实现的?

提示:这时要考虑余数超过 9 后转换成 A~F。

11.3.2 字符串处理

对字符串的处理常见的有字符串加密和解密、字符串删除和替换、逆序排序、回文词、求字符串长度等。

利用递归方法处理的思想:将一个字符串按照位置分成一个字符(第一个或最后一个)和去除一个字符后的子串;子串比原先的字符串个数少 1,规模小,而且它也用同样的方法可以继续分解;当字符串的长度为 1 或空时(视处理的问题决定),这是最小问题,不能再分解了。

例 11.7 从字符串 s 中删除出现的某个字符 c。

问题分解:利用 Mid 函数将字符串 s 分成 1 个字符 c 和其余子串 s。对一个字符判断与 c 字符相同与否,进行相应的连接与否。对规模变小的子串 s 进行递归调用,直到 s 子串为空,问题分解如图 1.11.18 所示。

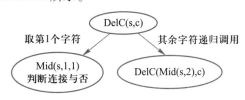

图 1.11.18 删除字符问题分解

递归模式如下:

$$
DelC(s,c)=\begin{cases} 空 & 当\ s\ 的长度=0\ 时 \\ Mid(s,1,1)\ \&\ DelC(Mid(s,2),c) & 当\ s\ 的长度>0\ 时,且\ Mid(s,1,1)<>c \\ DelC(Mid(s,2),c) & Mid(s,1,1)=c \end{cases}
$$

抽象出递归模式后代码实现就不难了,递归函数略。

思考:对字符串处理的其他递归函数请尝试实现。

11.3.3 数组处理

数组常见的处理如求数组中的最值、数组排序、数组逆序排序、数组查找等。

数组的分解方法和字符串类似:按照位置将数组分解成一个元素(一般最后一个)和其余元素子数组;每次分解后数组会减少一个元素,规模越来越小;当数组下标上界为 0(数组长度为 1)时,不再分解了。

例 11.8 对数组 a 中各元素按递增顺序排序。

问题分解:对上界为 n 的数组,排序问题的分解变成,对最后一个元素的定位(本例求最大值)和其余数组元素规模减小 $(n-1)$ 个数组元素的同类问题处理,如图 1.11.19 所示。

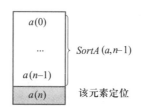

图 1.11.19　排序问题分解图

递归模式如下：

$$SortA(a,n)=\begin{cases}结束 & n=0\\ 求最值并将其定位于最后,SortA(a,n-1) & n>0\end{cases}$$

由于数组处理的原始数据和处理后的结果一般都是在数组中，因此应用子过程实现。
递归子过程代码如下：

```
Sub SortA( ByRef a%( ) , ByVal n%)
    Dim i%, t%, maxi%
    If n <> 0 Then                      ' 数组仅有一个元素结束
        maxi = n                        ' 求数组最大值放于最后元素
        For i = n - 1 To 0 Step -1
            If a( i) > a( maxi) Then maxi = i
        Next
        t = a( n) : a( n) = a( maxi) : a( maxi) = t
        Call SortA( a, n - 1)           ' 递归调用
    End If
End Sub
```

由此可见，利用递归实现排序实质简化成对数组求最值的问题，减少了一重循环，更便于对排序的理解。当然与以往两重循环实现的排序算法比较，递归实现效率是不高的。

11.4　自主学习——分形图

分形图的特征是局部形状和整体形状都是相似性的。自然界中，分形图随处可见，例如海岸线、山脉、云彩、树木、细胞等，图 1.11.20 显示的是分形图示例。

图 1.11.20　分形图示例

分形图是由递归技术和图形方法结合绘制的，广泛应用于广告、工艺品、建筑、设计布局等方面。通过本小节学习，一方面可以更好地体会递归的魅力，另一方面也可拓

展绘图技术的应用。

分形图生成的算法基本原理是先构造出一种简单形态的生成图元，然后通过控制参数确定递归调用的次数生成此种生成图元的分形图。下面介绍最简单的分形图的绘制。

11.4.1 递归三角形

例 11.9 用递归来绘制三角形分形图。此生成图元是三角形，控制参数 n 决定了生成的三角形分形图效果。

问题分解：将绘制 n 重的分形三角形分解成绘制 3 个 $n-1$ 重的分形三角形。当 $n=1$ 时，是最小问题，即绘制一个三角形。

递归模式是，当重数 $n=1$ 时，则根据基本参数（3 个点坐标）绘制三角形；当重数 $n>1$ 时，则计算三角形三线段的中点，如图 1.11.21 所示，绘制 3 个 $n-1$ 重的子分形图（3 次递归调用）。

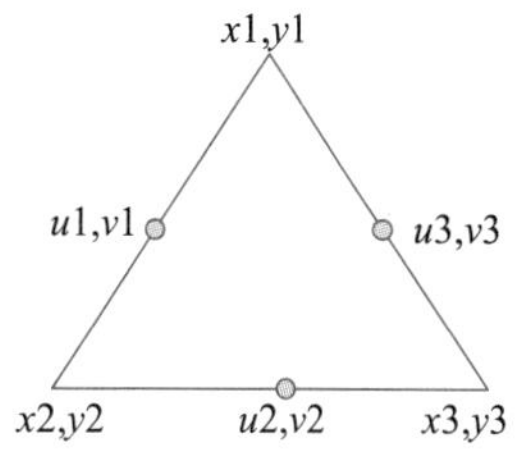

图 1.11.21 三角形生成图元和取三边中点

由此得到递归模式如下：

$$Sier3(p1,p2,p3,n)=\begin{cases} \text{画图元即三角形} & n=1 \\ \text{求三角形三边的中点，} & \\ Sier3(p1',p2',p3',n-1)， & n>1 \\ Sier3(p1'',p2'',p3'',n-1)， & \\ Sier3(p1''',p2''',p3''',n-1) & \end{cases}$$

其中 $p1,p2,p3,p1',p1'',p1'''$……表示三角形的各顶点和中点。

相应的递归算法如下：

```
Private Sub Picture1_Click( )
    Dim n As Integer
    n = InputBox("输入 n 的值 ")                     ' 递归层次
    Picture1. Print Tab(5); "递归 n=" & n & "时的图形"
    Picture1. Scale (0, 600)-(600, 0)                ' 自定义坐标系
    Call triangle(30, 320, 570, 30, 570, n)         ' 调用画三角形过程
End Sub
Private Sub triangle(x1!, x2!, x3!, y1!, y2!, k%)
    Dim u1!, u2!, v1!, v2!
    If (k > 1) Then                                 ' 当没有到底层，递归调用
        u1 = (x1 + x2) / 2                          ' 三条边的中点
        u2 = (x2 + x3) / 2
        v1 = (y1 + y2) / 2
        Call triangle(u1, x2, u2, v1, y2, k - 1)    ' 递归调用
        Call triangle(x1, u1, x2, y1, v1, k - 1)
        Call triangle(x2, u2, x3, y1, v1, k - 1)
    Else
```

```
        Picture1. Line (x1, y1)-(x3, y1)                            '到达递归底层画三角形
        Picture1. Line (x1, y1)-(x2, y2)
        Picture1. Line (x2, y2)-(x3, y1)
    End If
  End Sub
```

当主调程序运行时，n 分别为 1、2、6 时的图形，如图 1.11.22 所示。

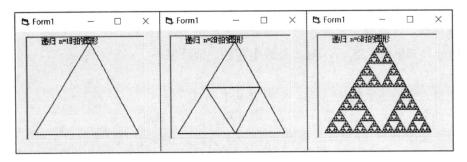

图 1.11.22　递归调用图形示例

11.4.2　递归树

例 11.10　通过滑动条设置递归次数，采用递归方法绘制如图 1.11.23 所示的分形递归树图案。

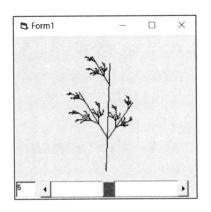

图 1.11.23　绘制分形递归树

分析：本例的生成图元是树干，如图 1.11.24 所示，树干上的枝条个数、相对于树干的位置、长度和角度建立参数矩阵，如图 1.11.25 所示，$n = 2$ 时通过参数矩阵生成的树如图 1.11.26 所示。

解释支条参数矩阵：设树干 A 点的坐标为 x，y；L 为 AB 树干的长度。第一行参数 C 点位置为 $0.3AB$，DC 长度为 $0.5L$，$\angle DCB = 30°$。其余枝条参数为矩阵下面两行参数。矩阵的行数决定了枝条的个数，矩阵的各列元素分别代表了枝条相对于树干的位置、长度和角度。通过设置不同的参数值，可以实现生成不同的分形递归树。

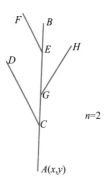

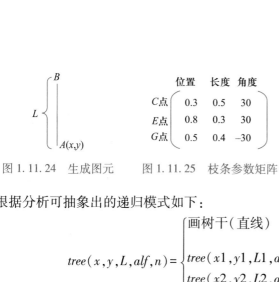

图 1.11.24 生成图元　　　图 1.11.25 枝条参数矩阵　　　图 1.11.26 参数矩阵生成的树

根据分析可抽象出的递归模式如下：

$$tree(x,y,L,alf,n)=\begin{cases}画树干（直线）\\ tree(x1,y1,L1,alf1,n-1) & n>1\\ tree(x2,y2,L2,alf2,n-1)\\ tree(x3,y3,L3,alf3,n-1)\end{cases}$$

程序代码如下：

```
Dim tr!(3, 3)
Private Sub HScroll1_Scroll( )
    tree(1, 1) = 0.3：tree(1, 2) = 0.5：tree(1, 3)= 30        '枝条参数矩阵
    tree(2, 1) = 0.8：tree(2, 2) = 0.3：tree(2, 3) = 30
    tree(3, 1) = 0.3：tree(3, 2) = 0.4：tree(3, 3) = -30
    n = HScroll1. Value
    Text1. Text = n
    Scale (0, 600)-(600, 0)
    x = 300：y = 100：L = 400：alf = 88
    Call drawTree(x, y, L,alf, n)
End Sub
Public Sub drawTree( ByVal x!, ByVal y!, ByVal L#, ByVal alf#, ByVal n% )
    Dim x1!, y1!, aa#
    Dim i%
    aa = alf * 3.14159265 / 180                    '画树干
    x1 = x + L * Cos(aa)
    y1 = y + L * Sin(aa)
    Line (x, y)-(x1, y1)
    If n > 1 Then                                  '计算枝条位置、长度和角度
        For i = 1 To 3
            x1 = x + L * tree(i, 1) * Cos(aa)
            y1 = y + L * tree(i, 1) * Sin(aa)
            Call drawTree(x1, y1,L * tree(i, 2), alf + tree(i, 3), n - 1)   '递归调用
        Next i
    End If
```

End Sub

　　思考：当改变枝条参数矩阵观察形成的递归树的形状，若要形成如图 1.11.27 所示的平衡二叉树，如何设置参数矩阵？

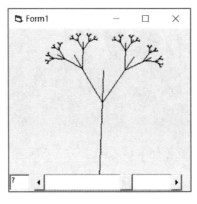

图 1.11.27　平衡二叉树

习　题

1. 举例说明日常生活中看到的递归现象。
2. 递归解决问题的核心是什么？
3. 递归与迭代的区别是什么？任何迭代都可以用递归来实现吗？
4. 设计递归程序的三部曲是什么？关键是什么？
5. 根据对递归的掌握，请列举出日常用递归方法解决问题的例子。

实 验 篇

实验1　VB 环境和可视化编程基础

一、实验目的

1. 了解 Visual Basic 系统安装方法。
2. 掌握启动与退出 Visual Basic 的方法。
3. 掌握建立、编辑和运行一个简单的 Visual Basic 应用程序的全过程。
4. 掌握基本控件（窗体、文本框、标签、命令按钮、图片和图像）的应用。

二、实验内容

1. 启动 Visual Basic 6.0，创建一个"标准 EXE"类型的应用程序，要求：在屏幕上显示"欢迎学习 VisualBasic"；在文本框 Text1 中输入姓名；单击命令按钮"你输入的姓名是"，在 Label3 标签显示在文本框中输入的姓名。

程序运行效果如图 2.1.1。程序以"学号-1-1.frm"和"学号-1-1.vbp"文件名保存。以后每个实验项目的命名规则都是如此，即"学号-实验号-实验题目"。

图 2.1.1　实验 1.1 运行效果

提示：

① 所用的控件及属性设置见表 2.1.1。

控件名	属　　性
Label1	Caption="欢迎学习 VisualBasic"；Font 属性：字号为二号，字体为隶书 Aligment=2（居中）
Label2	Caption="请输入你的姓名"；Font 属性：字体为楷体，有下画线
Text1	Text=""
Command1	Caption="你输入的姓名是"
Label3	Caption=""；BorderStyle=1

◀表 2.1.1
控件及属
性设置

② "欢迎学习 VisualBasic"要在两行显示，只要将 Label1 控件的宽度缩小一些。

2. 模仿教学篇例 1.1 模拟打字机效果，显示的文字为"我开始学习程序设计"。各控件及属性设置见表格 2.1.2，背景图形文件可以选择自己喜欢的。以自己的学号-1-2 为项目名保存。

控件名	属　　性
Form1	Caption = "实验 1.2"；Picture：为自己喜欢的图片
Label1	Caption = "我开始学习程序设计"；FontSize = 36；BackStyle = 0
Command1	Caption = "开始"
Command2	Caption = "停止"
Timer1	Internal = 0

▶ 表 2.1.2
控件及属性设置

3. 编写一个程序，在文本框中统计在该窗口上鼠标单击的次数，运行效果如图 2.1.2。

提示：对窗体编写两个事件，Form_Load 对文本框置初值为空；Form_Click 对文本框计数。

对文本框计数和显示相关代码为

$$Text1.Text = Val(Text1.Text) + 1$$

4. 按照教学篇例 2.3 对窗体 3 个事件过程（Load、Click、DblClick）编程，3 个事件中装入不同的图片，可以是自己喜欢的任何图片，并在窗体标题栏显示相应的事件名，在窗体显示对应图片的文字信息。

5. 命令按钮、字号、内容和格式的复制练习，运行效果如图 2.1.3。控件和属性设置见表 2.1.3。

图 2.1.2　实验 1.3 运行效果

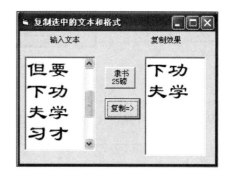

图 2.1.3　实验 1.5 运行效果

控件名	属　　性
Form1	Caption = "复制选中的文本和格式"
Label1	"输入文本　　　　　　　　复制效果"
Text1	Text = "VB 功能强大，但要下功夫学习才能学好" MultiLine = True；ScrollBar = 2
Text2	Text = ""
Command1	Caption = "隶书 25 磅"
Command2	Caption = "复制 =>"

▶ 表 2.1.3
控件及属性设置

要求：

① Command1 使得 Text1 的字体和字号根据命令按钮上显示的要求改变。

② Command2 要求将 Text1 选中的内容以及其字体格式复制到 Text2 文本框中。选中的内容通过 Text1 的 SelText 属性获取。

6. 图片缩小、还原的设置。

窗体上放置一个 Image 图像控件和两个命令按钮。Image 图像控件装入自己所喜欢的图片，设置 Stretch 属性为 True，使得图片随着图像控件的大小而变，如图 2.1.4 所示。

图 2.1.4　实验 1.6 运行界面

要求：

① 单击"缩小一半"按钮，图片纵、横均缩小一半。

② 单击"还原"按钮，图片与初始装入时同大。

提示：为了实现还原，要做以下 3 件事。

① 必须在事件过程外即程序代码最上方声明窗体级变量：

　　　Dim h%，w%　　　　　　　　　 ' 用户输入的变量声明语句

② 在 Form1_Load 事件中保存图像控件的初始值

　　　w = Image1. Width

　　　h = Image1. Height

③ 在 Command2_Click 事件中还原成初始值

　　　Image1. Width = w

　　　Image1. Height = h

缩小一半 Command1_Click 事件请读者自行完成。

思考：若要设置图片放大，如何修改代码?

实验2　顺序结构

一、实验目的

1. 掌握表达式、赋值语句的正确书写规则。

2. 掌握常用函数的使用方法。

3. 掌握 InputBox 与 MsgBox 的使用方法。

4. 掌握 Print 方法和 Format 格式的使用方法。

二、实验内容

1. 随机生成 3 个正整数，其中 1 个一位数、1 个两位数、1 个三位数，计算它们的平

均值，保留两位小数。运行界面如图 2.2.1 所示。

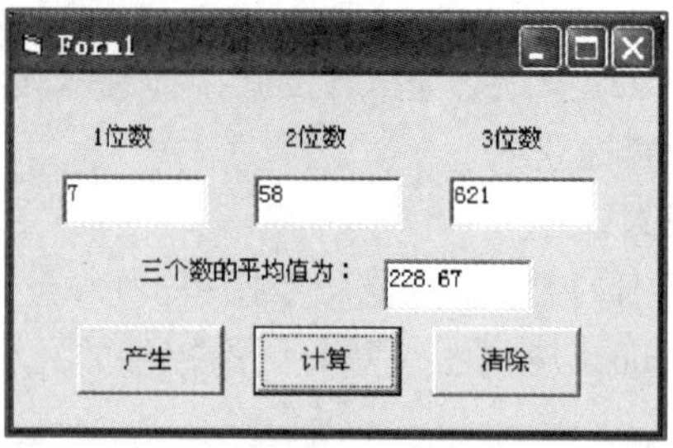

图 2.2.1　实验 2.1 运行界面

提示：

① 随机数生成某范围内的正整数公式为

Int(Rnd * 范围+基数)

其中：范围=数的上限−下限+1，基数=数的下限。

例如，要生成两位数：

Int(Rnd * (99−10+1)+10) = Int(Rnd * 90+10)

② 保留两位小数，利用 Format 函数，其形式为

Format(要显示的数值,"0.00")

2. 我国有 13 亿人口，假定按人口年增长率 0.8% 计算，多少年后我国人口超过 26 亿。

提示：

① 假定年增长率 $r=0.8\%$，求人数超过 26 亿的年数 n 公式为

$$n=\frac{\log(2)}{\log(1+r)}$$

其中 $\log(x)$ 为对数函数。

② 该题目的界面设计由读者自行设计。

3. 输入一个合法的三位正整数，然后逆序输出并显示。例如，输入 734，输出是 437，运行效果如图 2.2.2 所示。

提示：

① 为保证程序运行的正确性，对输入的数要进行合法性检查。数据输入结束有两种方法，分别编写以下两个事件过程对数据进行检验：

● 按 Tab 键，检查数据的合法性，这时调用 Text1_LostFocus 事件。

● 按 Enter 键，利用 Text1_KeyPress 事件中返回参数"KeyAscii"的值为 13 表示输入结束。

输入数据合法性检查调用 IsNumeric 函数，参阅教学篇例 2.6。若有错利用 MsgBox 显示出错信息，如图 2.2.3 所示。清除文本框内输入的非法数据，通过 SetFocus 定位于文本框处，重新输入。

② 利用 Mod 和 \ 运算符将一个三位数分离出 3 个一位数，然后利用乘法和加法运算将 3 个个位数连接成一个逆序的三位数。

图 2.2.2 实验 2.3 运行效果　　　　图 2.2.3 非法数据输入 MsgBox 显示出错信息

4. 输入一个字符串，分别调用 UCase、Len、Mid、Left、Right 函数，显示如图 2.2.4 所示的效果。

5. 仿效上题，验证转换函数的使用，Text1 文本框中输入字符串，Text2 文本框中显示调用所选函数的结果，4 个命令按钮为转换函数，Label2 显示对应的函数名，运行效果如图 2.2.5 所示。

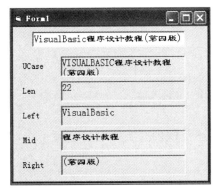

图 2.2.4 实验 2.4 运行效果　　　　图 2.2.5 实验 2.5 运行效果

6. 用 InputBox 输入一个正实数，用 Print 方法在一行上显示出其值，以及它的平方、平方根、立方、立方根，每个数据保留 3 位小数，之间有间隔。界面样式自行设计。

7. Print 方法练习，显示字符图形。

参考教学篇例 4.4 输出简单图形，如图 2.2.6 所示。要求窗体不可改变大小，当单击"清屏"按钮后，清除窗体所显示的图形。

提示：

利用循环和 String 函数。读者也可以发挥自己的想象力，设计更美观的图形。

进一步要求：若要显示如图 2.2.7 所示的图形，程序如何修改？

图 2.2.6 实验 2.7 运行效果　　　　图 2.2.7 进一步要求运行效果

8. 利用 InputBox 函数输入一个合法的 3 位正整数，然后逆序利用 Print 方法在窗体显示输出，例如，输入 123，输出是 321，如图 2.2.8 所示。

程序要求判断若输入的数不是 3 位数，用 MsgBox 显示错误提示，结束程序运行。

图 2.2.8　实验 2.8 运行效果

实验 3　选择结构

一、实验目的

1. 掌握逻辑表达式的正确书写形式。
2. 掌握单分支与双分支条件语句的使用方法。
3. 掌握多分支条件语句的使用方法。
4. 掌握情况语句的使用及与多分支条件语句的区别。

二、实验内容

1. 在购买某物品时，若所支付费用 x 在下述范围内，实际支付金额 y 按对应折扣计算：

$$y = \begin{cases} x & x < 1\,000 \\ 0.9x & 1\,000 \leqslant x < 2\,000 \\ 0.8x & 2\,000 \leqslant x < 3\,000 \\ 0.7x & x \geqslant 3\,000 \end{cases}$$

提示：此例用多分支结构实现，注意计算公式和条件表达式的正确书写。

2. 编写一个程序输入上网的时间，计算上网费用，计算的方法如下：

$$费用 = \begin{cases} 30 \text{元}(基数) & < 10 \text{ 小时} \\ 每小时 2.5 \text{ 元} & 10 \sim 50 \text{ 小时} \\ 每小时 2 \text{ 元} & \geqslant 50 \text{ 小时} \end{cases}$$

为了鼓励多上网，每月收费最多不超过 150 元。

提示：首先利用多分支 If 语句根据 3 个时间段算出费用，然后再用单分支 If 语句对超过 150 元的费用设置为 150 元。

3. 输入 x, y, z 三个数，按从大到小的次序显示，如图 2.3.1 所示。

图 2.3.1　实验 3.3 运行效果

提示：

① 利用 InputBox 输入 3 个数，存放到数值型变量中，然后进行比较。若放在字符串变量中，有时会得到不正确的结果（因为字符串是从按左到右的规则比较，例如会出现 "34">"2345">"126789" 的情况）。

② 3 个数排序，只能通过两两比较，一般可用 3 个单分支的 If 语句来实现。方法如下：

先 x 与 y 比较，使得 $x>y$。然后 x 与 z 比较，使得 $x>z$，此时 x 最大。最后 y 与 z 比较，使得 $y>z$。也可用 1 个单分支 If 语句和 1 个嵌套的 If 语句来实现。

③ 要显示多个数据可以用 ";" 逐一显示，也可利用 "&" 字符串连接符将多个变量连接显示。例如要输出 x、y、z 的语句是

  Print "排序后"; x; " "; y; " "; z   '用分号将多个变量显示

也可

  Print "排序后" & x & " " & y & " " & z   '用"&"字符串连接符

思考：若要按从小到大的次序显示，程序将如何修改？

4. 编写一个模拟袖珍计算器的完整程序，界面如图 2.3.2 所示。要求：输入两个操作数和一个操作符，根据操作符决定所做的运算。

图 2.3.2 实验 3.4 运行界面

提示：

① 为程序运行正确，对存放操作符的文本框 Text3，应使用 Trim(Text) 函数，去除运算符两边的空格。

② 根据存放操作符的文本框 Text3 中的内容，利用 Select Case 语句实现。

5. 利用计算机解决古代数学问题"鸡兔同笼"，即已知在同一笼子里有总数为 M 只鸡和兔，鸡和兔的总脚数为 N 只，求鸡和兔各有多少只？

提示：鸡、兔的只数通过已知输入的 M，N 列出方程可解，设鸡为 x 只，兔为 y 只，则计算公式为

  $x+y=M$

  $2x+4y=N$

即

  $x=M-y$

  $y=N/2-M$

但不要求出荒唐的解（例 3.5 只鸡、4.5 只兔，或者求得的只数为负数）。因此，在 TextBox2_LostFocus 事件（当输入总脚数后按 Tab 键进行计算）中要考虑下面两个条件：

① 对输入的总脚数 N 必须是偶数；否则提示数据错的原因，如图 2.3.3 所示，重新输入数据。

② 若求出的头数为负数，提示数据错的原因，重新输入数据。

实验运行界面如图 2.3.4 所示。

图 2.3.3　数据输入错误提示　　　　图 2.3.4　实验 3.5 运行界面

6. 输入一元二次方程 $ax^2+bx+c=0$ 的系数 a、b、c，计算并输出一元二次方程的两个实根 x_1、x_2。界面如图 2.3.5 所示。

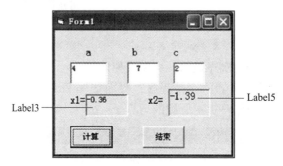

图 2.3.5　实验 3.6 运行界面

提示：要考虑实根，就要求判别式 $b^2-4ac\geq0$。

7. 检查表达式输入中圆括号配对问题。

要求对文本框输入的算术表达式，检验其圆括号配对情况，并给出相应信息，如图 2.3.6 所示。当单击"重置"按钮后，清除文本框输入的内容、窗体显示的信息和计算配对变量赋初值零，便于下次再输入和统计。

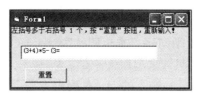

图 2.3.6　运行界面

提示：

① 在过程外最上方声明一个窗体级变量 n，存放统计括号配对的情况。

② 在 Text1_KeyPress(KeyAscii As Integer)事件过程中进行如下处理

```
If Chr(KeyAscii)不是等号 Then
    若是左括号 "(" 则 n+1;
    若是右括号 ")" 则 n-1;
Else
    结束表达式输入,对 n 的 3 种情况:=0、>0、<0 用 Print 方法显示相应的信息
End If
```

用一个嵌套的双分支和内嵌两个多分支结构来实现。

③"重置"按钮可对文本框置空、清除窗体显示信息和窗体级变量置零。

8. 输入一个数字（1~7），分别用 Select 语句和 Choose 函数两种方法用英文显示对应的星期一至星期日。

9. 设计如图 2.3.7 所示的计算程序。当输入参数，选择函数和字形后单击"计算"按钮，在 Label3 中以选择的字形显示计算的结果。

图 2.3.7　实验 3.9 运行界面

提示：关于字形复选框的选用采用逐个判断选择，进行属性值的对应设置。字形的属性见表 2.3.1，设置属性值为 True 时属性起作用。

字 形 属 性	意　　义
FontBold	粗体
FontItalic	斜体
FontStrikeout	删除线
FontUnderline	下画线

◀表 2.3.1
字形属性

10. 利用单选按钮，选择目的地和车速类型，显示从上海出发到目的地座票的票价，运行界面如图 2.3.8 所示。

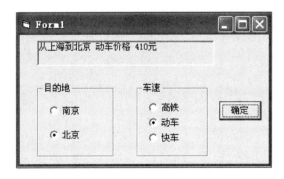

图 2.3.8　实验 3.10 运行界面

从上海到南京、北京乘火车有 3 种车速类型：高铁（二等）、动车、快车，座位票的票价见表 2.3.2。当选择了目的地、车速类型单选按钮后，在 Label1 控件显示选择的相关信息和车票价格。

（单位：元）

▶表2.3.2 票价		高铁	动车	快车
	南京	140	93	47
	北京	555	410	179

提示：Command1_Click 事件采用一个双分支（目的地）结构分别嵌套一个多分支（车速类型）来实现。显示的内容通过各单选按钮的 Caption 属性来获得。

11. 编写一个"个人简历表"程序。该程序运行后，用户在文本框中输入姓名和年龄，选择性别、职业、学历和爱好等个人信息。单击"递交"按钮运行后，利用 Print 方法在右边 Label 控件中显示具体个人信息；"重置"按钮可清除输入的信息和所做的选择。运行界面如图 2.3.9 所示。

图 2.3.9　个人简历表

提示：利用字符串变量存放 xb，xl，zy，ah 分别用来保存性别、学历、职业和爱好选择的信息。

实验 4　循环结构

一、实验目的
1. 掌握 For 语句的使用方法。
2. 掌握 Do 语句的各种形式的使用方法。
3. 掌握如何控制循环条件，防止死循环或不循环。
4. 掌握滚动条、进度条和定时器控件的使用方法。

二、实验内容
1. 用 For 循环语句实现如图 2.4.1 所示的字符图。

提示：

① 可以有 3 种方式产生这样的字符图：利用 String(n,s)函数产生重复字符串；通过 Mid(s,n)函数取子串；每行利用循环和连接形成字符串。

② 通过循环结构确定显示的起始位 Tab(20-2∗i)，显示呈三角形图案。

2. 数字之美。利用 For 循环显示有规律数字图，如图 2.4.2 所示。

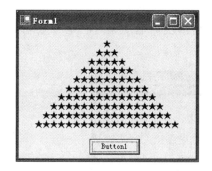

图 2.4.1　实验 4.1 运行界面　　　　　　　图 2.4.2　实验 4.2 运行界面

提示：实现这样的数字图在循环体内考虑好如下两个关键点。

① 左边由规律的数值表达式构成，通项表示为 t=t∗10+i，i 范围 1~9。

② 输出格式表示为 Print Tab(11 − i); t & "×8＋" & i & " = " & t∗8+i。

3. 求 $s=1+(1+2)+(1+2+3)+(1+2+3+4)+\cdots+(1+2+3+4+\cdots+n)$。

要求：

① 用 For 单循环求前 30 项和。

② 用 Until 求多项式和，直到和大于 5 000 为止。

运行效果如图 2.4.3 所示。

4. 筛选在 Text1 文本框中输入的字母字符，并反序在 Text2 中显示，界面如图 2.4.4 所示。

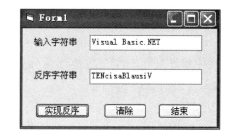

图 2.4.3　实验 4.3 运行界面　　　　　　　图 2.4.4　实验 4.4 运行界面

提示：

① 要考虑字母包括大写和小写。

② 首先利用 Len 函数求 Text1. Text 字符串长度，然后利用 For 循环结构和 Mid 函数逐一取字符进行判断是否为字母，若是字母则利用语句 "Text2. Text =字母 & Text. Text"，将字母连接到 Text 文本框前面，实现反序。

思考：若连接表达式为 "Text2. Text & =字母"，效果如何？

5. 计算 $S = 1 + \dfrac{1}{2} + \dfrac{1}{4} + \dfrac{1}{7} + \dfrac{1}{11} + \dfrac{1}{16} + \dfrac{1}{22} + \dfrac{1}{29} + \cdots$，当第 i 项的值 $< 10^{-5}$ 时结束。

提示：

① 本题的关键是找规律写通项。本题规律为：第 i 项的分母是前一项的分母加上 i（i 从 0 开始计数），即分母通项为：$T_i = T_{i-1} + i$。

② 因为事先不知循环次数，一般应使用 Do While 循环结构。当然也可使用 For 循环结构，设置循环的终值为一个较大的值，当满足精度后退出循环。运行效果如图 2.4.5 所示。

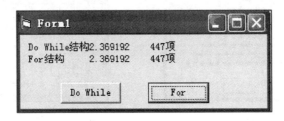

图 2.4.5　实验 4.5 运行效果

6. 编写一个程序，显示出所有的水仙花数。所谓水仙花数，是指一个三位数，其各位数字立方和等于该数字本身。例如，153 是水仙花数，因为 $153 = 1^3 + 5^3 + 3^3$。

提示：解该题的方法有以下两种。

① 利用三重循环，将 3 个一位数连接成一个三位数进行判断。

例如，将 i、j、k 三个一位数连成一个三位数的表达式为

```
i * 100 + j * 10 + k        ' i,j、k 分别为三重循环的循环控制变量
```

通常，对于若干个一位数要连接成一个多位数（例如，若要将 1~9 连接成一个 123 456 789 的 9 位数），程序段如下：

```
s = 0
For i = 1 To 9
    s = s * 10 + i
Next i
```

② 利用单循环将一个三位数逐位分离后进行判断。例如 x 是一个三位数，分离为 3 个一位数 i、j、k 的代码如下：

```
x = 357
i = x \ 100                 ' i 获得百位数结果 3
j = (x Mod 100) \ 10        ' j 获得十位数结果 5
k = x Mod 10                ' k 获得个位数结果 7
```

通常，对于若干位数值（例如，s 是一个 9 位数），利用循环从右边开始逐位分离，程序段如下：

```
s = 123456789
Do While s > 0
    s1 = s Mod 10
    s = s \ 10
```

```
        Print s1;              ' 从右边开始显示分离出每一位
    Loop
```

7. 求 $S_n = a + aa + aaa + aaaa + \cdots + aa\cdots aaa$（$n$ 个 a），其中 a 是通过滚动条获得的一个 1~9（包括 1，9）中的正整数，n 是通过滚动条获得的 5~10（包括 5，10）中的一个数。例如，当 $a = 2$，$n = 5$ 时，$S_n = 2 + 22 + 222 + 2\,222 + 22\,222$。

提示：

① 为得到不断重复 a 的 n 位数 Temp，可用如下程序段实现：

```
    Temp = 0
    For i = 1 To n
        Temp = Temp * 10 + a
    Next i
```

② 产生的表达式以横向和纵向两种形式显示，如图 2.4.6 和图 2.4.7 所示。

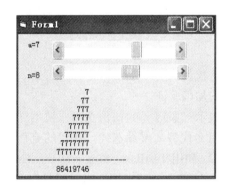

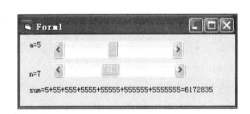

图 2.4.6　横向显示运行结果　　　　　　图 2.4.7　纵向显示运行结果

8. 计算 π 的近似值，π 的计算公式为

$$\pi = 2 \times \frac{2^2}{1 \times 3} \times \frac{4^2}{3 \times 5} \times \frac{6^2}{5 \times 7} \times \cdots \times \frac{(2 \times n)^2}{(2n-1) \times (2n+1)}$$

提示：

① 显示当 $n = 50$、$n = 1\,000$ 时的结果。

② 要防止大数相乘时溢出问题，将变量类型和常数 2 改为双精度型（即 2#）。

9. 将 Image 图片装入图像框，利用水平和垂直滚动条改变图像控件的大小来实现对图片进行任意大小缩放，运行界面如图 2.4.8 所示。

提示：

① 将 Image 图片的 Stretch 属性设置为 True，使得图片随着图像控件大小的改变而变。

② 将滚动条的最大值和最小值与图像控件放大和缩小相关联。

10. 任意改变文本的字号。利用滚动条和标签控件，实现对标签字体大小的任意改变，如图 2.4.9 所示。

提示：

① 将滚动条的 Min、Max 分别设置为字号的最小值、最大值。

② 当拖动滑块时，字体取原来值，字号跟着变化。

图 2.4.8　图片缩放运行界面　　　　　图 2.4.9　字号缩放运行界面

11. 参阅教学篇例 4.29，用迭代法求 $x=\sqrt[3]{a}$，求立方根的迭代公式为

$$x_{i+1}=\frac{2}{3}x_i+\frac{a}{3x_i^2}$$

迭代到 $|x_{i+1}-x_i|<\varepsilon=10^{-5}$ 为止，x_{i+1} 为方程的近似解。显示 $a=3$、27 时，通过求 $\sqrt[3]{a}$ 的表达式加以验证。

提示：假定 x_0 的初值为 a，根据迭代公式求得 x_1，若 $|x_1-x_0|<\varepsilon=10^{-5}$，迭代结束；否则用 x_1 代替 x_0 继续迭代。迭代的流程如图 2.4.10 所示。

12. 利用 TextBox、ProgressBar、Timer 控件设计一个带有进度条的倒计时程序，如图 2.4.11 所示。要求倒计时时间是以分为单位输入，以秒为单位显示，进度条显示的是倒数读秒剩余时间，即填充块的数目是随时间减少的。

当在文本框中输入分钟数按 Enter 键后，开始进入倒计时，进度条长度也随之减少。

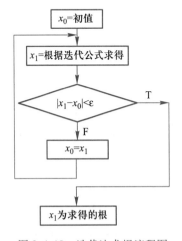

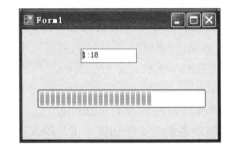

图 2.4.10　迭代法求根流程图　　　　　图 2.4.11　倒计时运行界面

13. 用计算机安排考试日程。期末某专业在周一到周六的 6 天时间内要考 x、y、z 三门课程，考试顺序为先考 x，后考 y，最后考 z，规定一天只能考一门，且 z 课程最早安排在周五考。编写程序安排考试日程（即 x、y、z 三门课程各在哪一天考），要求列出满足

条件的所有方案。

14. 一个富翁试图与陌生人做一笔换钱生意，换钱规则为：陌生人每天给富翁十万元钱，直到满一个月（30 天）；富翁第 1 天给陌生人 1 分钱，第 2 天给 2 分，第 3 天给 4 分……富翁每天给陌生人的钱是前一天的两倍，直到满一个月。分别显示富翁给陌生人的钱和陌生人给富翁的钱各为多少？

提示：设富翁第 1 天给出的钱 x_0 为 0.01，第 2 天的钱为前一天的两倍，即 $x_1 = 2 \times x_0$，如此重复到 30 天，累计求得富翁给出的钱远远超过陌生人给出的 10 万元×30 = 300 万元。

实验 5　数组和自定义类型

一、实验目的

1. 掌握数组的声明、数组元素的引用、重定义数组大小的方法。
2. 掌握数组的基本操作。
3. 应用数组解决与数组有关的常用算法。
4. 掌握列表框和组合框的使用方法。
5. 掌握自定义类型及数组的使用方法。

二、实验内容

1. 随机产生 10 个 30~100（包括 30、100）的正整数，求最大值、最小值、平均值，并显示整个数组的值和结果，如图 2.5.1 所示。

图 2.5.1　实验 5.1 运行界面

2. 已知有 6 个学生的成绩，通过对数组赋初值的方法，利用 String 函数，每 5 分显示一个"◆"，用 Print 方法显示产生的成绩，如图 2.5.2 所示。

3. 随机产生 20 个学生的成绩，统计各分数段人数，即 0~59、60~69、70~79、80~89、90~100，并显示结果。产生的数据在 Picture1 中显示，统计结果在 Picture2 中显示，如图 2.5.3 所示。

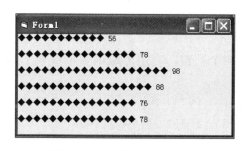

图 2.5.2　实验 5.2 运行界面

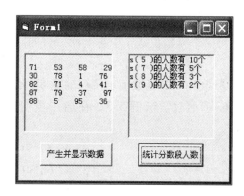

图 2.5.3　实验 5.3 运行界面

提示:

① 本程序有两个事件过程,都要用到存放 20 个学生的数组,因此在通用声明段声明一个数组,例如,Dim mark%(19)。再在 Command2 事件过程中声明一个数组 s(9),存放分数段的人数。

② 在统计时,关键要确定每个人的分数 mark(i) 与 s 数组的下标关系,即

```
For   i=0   To   19
k = mark (i) \ 10
Select Case   k
     Case   0 To 5              ' 0~59 分不及格的人数
        s(5) = s(5)+1
     Case   9 To 10             ' 90~100 分的人数
        s(9) = s(9)+1
     Case 6 To 8                ' 存放其他 3 个分数段的下标有规律,根据 k 获得
        s(k) = s(k)+1
End Select
Next i
```

4. 随机产生 10 个两位数,按由大到小递减的次序排列,并将排序结果显示出来。

5. 输入整数 n,显示出具有 n 行的杨辉三角形。图 2.5.4 显示 n=8 的效果。

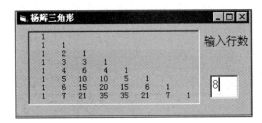

图 2.5.4　实验 5.5 杨辉三角形运行效果

提示:

① 定义一个二维数组(若用定长数组实现,则数组大一些;若用动态数组实现,则数组大小用 ReDim 重新定义)。

② 对下三角各元素进行设置,第一列及对角线上均为 1,即

$$a(i,1)=1, \quad a(i,i)=1$$

其余每一个元素正好等于它上面一行的同一列和前一列的两个元素之和,即

$$a(i,j)=a(i-1,j-1)+a(i-1,j)$$

③ 利用 Tab 函数确定每列的宽度,使得列对齐。

6. 参照教学篇例 5.3,在通用声明段声明两个数组,利用随机函数形成如下两个矩阵:

$$A = \begin{pmatrix} 35 & 67 & 52 & 50 \\ 33 & 47 & 66 & 39 \\ 47 & 56 & 66 & 41 \\ 30 & 69 & 55 & 38 \end{pmatrix} \quad B = \begin{pmatrix} 103 & 115 & 125 & 101 \\ 133 & 127 & 132 & 135 \\ 111 & 103 & 134 & 118 \\ 123 & 109 & 113 & 130 \end{pmatrix}$$

要求：

① 以下三角形式显示 **A** 矩阵、上三角形式显示 **B** 矩阵。

② 求 **A** 矩阵主对角线元素之和，求 **B** 矩阵副对角线和。

运行效果如图 2.5.5 所示。

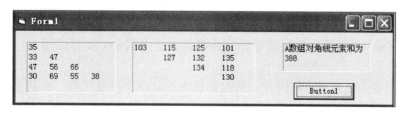

图 2.5.5　实验 5.6 运行效果

7. 设计一个选课的运行界面如图 2.5.6 所示。它包含两个列表框，左边为已开设的课程名称，通过 Form_Load 事件加入，并按拼音字母排序。当单击某课程名称后，将该课程加入到右边列表框中，并删除左边列表中的该课程。当右边课程数超过 5 门时不允许再加入，提示信息如图 2.5.7 所示。

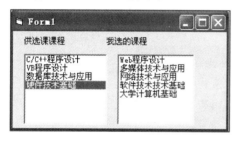

图 2.5.6　实验 5.7 选课运行界面　　　　图 2.5.7　超过 5 门课程的提示信息

8. 在窗体上建立一个简单组合框，在组合框的文本框中输入数字字符，按 Enter 键后加入到组合框的列表框内，如图 2.5.8 所示。单击"交换"按钮，将列表框中最小值项目和第 0 个项目交换，最大值项目与最后项目交换，如图 2.5.9 所示。

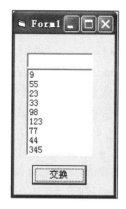

图 2.5.8　输入数字字符　　　　图 2.5.9　交换后结果

提示：

① 要求只能输入数字，在 Combo1_KeyPress 事件中通过如下代码实现：

```
Select Case KeyAscii
    Case 48 To 57, 13                ' 0~9 数字和回车键为合法数据
    Case Else                        ' 否则为非法数据,去除非法字符
        KeyAscii = 0
    End Select
```

② 找最小值和最大值必须声明 4 个变量：aMin、iMin、aMax 和 iMax 分别存放最小值、最小值下标、最大值和最大值下标，并将列表框中第 0 个项目设为上述 4 个变量的初值。

③ 按照求最大值和最小值的方法从组合框中找最小值和最大值，并获得最小值和最大值下标。注意比较时项目要用 Val 函数；否则将作为字符串比较。

④ 将组合框的第 0 项与最小值交换、最大值与最后项交换。例如，最大值与最后项交换的代码如下：

```
t = Combo1. List(Combo1. ListCount − 1)
Combo1. List(Combo1. ListCount − 1) = Combo1. List(iMax)
Combo1. List(iMax) = t
```

9. 在列表框中显示窗体上可用的汉字开头的字体名称，单击列表框某个字体，在图片框中用 Print 方法显示该名称对应的字体样式，程序运行效果如图 2.5.10 所示。

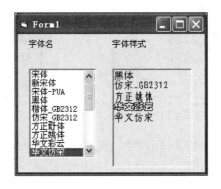

图 2.5.10　实验 5.9 运行界面

提示：

① 屏幕对象 Screen 有一系列的属性，参见教学篇例 5.11，其中 Fonts 存放所有字体名的字符数组，FontCount 存放所有字体的个数。

要显示汉字字体名称，参见教学篇例 6.3 的方法，即汉字的机内码最高位为 1，若利用 Asc 函数求其码值小于 0（数据以补码表示），则用如下算法即可：

```
For i = 0 To Screen. FontCount − 1
    判断若 Asc(Left(Screen. Fonts(i),1)) < 0 为汉字字体,则
        该字体名称添加到 List1 中
        在 Picture1 设置该控件的字体,并显示特定的汉字
Next
```

② 单击列表框，在 Picture1 显示对应的字体样式，分两步实现：

● 对 Picture1 的 FontName 设置所选的字体；

● Picture1. Print 显示所选的字体名。

10. 自定义类型数组的应用。

要求：

① 自定义一个职工数据类型，包含工号、姓名、工资 3 项内容。在通用声明段声明一个职工类型的数组，可存放 5 个职工。

② 在窗体中设计 3 个标签、3 个文本框、两个命令按钮和 1 个图形框，在文本框中分别输入工号、姓名、工资。当单击"新增"按钮，将文本框输入的内容添加到数组的当前元素中。当单击"排序"按钮，将输入的内容按工资递减的顺序排序，并在图形框中显示。程序运行界面如图 2.5.11 所示。

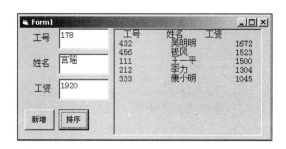

图 2.5.11　实验 5.10 运行界面

提示：

① 自定义一个职工类型只能在标准模块内定义，若在窗体通用声明段定义，必须为 Private。

② 为了保存当前输入职工元素的个数，该变量应在通用声明段声明，若在事件过程中声明，每次运行将被初始化为 0。

③ 相关程序代码请参照教学篇例 5.14。

实验 6　过程

一、实验目的

1. 掌握自定义函数过程和子过程的定义和调用方法。

2. 掌握形参和实参的对应关系。

3. 掌握值传递和地址传递的使用方法。

4. 掌握变量、函数和过程的作用域。

5. 熟悉程序设计中的常用算法。

二、实验内容

1. 参见教学篇例 6.2，编写一个求两数 m、n 最大公约数的函数过程 $f(m,n)$。主调程序在两个文本框中输入数据，单击"显示"按钮，调用 $f(m,n)$，在右边标签框中显示结果，如图 2.6.1 所示。

2. 编写一个求阶乘的函数 $f(n)$，主调程序为求组合数的程序，分别 3 次调用 $f(n)$，用来计算组合数的值，该程序的界面如图 2.6.2 所示。

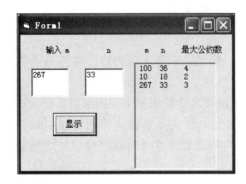

图 2.6.1 实验 6.1 运行界面

图 2.6.2 求组合数运行界面

提示:

① 求组合数的公式为 $C_n^m = \dfrac{n!}{m!(n-m)!}$（其中 $n>m$）。

② 函数 $f(n)$ 类型要说明为双精度；否则当 n 比较大时会出现溢出的错误提示信息。

3. 编写一个子过程 min(a( ), amin%)，求一维数组 a 中的最小值 amin。

主调程序随机产生 10 个 -400～-300 的数，显示产生的数组中各元素。调用 min 子过程，显示出数组中的最小值。

思考：若将上面 min 过程的 amin 形参由地址传递（ByRef）改为值传递（ByVal），调用后的效果如何？应该用何种形式传递才能得到正确的结果？

4. 编写一个函数过程 MySin(x)，利用公式计算 MySin 的近似值，x 为弧度。计算公式为

$$MySin(x) = \frac{x}{1} - \frac{x^3}{3!} + \frac{x^5}{5!} - \frac{x^7}{7!} + \cdots$$

程序计算到某一项的绝对值小于 10^{-5} 时结束。主调程序同时调用 MySin 和内部函数 Sin 进行验证，结果保留 6 位小数，如图 2.6.3 所示。

图 2.6.3 实验 6.4 运行效果

提示：若 t_i 表示第 i 项，其中 $t_1 = x$，则递推计算式为

$$t_{i+2} = (-1) \times t_i \times x \times x / ((i+1) \times (i+2)) \qquad i = 1,3,5,7\cdots$$

5. 编写一个函数过程 IsH(n)，对于已知正整数 n，判断该数是否是回文数，函数的返回值类型为布尔型。主调程序每输入一个数，调用 IsH 函数过程，然后在图形框中显示输入的数，对于是回文数显示一个"★"，如图 2.6.4 所示。

图 2.6.4   实验 6.5 回文数程序运行界面

提示：

① 所谓回文数是指顺读与倒读数字相同，即最高位与最低位相同，次高位与次低位相同，依此类推。当只有一位数时，也认为是回文数。

② 回文数的求法，只要对输入的数（按字符串类型处理）利用 Mid 函数从两边往中间比较，若不相同，就不是回文数。

6. 验证哥德巴赫猜想：任意一个大于 2 的偶数都可以表示成两个素数之和。编程将 6～100 的全部偶数表示为两个素数之和，结果在列表框中显示，最后 Label1 显示共有多少对素数之和，效果如图 2.6.5 所示。

图 2.6.5   实验 6.6 验证哥德巴赫猜想运行界面

提示：

① 编写一个求素数的函数 prime(m)，若 m 是素数，则函数的返回值为 True；否则返回 False。

② 主调程序对已知 6～100 的全部偶数 Even，把它分解成两个奇数 Odd1 和 Odd2（Even-Odd1），先调用 prime 函数，判断 Odd1 是否是素数，若不是素数，则不必再对 Odd2 判断；否则再判断 Odd2，若都是素数，则添加到列表框中。利用两重循环来实现，外循环变量 Even 是 6～100 的偶数，内循环将 Odd1（3～Even/2 的奇数）和 Odd2（Even-Odd1）进行判断。

7. 如果一个整数的所有因子（包括 1，但不包括本身）之和与该数相等，则称这个数为完数。例如 6=1+2+3，所以 6 是一个完数。编写一个函数 IsWs(m) 判断 m 是否为完数，函数的返回值是逻辑型。主调程序在列表框中显示 1 000 以内的完数，如图 2.6.6 所示。

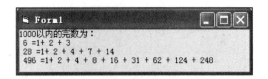

图 2.6.6　实验 6.7 完数运行界面

提示：判断一个数 m 是否是完数，算法思想是：将 m 依次除以 $1 \sim m/2$，如果能整除，就是 m 的一个因子，进行累加；循环结束，若 m 与累加因子和相等，则 m 就是完数。

8. 编写一个子过程 DeleStr(s1,s2)，将字符串 s1 中出现的 s2 子字符串删去，结果还是存放在 s1 中。

例如：s1 = " 12345678AAABBDFG12345 " , s2 = "234"

结果：s1 = " 15678AAABBDFG15 "

提示：为了删除子串，首先利用 InStr 函数查找子串。找到则通过 Left、Mid（或 Right）函数实现子字符串的删除。同时要利用循环考虑到删除多个子串的情况。

9. 编写一个子过程 Max(s,MaxWord)，在已知的字符串 s 中，找出最长的单词 MaxWord。假定字符串 s 内只含有字母和空格，空格分隔不同的单词。程序运行界面如图 2.6.7 所示。

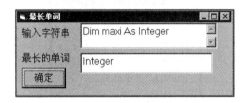

图 2.6.7　实验 6.9 求最长的单词运行界面

提示：

① 首先利用 InStr 函数从 s 中从左开始找第一个出现的空格，利用 Left 函数分离出空格左边的单词，与 MaxWord 最长单词比较（MaxWord 初态为空）。

```
i = InStr(s," ")                    ' 找第一个出现的空格
Word = Left(s,i-1)                  ' 分离出空格左边的单词
Word 与 MaxWord 比较决定是否替换为 MaxWord
```

② 取 s 中剩余字符串，重复①，直到 s 为空。

```
s = Mid(s,i+1)                     ' 取 s 中剩余字符串
```

实验 7　用户界面设计

一、实验目的

1. 掌握下拉式菜单和弹出式菜单的设计方法。
2. 掌握使用通用对话框控件进行编程。
3. 掌握设计自定义对话框的方法。

4. 掌握工具栏的设计方法。

5. 了解鼠标和键盘事件及其事件过程的编写方法。

6. 综合应用所学的知识，编制具有可视化界面的应用程序。

二、实验内容

1. 设计一个如图 2.7.1 和图 2.7.2 所示的菜单系统，并为菜单项编写事件过程。

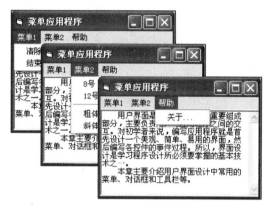

图 2.7.1　下拉式菜单

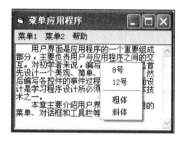

图 2.7.2　弹出式菜单

说明：

① "关于…" 对话框的内容是关于程序版本、版权的信息，可以任意设计。

② 对话框是模态的。将窗体作为模态对话框显示应使用如下语句：

frmAbout. Show vbModal　　　' 将 frmAbout 作为模态对话框显示

2. 为 "菜单 2" 配置一个如图 2.7.3 所示的工具栏，并编写有关的事件过程。

图 2.7.3　工具栏

3. 设计一个如图 2.7.4 和图 2.7.5 所示的程序。

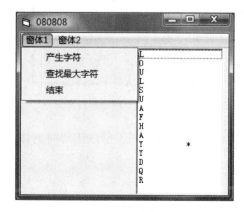

图 2.7.4　窗体 1

图 2.7.5　窗体 2

具体要求如下。

（1）建立两个窗体

Form1：窗体的标题为自己的学号，窗体上有一个下拉式菜单和一个列表框，如图 2.7.4 所示。

Form2：窗体上有一个标签、两个命令按钮和一个定时器控件，如图 2.7.5 所示。

（2）程序功能

① 单击"产生字符"菜单项，在列表框中随机产生 15 个大写字母。

② 单击"查找最大字符"菜单项，找出列表框中最大的字母，并用"＊"标记。

③ 单击"结束"菜单项，结束程序的运行。

④ 单击"窗体 2"菜单，显示 Form2 窗体。单击"动画"按钮，标签以每 0.5 s 显示一个字符的速度显示打字效果（隶书、二号、蓝色字）；单击"返回"按钮，关闭 Form2 窗体，返回 Form1。

提示：假定 max 是最大字符的下标，标记最大字符的语句为

List1. List(max) = List1. List(max) & Space(10) & " ＊ "

4. 为题 3 配置一个如图 2.7.6 所示的弹出式菜单和"关于"对话框。"关于"对话框的内容没有指定，可以任意设计。

说明：

① 弹出式菜单设计时需要设置为不可见。

② 弹出式菜单属于列表框，故需要在 List1_MouseDown 事件过程中编写代码才能显示弹出式菜单。

5. 选择若干个做过的实验，将它们整合成一个如图 2.7.7 所示的项目。要求当选择某个菜单项时，就弹出相应程序的窗体。

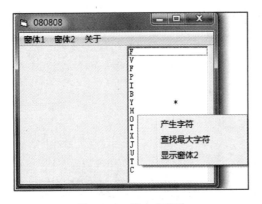

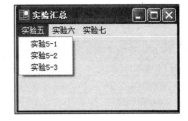

图 2.7.6　弹出式菜单　　　　　　　图 2.7.7　程序运行界面

提示：一个项目中可以有若干个窗体，但 Name 属性不能相同，所以需要将窗体的名称修改后才能汇总。

实验 8　数据文件

一、实验目的

1. 掌握顺序文件、二进制文件的使用方法。
2. 了解随机文件的处理方法。
3. 掌握在应用程序中使用文件。

二、实验内容

1. 编写如图 2.8.1 所示的应用程序。若单击"建立文件"按钮，则分别用 Print #和 Write#语句将 3 个同学的学号、姓名和成绩写入文件 Score1.dat 和 Score2.dat 中。若单击"读取文件"按钮，则用 Line Input 语句按行将两个文件中的数据存放到相应的文本框中。

图 2.8.1　实验 8.1 运行效果

要求：学号和姓名是字符串类型，成绩是整型。

2. 将斐波那契数列的前 10 项写入 Fb.dat 文件，然后从该文件中将数据读出并计算合计和平均数，最后送入列表框。

要求：文件数据格式如图 2.8.2 所示，列表框中项目格式如图 2.8.3 所示。

图 2.8.2　文件数据格式

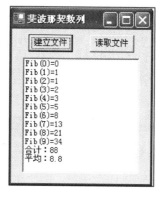

图 2.8.3　列表框中项目格式

3. 设计一个如图 2.8.4 所示的应用程序。要求如下：

① 单击"打开文件"按钮，弹出一个通用对话框，选择文件后显示在文本框中。

② 单击"保存文件"按钮，弹出一个通用对话框，确定文件名后保存。

③ 单击"查找下一个"按钮，则在文本文件中查找单词"程序设计"，找到后以高亮度显示。若再单击"查找下一个"按钮，则继续查找。

说明：高亮度显示的文本就是选定的文本。设置选定文本需要设置 SelStart 和 SelLength 属性。另外，单击"查找下一个"按钮时，焦点在 Command3 上，需要移到文本框上才能实现高亮度显示。

4. 编写一个程序，使其具有如下功能：

① 随机产生 10 个数据，范围是 30~90，存入文本文件 Data. txt 中。

② 从文件 Data. txt 中读出数据，计算标准方差，将结果显示在窗体上。

说明：标准方差的计算公式是，每一个数与这个数列的平均值的差的平方和，除以这个数列的项数，再开根号，如

$$\sqrt{\frac{(x_1-x)^2+\cdots+(x_n-x)^2}{n}}$$

其中 x 是 n 个数的平均值。

5. 编写一个能将任意两个文件的内容合并的程序，程序界面由读者自己设计。

6. 编写一个随机文件程序。

要求：

① 建立一个具有 5 个同学的学号、姓名和成绩的随机文件（Random. dat）。

② 读出 Random. dat 文件中的内容，然后按成绩排序，最后按顺序写入另一个随机文件（Random1. dat）。

③ 读出 Random1. dat 文件的内容，按文件中的顺序将同学的信息显示在屏幕上，检查正确性。

7. 在教学篇例 8.7 的基础上增加"修改确认"按钮，以及用于定位记录的按钮面板，如图 2.8.5 所示，编写事件过程。

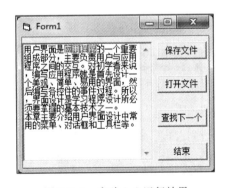

图 2.8.4　实验 8.3 运行效果

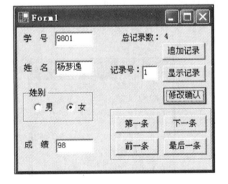

图 2.8.5　实验 8.7 运行效果

实验 9　ADO 数据库编程基础

一、实验目的

1. 了解数据库应用程序的开发过程。

2. 掌握用手动方式建立简易数据库程序的过程。

3. 掌握 Adodc 数据控件的使用方法。

4. 掌握数据绑定控件的使用方法。

5. 掌握 SQL 的使用方法。

6. 掌握数据库的查询、统计和维护的方法。

二、实验内容

本章实验将采用 Access 2010 数据库 PerInc. accdb，包含两个表：员工信息表 Personal 和员工收入表 Income，表结构和数据表如图 2.9.1 和图 2.9.2 所示，后面的实验皆使用该数据库。

员工编	员工姓名	部门	出生日期	性别	职称
00102	张有成	后勤部	90-03-18	男	职员
06512	赵天	销售部	77-10-05	女	高工
09008	李广博	研发部	80-11-20	男	工程师
11008	王飞虎	销售部	85-08-26	女	职员
11026	钱小地	研发部	82-05-08	男	工程师
12045	张平平	销售部	83-10-01	女	职员
12066	黄一凡	研发部	77-11-12	男	高工
12088	谢华	后勤部	88-03-04	女	职员

Personal 表结构：

字段名称	数据类型
员工编号	文本
员工姓名	文本
部门	文本
出生日期	日期/时间
性别	文本
职称	文本

图 2.9.1　Personal 表结构和数据表

员工编号	月份	基本收入	津贴
00102	1	3000	280
00102	2	3200	350
00102	3	2900	200
00102	4	3200	400
06512	1	6000	650
06512	2	5800	500
06512	3	6200	550
06512	4	6400	600
09008	1	7200	1000
09008	2	7000	800
09008	3	7500	950
09008	4	7550	1000
11008	1	4000	450
11008	2	4200	400
11008	3	4400	450
11008	4	4200	350
11026	1	6500	650

Income 表结构：

字段名称	数据类型
员工编号	文本
月份	数字
基本收入	数字
津贴	数字

图 2.9.2　Income 表结构和数据表

1. 在窗体上建立 Adodc 和 DataGrid 控件，通过手动方式建立一个简单信息浏览应用程序，如图 2.9.3 所示。

提示：

① Adodc 和 DataGrid 两个控件必须通过"工程 | 部件"命令选中相关列表项，添加到工具箱中，见教学篇图 1.9.3。

② 添加数据源，获得数据源连接字符串。

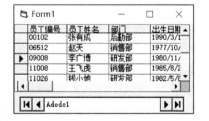

图 2.9.3　信息浏览运行界面

打开 Adodc1 控件属性对话框，单击"生成"按钮，输入数据库文件名，单击"测试连接"按钮，测试数据源的连接成功与否，如图 2.9.4 所示。

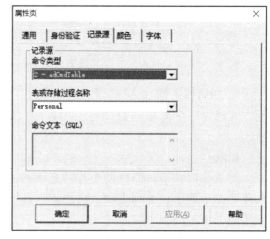

图 2.9.4 测试与数据源连接成功与否

可以在图 2.9.5 所示对话框中通过粘贴获得连接字符串：

Provider=Microsoft. ACE. OLEDB. 12. 0;Data Source=PerInc. accdb

这对以后代码编写时连接字符串的书写很有帮助。

注意：观察数据库文件采用相对路径（PerInc. accdb）还是绝对路径，字符串书写方式和数据库文件存放的位置很重要，因为后面的实验都是基于连接后的操作。

在"记录源"选项卡中选择所需的命令类型和数据表，如图 2.9.6 所示。

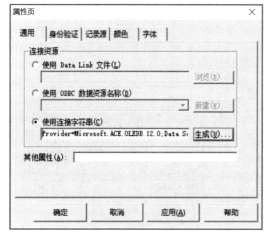

图 2.9.5 数据源连接字符串

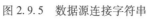

图 2.9.6 "记录源"选项卡

③ 将 Adodc1 数据控件与 DataGrid1 网格控件绑定，在界面上显示数据。

选定 DataGrid1 控件，对属性窗口中的 DataSource 属性选择 Adodc1 控件完成绑定。运行程序就可看到效果。

2. 在窗体上建立 Adodc 和 DataGrid 控件，利用代码实现，建立与上题同样效果的一个简单信息浏览应用程序，如图 2.9.3 所示。

3. 在窗体上建立 Adodc 和若干文本框、标签控件和 1 个 DTPicker 日历控件，使用单字段绑定方法，用以浏览 PerInc. accdb 数据库中 Personal 表的内容，如图 2.9.7 所示。

提示：

① 使用日历控件 DTPicker 需要通过"工程|部件"命令，打开"部件"对话框，选定 Microsoft Windows Common Controls-2 6.0 控件，添加到工具箱中。

② Adodc1. Caption 显示总记录数和当前记录号，在 Adodc1_MoveComplete 事件内编写事件过程代码。

4. 在实验 3 的基础上，增加 Command 命令按钮数组控件（当然也可以有 4 个命令按钮，则要 4 个事件过程），对员工信息进行维护，如图 2.9.8 所示。

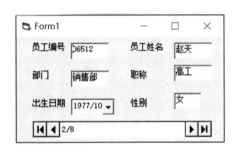

图 2.9.7　单字段绑定的员工信息浏览界面

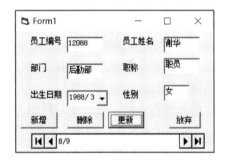

图 2.9.8　对员工信息维护运行效果

5. 设计一个实现查询的程序。要求对 Personal 表进行如图 2.9.9 所示的功能查询。

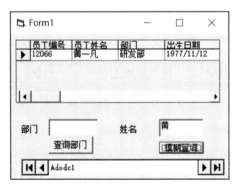

图 2.9.9　员工信息查询界面

① 输入部门，显示该部门的员工信息。

② 实现员工姓名的模糊查询。

6. 设计一个实现统计的程序。要求对 Personal 表进行功能统计。

① 显示各类职称的平均年龄和人数，如图 2.9.10 所示。

② 显示每位员工编号、员工姓名、月平均收入和月平均津贴，如图 2.9.11 所示。

设计分析：该程序涉及 3 个数据库访问对象：Connection、DataAdapter 和 DataSet，窗

体界面用到 DataGridView 网格控件显示查询的结果。3 个查询用到的对象相同，可在过程
外创建模块级变量在过程体内共享。

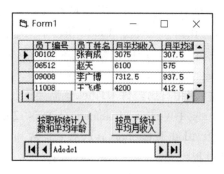

图 2.9.10 显示各类职称的平均年龄和人数   图 2.9.11 每位员工的收入统计

提示：

① 统计与查询相同，也是要正确地构建 SQL 语句。为方便程序的调试，可先在
Access 环境内构建正确的 SQL 查询命令，然后将其粘贴到代码的 SQL 字符串变量内。

② 对于两表中按员工编号分类统计，以及要显示员工姓名时，则要在员工姓名前加
First 函数，即 First（员工姓名）。

7. 两表关联查询，通过选中 List1 中的员工姓名，在网格控件中显示员工姓名、员工
编号、月份和基本收入，如图 2.9.12 所示。

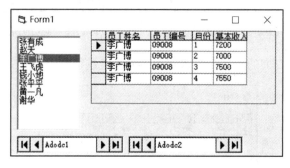

图 2.9.12 两表关联查询界面

提示：

① 在窗体上建立两个 Adodc 控件、一个 DataGrid 控件和一个 List 控件。Adodc1 控件
连接 Personal 表并与 List1 关联，Adodc2 控件连接 Income 表并与 DataGrid1 控件关联。

② List1 的内容在 Form_Load 事件里通过如下语句加入：

```
Adodc1. RecordSource = "Select 员工姓名 from Personal "
Adodc1. Refresh
    List1. Clear
    Do While Not Adodc1. Recordset. EOF
        List1. AddItem Adodc1. Recordset. Fields(0)
        Adodc1. Recordset. MoveNext
    Loop
```

③ 当选中 List1 的某员工姓名时，通过两表连接的 SQL 命令在 DataGrid1 网格控件中显示该员工的收入信息。

实验 10　图形应用程序开发

一、实验目的

1. 理解 VB 绘图的过程。
2. 掌握图形坐标系的变换方法。
3. 掌握绘图有关的属性和方法。
4. 掌握艺术图、函数图、统计图和动画等各种类型简单图形的绘制方法。

二、实验内容

1. 在窗体上放置一个图片框和两个命令按钮，分别利用 Pset 和 Line 方法在窗体上绘制玫瑰图，如图 2.10.1 所示。

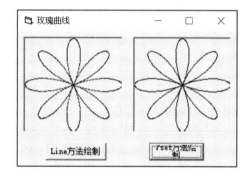

图 2.10.1　绘制玫瑰图

提示：

① 重新定义图片框的坐标系为(-4，4)-(4，-4)。

② 绘图的参数方程为

$x=r\mathrm{Cos}4\alpha\mathrm{Cos}\alpha$，$y=r\mathrm{Cos}4\alpha\mathrm{Sin}\alpha$

其中 r 为半径，取图片框坐标系宽度的一半，α 在 $0\sim2\pi$，步长为 0.005。

③ 若步长为 0.05，如图 2.10.2 所示，可以看出 Pset 和 Line 方法效果明显不同。

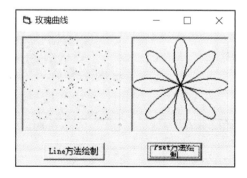

图 2.10.2　步长为 0.05 两种方法绘图效果区别

2. 在窗体上绘制 N 边形金刚钻艺术图，如图 2.10.3 所示，若要绘制彩色的图形，如图 2.10.4 所示，则在程序中如何做微小的改动？

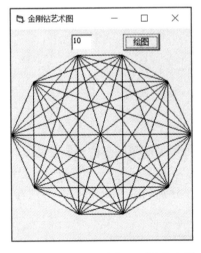
图 2.10.3　N 边形单色金刚钻艺术图

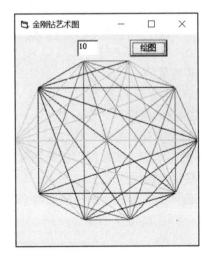
图 2.10.4　N 边形彩色金刚钻艺术图

提示：

① 重新定义窗体的坐标系为 $(-4,4)$-$(4,-4)$，r 为窗体宽度一半的 0.9。

② 定义动态数组 x( )、y( )，根据圆的参数方程，圆周上等分 n 个点，设计两个循环结构：计算每点坐标值 $x(i)$、$y(i)$；每一点与其他 $n-1$ 点两两连线。

3. 绘制 n 层的团花图案。在文本框中输入团花层数 n，单击"团花"按钮，在 PictureBox1 控件中显示具有 n 层数的团花图案。

提示：

① 团花图案外形圆润呈团状，图案呈辐射状对称。根据输入设置团花的层数 n，绘制出由下列参数方程决定的团花图案，当 $n=1$ 和 $n=10$ 时，效果如图 2.10.5 所示。

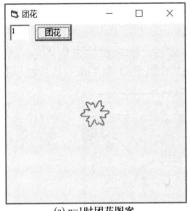
(a) $n=1$ 时团花图案

(b) $n=10$ 时团花图案

图 2.10.5　团花图案

② 自定义坐标为 $(-10,10)$-$(10,-10)$；最内层团花半径 $r=1$。

③ 参数方程：

$$rr = i+r\times|\text{Cos}(3\times a)| + 0.3\times i\times\text{Sin}(12\times a)$$
$$x = rr\times0.7\times\text{Cos}(a)$$
$$y = rr\times0.7\times\text{Sin}(a)$$

利用两重循环来实现。其中外循环为层数，$1\leqslant i\leqslant n$；内循环为每一层的图形，$0\leqslant a\leqslant2\pi$，步长 0.005。

4. 在窗体上绘制方程式 $y=e^{-0.1x}\cos(x)$ 的函数曲线，运行界面如图 2.10.6 所示，x 为 0~50 弧度。

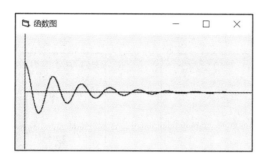

图 2.10.6　运行界面

提示：

① 只要程序运行就显示图形，代码在 Form1_Load 事件中必须设置 AutoRedraw 为 True；否则无法显示。

② 根据要求，自定义坐标为 Form1. Scale（-2, 2）-（50, -2）。

5. 在图片框中绘制函数 $f(x)=x^2$ 在区间 $[-2,3]$ 上的定积分图，如图 2.10.7 所示。

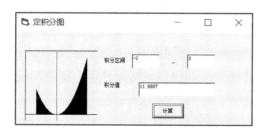

图 2.10.7　定积分图绘制运行界面

要求：在界面上输入积分区间，单击"计算"按钮，在文本框中显示积分值。

提示：将积分区间 n 等分成 n 个小矩形，将小矩形面积累加，当 n 比较大时近似为函数在指定区间的定积分。

6. 参照教学篇例 10.7，利用 Line 方法和 Pset 方法完成菜单中的画折线图和散点图，如图 2.10.8 所示。

7. 参照教学篇例 10.7，根据给定的数据绘制饼图，如图 2.10.9 所示。

8. 参照教学篇例 10.7，画出如图 2.10.10 所示直方图，绘图数据可以从输入对话框或数据文件中读入。

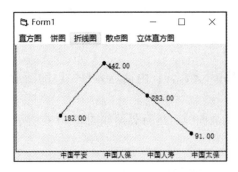 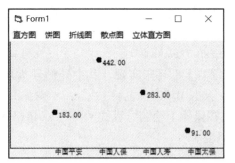

图 2.10.8　折线图和散点图

 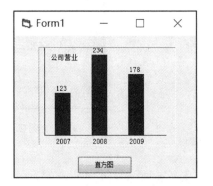

图 2.10.9　饼图绘制运行界面　　　　图 2.10.10　直方图绘制运行界面

实验 11　递归及其应用

一、实验目的

1. 理解递归的概念，掌握构成递归的两大要素。

2. 掌握递归及过程设计的三部曲，即问题分解、抽象出递归模式和自动化即算法实现。

3. 掌握用递归方法解决常用算法问题。

二、实验内容

1. 编写求两数 m 和 n 最大公约数的递归函数，主调程序随机生成 10 对两位整数，并调用显示每对的最大公约数。

2. 编写一个递归函数 IsH(s\$)，判断 s 是否是回文词。程序运行时在 Text1 中输入内容，按 Enter 键后调用 IsH(s\$)，结果在列表框中显示是否是回文词信息，运行效果如图 2.11.1 所示。

3. 编写一个将十进制数 d 转换成 r 进制字符串 s 的递归子过程 Tran1(d,r,s)，同时编写一个非递归子过程实现的 Tran2(d,r,s)。在命令按钮事件中分别调用两个子过程加以验证。

4. 编写一个加密递归函数 code(s,key)，将字符串 s 中英文字符按照密钥 key 进行加密，结果通过函数名返回。主调程序中要加密字符串通过文本框输入，密钥为 3，运行效果如图 2.11.2 所示。

图 2.11.1　运行效果　　　　　　　　　　图 2.11.2　递归加密运行效果

5. 编写一个递归子过程 Revers(b%( ), L%, R%), 将数组 b 逆序存放。例如原 b 数组各元素值为 12,45,67,43,2,98; 调用递归子过程后, b 数组中各元素值为 98,2,43,67,45,12。

提示: 对数组 b 中各元素逆序存放, 通过 L 和 R 下标将对应元素交换, 如图 2.11.3 所示, 直到 L>=R 结束。

图 2.11.3

6. 编写一个用递归冒泡法对数组 a 排序的子过程 Sort(a,n), 排序是降序的, 即从大到小次序。主调程序随机生成 10 个 100 以内的数, 调用子过程验证。

7. 与递归三角形方法相同, 绘制递归四边形图, 图 2.11.4 为 n 为 5 时的绘制效果。

提示: 模仿教学篇的递归三角形, 不同之处是生成图元是四边形, 可以构成递归四边形图案。

问题分解: 当 n>1 时, 每边 3 等分留间隔, 如图 2.11.5 所示。

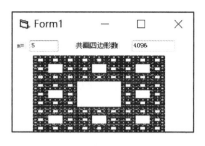

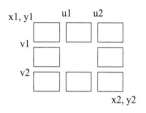

图 2.11.4　当 n=5 时的图案　　　　　　图 2.11.5　取四边形等分点

① 已知四边形对角点位置(x1,y1)和(x2,y2), 计算 4 个新定位点位置, 公式为

　　u1 = x1 * 2 / 3 + x2 / 3

　　v1 = y1 * 2 / 3 + y2 / 3

　　u2 = x1 / 3 + x2 * 2 / 3

　　v2 = y1 / 3 + y2 * 2 / 3

② 四边形间距为

    d1 = (x2 − x1) / 10

③ 画四边形语句为

    Line (x1+d1,y1+d1)−(x2−x1−2 ∗ d1,y2−y1−2 ∗ d1)

8. 模仿递归树，试改变以下参数，观察递归树的效果：

① 改变角度；

② 增加或减少树枝个数（即矩阵的行数）；

③ 构成平衡二叉树，如图 2.11.6 所示。

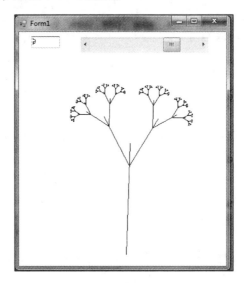

图 2.11.6　平衡二叉树

参考文献

［1］龚沛曾，杨志强，陆慰民．Visual Basic 程序设计教程［M］.4 版．北京：高等教育出版社，2013.

［2］龚沛曾，杨志强．Visual Basic. NET 程序设计教程［M］.3 版．北京：高等教育出版社，2018.